面向 21 世纪高等院校规划教材

液压与气压传动

主编 尹凝霞

主审 李广慧

上海科学技术出版社

内 容 提 要

　　本书主要内容包括液压流体力学基础知识、液压动力元件、液压执行元件、液压控制元件、液压辅助装置、液压基本回路、典型液压系统、液压系统设计计算及气压传动。考虑到学时有限,本书以液压传动为主、气压传动为辅,从而符合少而精、简明扼要的教学要求。在编写过程中,遵循以学生为中心,以成果为导向,力求理论联系实际,从应用的角度综合介绍液压与气压传动技术,注重学生分析问题和解决问题的能力培养。

　　本书可作为普通高等院校机械类、机电类专业本科生教材,也可供有关工程技术人员参考使用。

图书在版编目（CIP）数据

液压与气压传动 / 尹凝霞主编. -- 上海 ： 上海科学技术出版社, 2022.12（2023.8重印）
面向21世纪高等院校规划教材
ISBN 978-7-5478-5852-3

Ⅰ. ①液… Ⅱ. ①尹… Ⅲ. ①液压传动－高等学校－教材②气压传动－高等学校－教材 Ⅳ. ①TH137②TH138

中国版本图书馆CIP数据核字（2022）第161800号

液压与气压传动
主编　尹凝霞
主审　李广慧

上海世纪出版（集团）有限公司
上海 科 学 技 术 出 版 社　出版、发行
（上海市闵行区号景路159弄A座9F－10F）
邮政编码 201101　　www.sstp.cn
苏州市古得堡数码印刷有限公司印刷
开本 787×1092　1/16　印张 13.75
字数 330千字
2022年12月第1版　2023年8月第2次印刷
ISBN 978-7-5478-5852-3/TH·96
定价：49.00元

前　言

　　液压与气压传动是机械设备实现传动与控制的关键技术之一,世界各国对液压与气压传动技术的发展都给予了高度重视。目前,液压与气压传动技术已广泛应用于包括船舶、汽车、航空航天、国防和智能装备等各个领域,可以说有机械的地方就会涉及液压或气压技术。液压与气压传动技术是高校机械大类专业基础课。

　　本书以液压与气压传动技术为主线,在简介液压与气动技术基本原理基础上,着重分析了各类元件的工作原理、结构和选用原则,有针对性地对基本回路、典型液压与气压系统的工作原理进行了深入浅出的阐述,并于每章末都附有习题与思考题,以使学生更好地巩固与掌握液压与气压传动的基础知识。

　　本书在梳理知识脉络的基础上,重点解决"学时少,内容多"的突出矛盾,在章节内容编排上力求言简意赅,在编写过程中坚持成果导向教育(outcome based education,OBE)理念,每章开始均明确提出本章的知识目标和能力目标。全书坚持理论联系实际、突出应用,通过对具体系统的分析提高学生对液压/气压系统的分析与设计能力。

　　本书由广东海洋大学尹凝霞担任主编,河北师范大学赵秀平和广东海洋大学杨桢毅、麦青群担任副主编。具体编写分工如下:尹凝霞编写绪论和第7~9章,赵秀平编写第1、4、5章,麦青群编写第2、3章,杨桢毅编写第6章。广东海洋大学李广慧教授作为本书主审,对书稿进行了细致审阅,提出了许多宝贵意见,在此谨致谢意。

　　本书出版得到广东海洋大学2020年度校级本科教学质量与教学改革工程项目的支持。为了提高学生的液压综合设计能力、创新能力、独立工作能力及团队协作能力,后期将配套出版本教材的姊妹篇《液压与气压传动综合实践》。《液压与气压传动综合实践》一书,主要面向工程实践能力培养,注重学生动手能力提升,并且软件仿真与实物搭建实践验证相结合,是理论教学的必要拓展与有益补充。

　　在本书编写过程中,我们参考和借鉴了部分国内外同行出版的教科书或发表的文献资料,部分图片参考自互联网,并得到了许多专家和同行的热情支持,在此致以诚挚的感谢和敬意。

　　由于本书涉及知识面较广,加之作者水平有限,书中难免存在不足和错误之处,恳请广大读者批评指正。

作　者

目　　录

绪 论

本章学习目标
(1) 知识目标：了解组成系统的各类液压与气动元件的基本结构、工作原理及性能。
(2) 能力目标：与其他传动方式相对比，了解液压与气压传动的特点及适用场合。

一部完整的机器，一般由动力部分、传动部分、控制部分和工作部分组成。传动部分是一部机器的重要组成部分，除传递动力外，还要对工作部分的输出力(力矩)、速度(转速)进行控制并满足其他操纵(如换向等)要求。常见的传动方式有机械传动、电气传动、电传动和流体传动等。液压传动和气压传动是流体传动中最常见的两种形式，液压传动中的介质为液体，气压传动中的介质为气体。本章主要内容即为液压与气压传动的工作原理、系统组成及其特点。

0.1 液压与气压传动的工作原理及工作特征

自17世纪中叶帕斯卡提出静压传递原理、18世纪末英国制造出世界上第一台水压机算起，液压与气压传动技术出现已有几百年历史，但直到20世纪尤其是第二次世界大战之后液压与气压传动才真正在工业上被广泛应用并迅猛发展，先后在工程机械、冶金、军工、农机、汽车、轻纺、船舶、石油、航空和机床等行业得到推广。20世纪60年代后，随着原子能、空间技术和计算机技术的发展，液压传动技术向更广阔的领域渗透；当前液压技术正向高压、高速、大功率、高效率、低噪声、高寿命和高度集成化的方向发展。此外，液压传动的应用程度已成为衡量一个国家工业化水平的重要标志之一，发达国家生产的95％的工程机械、90％的数控加工中心和95％以上的自动线都采用了液压传动技术。

与液压传动一样，气动技术已成为实现工业自动化的有效手段，自20世纪60年代以来气动技术同样发展迅速，同时因空气介质具有防火、防爆、防电磁干扰及抗振动、冲击、辐射等优点，近年来气动技术也已从汽车、采矿、钢铁、机械工业等重工业领域扩展至化工、轻工、食品、军事等各行各业。气动元件的微型化、节能化和无油化是当前气动技术的发展方向，同时，计算机辅助设计、计算机仿真与优化技术及电子控制技术的发展，也为气动技术的发展提供了广阔的前景。

0.1.1 液压与气压传动的工作原理

液压与气压传动原理相似，都是基于静压传递原理工作，其传动原理可用图0-1所示液压千斤顶来说明。当向上抬起杠杆时，小液压缸1的小活塞向上运动，其下腔工作容积增

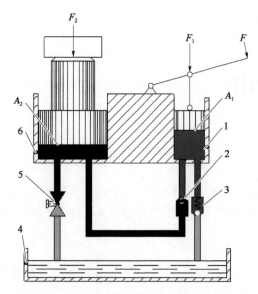

1—小液压缸;2—排油单向阀;3—吸油单向阀;
4—油箱;5—截止阀;6—大液压缸

图 0-1　液压千斤顶工作原理图

大形成局部真空,排油单向阀 2 关闭,油箱 4 中油液在大气压作用下经吸油管顶开吸油单向阀 3 进入小液压缸下腔;当向下压杠杆时,小液压缸 1 下腔容积减小,油液受挤压,压力升高,关闭吸油单向阀 3,顶开排油单向阀 2,油液经排油管进入大液压缸 6 下腔,推动大活塞上移顶起重物。如此不断上下扳动杠杆,则不断有油液进入大液压缸下腔,使重物逐渐举升。如杠杆停止动作,大液压缸下腔油液压力将使排油单向阀关闭,大活塞连同重物一起被自锁不动,停止在举升位置。打开截止阀 5 时,大液压缸下腔通油箱,大活塞将在自重作用下向下移动,迅速回复至原始位置。

由液压千斤顶工作原理可知,小液压缸 1 和排油单向阀 2、吸油单向阀 3 完成吸油与排油,将杠杆的机械能转换为油液的压力能输出,称为(手动)液压泵;大液压缸 6 将油液的压力能转换为机械能输出,抬起重物,称为液压缸,大、小液压缸组成了最简单的液压传动系统,实现了力与运动的传递。

气压传动与液压传动的主要区别为:前者的工作介质为压缩空气,工作完毕的气体一般直接排向大气而不回收,通常其工作压力较低而后者工作压力较高,工作完毕的回油通常须排回油箱实现回收。

0.1.2　液压与气压传动的工作特征

1) 力的传递靠工作介质压力实现,工作压力取决于外负载

设图 0-1 中大液压缸活塞有效作用面积 A_2,作用在其上的负载力为 F_2,该力在液压缸中所产生的液体压力 $p_2 = F_2/A_2$,依据帕斯卡定律"作用于密闭流体上的压力将等值同时传递至液体各点",液压泵排油压力 p_1 应等于液压缸中液压体力,即 $p_1 = p_2 = p$,液压泵排油压力又称系统压力。

为了克服外负载使液压缸活塞运动,作用在液压泵活塞上的作用力 F_1 应为

$$F_1 = p_1 A_1 = p_2 A_1 = p A_1 \tag{0-1}$$

式中,A_1 为液压泵活塞有效作用面积。

在 A_1、A_2 一定时,外负载 F_2 越大,系统中压力 p 也越高,所需作用力 F_1 也越大,即系统工作压力取决于外负载,此为液压与气压传动工作原理的第一个工作特征。

2) 运动速度的传递靠容积变化相等原则实现,运动速度取决于流量

在不考虑液体可压缩性、泄漏损失和缸体、管路变形时,液压泵排出的液体体积必然等于进入液压缸液体体积,即容积变化相等,设液压泵活塞位移为 s_1,液压缸活塞位移为 s_2,则有

$$A_1 s_1 = A_2 s_2 \tag{0-2}$$

式(0-2)两边同时除以时间 t,可得

$$q_1 = v_1 A_1 = v_2 A_2 = q_2 \qquad (0-3)$$

式中，v_1、v_2 分别为液压泵活塞和液压缸活塞平均运动速度；q_1、q_2 分别为液压泵输出的平均流量和液压缸输入的平均流量。

由此可见，液压与气压传动的运动速度是靠密闭工程容积变化相等的原则实现运动传递的，活塞的运动速度取决于输入流量的大小，而与外负载无关，此为液压与气压传动的第二个特征。

3) 系统的动力传递符合能量守恒，压力与流量的乘积等于功率

不计任何损失时，系统输入功率 P_1 与输出功率 P_2 相等，即有

$$P_1 = F_1 v_1 = P_2 = F_2 v_2 \qquad (0-4)$$

$$P = P_1 = F_1 v_1 = p A_1 \frac{q_1}{A_1} = P_2 = F_2 v_2 = p A_2 \frac{q_2}{A_2} = pq \qquad (0-5)$$

由式(0-5)可以看出，液压传动中功率为压力与流量的乘积，此为液压与气压传动的第三个工作特征。

0.2　液压与气压传动系统的组成及图形符号

0.2.1　液压与气压传动系统组成

图 0-2 所示为典型磨床工作台液压系统原理图，液压泵 3 在电动机带动下旋转，油液

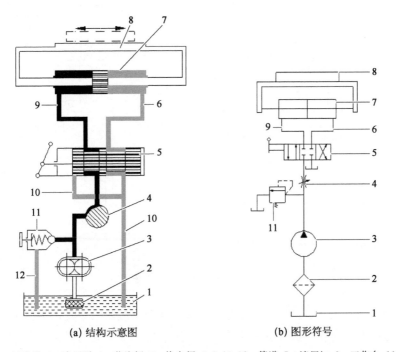

(a) 结构示意图　　　　(b) 图形符号

1—油箱；2—过滤器；3—液压泵；4—节流阀；5—换向阀；6、9、10、12—管道；7—液压缸；8—工作台；11—溢流阀

图 0-2　典型磨床工件台液压系统原理图

由油箱1经过滤器2被吸入液压泵,当手动换向阀5处于左位时,压力油经节流阀4、换向阀5进入液压缸左腔,推动活塞带动工作台向右移动,液压缸右腔的油液经换向阀流回油箱。改变换向阀2的阀芯位置,使之处于左端位置时,液压缸活塞反向运动。

气压传动系统与液压传动系统相似。如图0-3所示,在气压发生器与气缸间,有控制压缩空气的压力、流量和流体方向的各种动力控制元件,逻辑运算、检测、自动控制等信号控制元件,以及使压缩空气净化、润滑、消声和传输所需的一些装置。

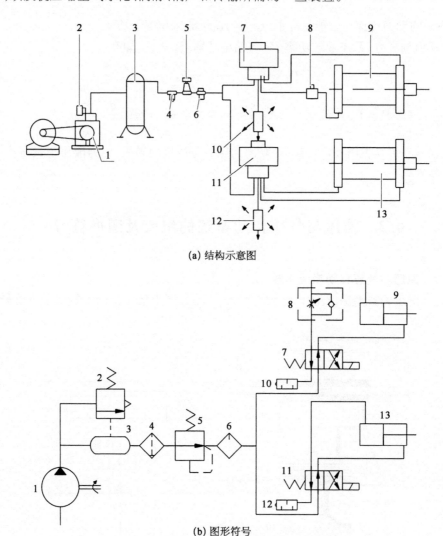

(a) 结构示意图

(b) 图形符号

1—空压机;2—安全阀;3—储气罐;4—过滤器;5—减压阀;6—油雾器;7、11—换向阀;
8—单向流量控制阀;9—胀形气缸;10、12—消声器;13—合膜气缸

图0-3 典型气压系统原理图

从上述例子可以看出,一个完整的液压与气压传动系统由以下几部分组成:

(1) 动力装置。为将机械能转变为流体压力能的装置,常见的是液压泵和空气压缩机,为系统提供压力油液或者压缩空气。

(2) 执行元件。为将流体的压力能转变为成机械能以驱动工作机构的元件,主要包括做直线运动的缸和转动或摆动的马达。

（3）控制元件。指对系统中流体的压力、流量及流动方向进行控制、调节的装置，主要包括压力阀、流量控制阀和方向阀等。

（4）辅助元件。为上述三个组成部分以外的其他元件，包括管道、过滤器、油雾气、管接头及消声器等。

0.2.2　液压与气压传动图形符号

图0-2a和图0-3a所示液压系统原理图与气压系统原理图，直观性强、容易理解，但难以绘制。在实际工作中，除少数特殊情况外，一般多采用GB/T 786.1—2009中所规定的流体传动系统及元件图形符号来绘制，如图0-2b和图0-3b所示。值得注意的是，图形符号只表示元件功能，不表示元件具体结构和参数；反映各元件在油路连接中的相互关系，不反映其空间安装位置；只反映静止位置或初始位置工作状态，不反映其过渡过程。

0.3　液压与气压传动的优缺点及其对比

0.3.1　液压与气压传动优缺点

与机械传动和电气传动相比，液压与气压传动具有特有的优点和缺点，分别介绍如下：

1）优点

（1）系统的布局安装灵活，系统中各部分采用管道连接，各元件布置不受严格空间位置限制，安装具有很大灵活性，可构成其他方法难以组成的复杂系统。

（2）易于实现大范围无级调速，调速范围可达2 000∶1，还可在运行过程中进行调速。

（3）系统的运动与换向性能优良，液压装置和液气联动传递运动比较平稳，且由于重量轻、惯性小、反应快，易于实现快速启动、制动和频繁换向。

（4）具有良好的控制调节特性，易于实现自动控制、中远程控制和过载保护，与电气控制和电子控制相结合，易于实现自动工作循环和自动过载保护。

（5）主要元件实现了标准化、系列化和通用化，有利于缩短机器的设计、制造周期和降低制造成本。

2）缺点

（1）相比机械和电气系统，液压与气压传动过程中需要经过两次能量转换，传动效率偏低。

（2）由于流体传动介质的可压缩性和泄漏因素影响，不能严格保证系统的传动比。

（3）对温度的变化比较敏感，工作性能易受温度变化影响，因此不宜在很高或很低的温度条件下工作。

（4）液压与气压传动元件制造精度高，系统工作过程中发生故障不易诊断。

液压与气压传动和其他传动的比较见表0-1。

表 0-1 液压与气压传动和其他传动的比较

比较参数	气 动	液 压	电 气	机 械
输出力大小	中等	大	中等	较大
动作速度	较快	较慢	快	较慢
装置构成	简单	复杂	一般	普通
受负载影响	较大	一般	小	无
传输距离	中	短	远	短
速度调节	较难	容易	容易	难
维护	一般	较难	较难	容易
造价	较低	较高	较高	一般

0.3.2 液压与气压传动主要区别

(1) 液压传动以液压传递动力,气压传动以气压传递动力,两者工作原理相似,其本质区别在于工作介质,前者是油液、后者是空气。

(2) 两者可压缩性不同,液压油几乎不可压缩,压力稳定,传力较大;而空气压缩比大,不易获得较大推力和转矩。液压传动的力或力矩远大于气压传动,速度平稳;气压传动传递的力或力矩相对较小。

(3) 液压传动有自润滑性,液压件耐磨,寿命长;气压传动无润滑性,须在气路中另外设置润滑装置。

0.4 液压与气压传动课程学习导引

液压与气压传动课程是一门技术基础课,主要介绍液压与气压传动基础知识、液压元件、液压基本回路、典型液压系统和液压系统设计计算及气压传动。本课程涵盖内容较多,各种液压与气压元件既有自身结构特点,又有相通之处;元件、回路与系统间既独立又有内在关联,加之学时有限,故教材内容以液压传动为主、气压传动为辅。本书中第 1 章为液压传动基础知识;第 2~5 章为液压元件;第 6 章为液压基本回路;第 7 章为典型液压系统;第 8 章为液压系统设计计算;第 9 章为气压传动;此外,还扼要介绍了国家标准和有关规范。

通过本课程的学习,学生应具备一般液压系统的分析与设计能力,具有一般液压设备的分析与应用能力,为技术改造和技术革新创造条件,并为学习有关专业机械传动控制课程奠定必要基础。

 习题与思考题

1. 液压传动、气压传动与机械传动、电气传动相比,有哪些优缺点? 试举出你所见到的

2～3 个具体例子,说明液压传动技术在工业、农业、军事、交通等领域的应用情况。

2. 液压传动系统由哪几部分组成,各部分的作用是什么?

3. 液压传动系统的基本参数是什么? 系统的压力和流量是怎样确定的,它们与哪些因素有关?

4. 液压与气压传动技术的未来发展趋势是什么?

第1章 液压流体力学基础知识

液压传动是以液体为工作介质进行能量传递的,因此了解液体的基本性质,掌握液体在静止和运动过程中的基本力学规律,对于正确理解液压传动原理以及合理设计和使用液压系统都是十分重要的。

本章除了简要地叙述液压油液的性质、液压油液的要求和选用等内容外,将着重阐述液体的静力学特性、静力学基本方程式和动力学的几个重要方程式。

1.1 液 压 油

1.1.1 液压油的性质

1.1.1.1 密度

单位体积液体所具有的质量称为该液体的密度,即

$$\rho = \frac{m}{V} \tag{1-1}$$

式中,ρ 为液体的密度(kg/m³);m 为体积为 V 的液体的质量(kg);V 为液体的体积(m³)。

密度是液体的一个重要的物理参数。密度的大小随着液体的温度或压力的变化会产生一定的变化,但其变化量一般较小,在工程计算中可以忽略不计。常用液压油的密度约为 900 kg/m³。

1.1.1.2 可压缩性

液体受压力作用而使体积减小的性质称为液体的可压缩性。体积为 V 的液体,当压力增大 Δp 时,体积减小 ΔV,则液体在单位压力变化下的体积相对变化量为

$$k = -\frac{1}{\Delta p} \frac{\Delta V}{V} \tag{1-2}$$

式中,k 为液体的体积压缩率(或称压缩系数)。由于压力增大时,液体的体积减小,即 Δp 与 ΔV 的符号始终相反,为保证 k 为正值,在式(1-2)的右边加一负号。

液体压缩率 k 的倒数,称为液体的体积弹性模量,以 K 表示,即

$$K = \frac{1}{k} = -\Delta p \, \frac{V}{\Delta V} \tag{1-3}$$

式中,K 为液体产生单位体积相对变化量所需的压力增量。在实际应用中,K 常用来说明液体抵抗压缩能力的大小。

　　液体的体积弹性模量和温度、压力有关:温度增加时,K 值减小;压力增大时,K 值增大。液压油的体积弹性模量 $K = (1.2 \sim 2) \times 10^3$ MPa,数值很大,故对于一般液压系统,可认为液压油是不可压缩的。但是,当液压油中混入空气时,K 值将大大减小,其可压缩性将显著增加,并将严重影响液压系统的工作性能。故在液压系统中应尽量减少液压油中空气含量。

1.1.1.3　黏性

1) 黏性的表现

　　液体在外力作用下流动时,分子间内聚力的存在使其流动受到牵制,从而沿其界面产生内摩擦力,这一特性称为液体的黏性。黏性是液体的重要物理性质,也是选择液压油的重要依据。

　　液体的黏性示意图如图 1-1 所示。假设距离为 h 的两平行平板之间充满液体,下平板固定,上平板以速度 u_0 向右平行运动。由于液体和固体壁面间的附着力以及液体的黏性,会使流动液体内部各液层的速度大小不等:紧靠上平板的液层速度为 u_0,紧靠下平板的液层速度为零,而中间各层液体的速度当层间距离 h 较小时,从上到下近似呈线性递减规律变化。这是因为在相邻两液体层间存在有内摩擦力,该力对上层液体起阻滞作用,而对下层液体则起拖拽作用。

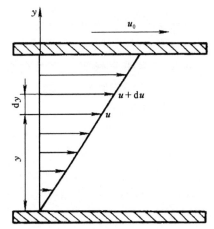

图 1-1　液体的黏性示意图

　　实验结果表明,液体流动时相邻液层间的内摩擦力 F_f 与液层接触面积 A、液层间的速度梯度 $\mathrm{d}u/\mathrm{d}y$ 成正比,即

$$F_f = \mu A \, \frac{\mathrm{d}u}{\mathrm{d}y} \tag{1-4}$$

式中,比例系数 μ 称为黏性系数或动力黏度。

　　若以 τ 表示液层间的切应力,即单位面积上的内摩擦力,则

$$\tau = \frac{F_f}{A} = \mu \, \frac{\mathrm{d}u}{\mathrm{d}y} \tag{1-5}$$

这就是牛顿液体内摩擦定律。

　　由上式可知,在静止液体中,由于速度梯度 $\mathrm{d}u/\mathrm{d}y = 0$,故内摩擦力为零。因此静止液体是不呈现黏性的,液体只有在流动或有流动趋势时才会呈现出黏性。

2) 黏性的度量

　　度量黏性大小的物理量称为黏度。常用的黏度有三种,即动力黏度、运动黏度和相对

黏度。

(1) 动力黏度 μ。又称绝对黏度。动力黏度 μ 是表征流动液体内摩擦力大小的黏性系数,根据式(1-5)可知

$$\mu = \tau / \frac{\mathrm{d}u}{\mathrm{d}y} \tag{1-6}$$

由此可知,动力黏度的物理意义是:液体在单位速度梯度下流动时,接触液层间单位面积上产生的内摩擦力。在我国法定计量单位制及国际计量单位制(SI 制)中,动力黏度 μ 的单位为 Pa·s(帕·秒)或 N·s/m²(牛·秒/米²)。

在流体力学中,把黏性系数 μ 不随速度梯度变化而变化的液体称为牛顿液体;反之称为非牛顿液体。除高黏度或含有特殊添加剂的油液外,一般液压油均可视为牛顿液体。

(2) 运动黏度 ν。液体动力黏度与其密度之比称为该液体的运动黏度 ν,即

$$\nu = \frac{\mu}{\rho} \tag{1-7}$$

在我国法定计量单位制及 SI 制中,运动黏度 ν 的单位是 m²/s(米²/秒)。因在其单位中只有长度和时间的量纲,故得名为运动黏度。运动黏度 ν 没有明确的物理意义。但在工程实际中经常用它来表示液体的黏度。液压油的牌号就是用它在 40 ℃时的运动黏度 ν(mm²/s)的平均值来表示的。如 L-AN32 液压油,就是指这种液压油在 40 ℃时的运动黏度 ν 的平均值为 32 mm²/s。

(3) 相对黏度。又称条件黏度。动力黏度和运动黏度是理论分析和计算时经常使用到的黏度,但它们都难以直接测量。因此,在工程上常常使用相对黏度。它是采用特定的黏度计在规定的条件下测量出来的黏度。根据测量条件和使用仪器的不同,各国采用的相对黏度单位也不同。如中国、德国等采用恩氏黏度(°E),美国采用国际赛氏秒(SSU)等。

恩氏黏度由恩氏黏度计测定,即将 200 ml、温度为 t ℃ 的被测液体装入底部有 $\phi2.8$ mm 小孔的恩氏黏度计内,先测定该液体在自重作用下通过小孔流尽所需的时间 t_1,再测出同体积温度为 20 ℃的蒸馏水通过同一小孔流尽所需的时间 t_2,两者的比值便是该液体在温度 t ℃时的恩氏黏度,即

$$°E_t = t_1 / t_2 \tag{1-8}$$

工程上常用 20 ℃、50 ℃、100 ℃作为测定恩氏黏度的标准温度,由此得来的恩氏黏度分别用 $°E_{20}$、$°E_{50}$ 和 $°E_{100}$ 表示。

3) 黏度与温度的关系

温度变化使液体内聚力发生变化,因此液体的黏度对温度的变化十分敏感:温度升高,黏度下降,这一特性称为液体的黏-温特性。油液黏度的变化直接影响液压系统的性能、泄漏量和容积效率,因此希望黏度随温度的变化越小越好。几种典型液压油的黏-温特性曲线如图 1-2 所示。

黏-温特性常用黏度指数(viscosity index, VI)来度量。VI 表示该液体的黏度随温度变化的程度与标准液的黏度变化程度之比。黏度指数越高,说明黏度随温度变化越小,其黏-

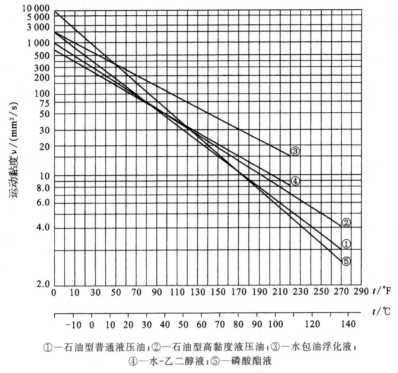

①—石油型普通液压油；②—石油型高黏度液压油；③—水包油浮化液；
④—水-乙二醇液；⑤—磷酸酯液

图 1-2　典型液压油的黏-温特性曲线

温特性越好。一般液压油要求黏度指数值在 90 以上,精制的液压油及加有添加剂的液压油,其黏度指数值可大于 100。

4）黏度与压力的关系

压力增大时,液体分子间的距离缩小,内聚力增大,黏度也随之增大。这种关系称为油液的黏-压特性。在实际应用中,油液黏度随压力的变化在中低压时并不明显,若系统压力小于 32 MPa 时,压力对黏度的影响比较小,可以不考虑。

1.1.1.4　其他性质

液压传动工作介质还有其他一些性质,如稳定性(热稳定性、氧化稳定性、水解稳定性和剪切稳定性等)、抗泡沫性、抗乳化性、防锈性、润滑性以及相容性(对所接触的金属、密封材料和涂料等作用程度)等,都对它的选择和使用有重要影响。这些性质需要在精炼的矿物油中加入各种添加剂来获得。不同品种的液压油,这些性质的指标也不同,具体可查阅有关资料。

1.1.2　对液压油的要求和选用

1.1.2.1　液压系统对液压油的基本要求

为了保证液压系统的正常工作,液压油需要满足以下基本要求:

(1) 合适的黏度和良好的黏-温特性。保证液压元件在工作压力和工作温度发生变化的条件下得到良好润滑、冷却和密封。

(2) 良好的润滑性能。保证油液能在零件的滑动表面上形成强度较高的油膜,避免干摩擦。

(3) 优良的抗氧化性。能抵抗空气、水分和高温、高压等因素的影响，不易老化变质。

(4) 成分要纯净，不应含有腐蚀性物质，以免侵蚀机械零件和密封元件。

(5) 良好的抗泡性、良好的抗乳化性。

(6) 体积膨胀系数低，比热容和传热系数高；凝固点低，闪点和燃点高。

(7) 较好的相容性和良好的防锈性。对密封件、软管和涂料等无害影响。

(8) 对人体无害，价格便宜。

1.1.2.2 液压油的选用

1) 液压油的种类

液压油主要有石油型、乳化型和合成型三大类。石油型液压油是以石油的精炼物为基础，加入各种添加剂而获得不同的性能，添加剂有抗氧化剂、防锈剂和抗磨剂等。石油型液压油具有润滑性能好、腐蚀性小、黏度较高和化学稳定性好等优点，在液压传动系统中应用最为广泛，但抗燃性较差。

乳化型液压油分为两类：一类是少量油分散在大量水中，称为水包油乳化液(O/W)，也称高水基液；另一类是水分散在油中，称为油包水乳化液(W/O)。在一些高温、易燃和易爆的工作场合，为了安全，应使用乳化型或合成型液压油。液压油的主要品种及其性质见表1-1。

表 1-1 液压油的主要品种及其性质

性 能	可 燃 性 液 压 油			抗 燃 性 液 压 油			
	石 油 型			合 成 型		乳 化 型	
	通用液压油 L-HL	抗磨液压油 L-HM	低温液压油 L-HV	磷酸酯液 L-HFDR	水-乙二醇液 L-HFC	油包水乳化液 L-HFB	水包油乳化液 L-HFAE
密度/(kg/m³)	850~900			1 100~1 500	1 040~1 100	920~940	1 000
黏度指数 VI≥	90	95	130	130~180	140~170	130~150	极高
润滑性	优	优	优	优	良	良	可
缓蚀性	优	优	优	良	良	良	可
闪点/℃	170~200	≥170	150~170	难燃	难燃	难燃	不燃
凝点/℃	≤-10	≤-25	-45~-35	-50~-20	≤-50	≤-25	≤-5

2) 液压油的选用原则

首先应根据液压系统的工作环境与工作条件选用合适的液压油类型，类型确定后再选择液压油的牌号。对液压油牌号的选择，主要是对液压油黏度等级的选择，因为液压油黏度对液压系统的稳定性、可靠性、效率、温升以及磨损都有显著影响。在选择黏度时应注意以下几个方面：

(1) 液压系统的工作压力。工作压力较高的液压系统宜选用黏度较大的液压油液，以减少系统泄漏。

(2) 环境温度。环境温度较高时宜选用黏度较大的液压油液。因为温度高会使油的黏度下降。

（3）运动速度。液压系统执行元件运动速度较高时，为减小液流的功率损失，宜选用黏度较低的液压油液。

在液压系统的所有元件中，以液压泵对液压油液的性能最为敏感，因为液压泵内零件的运动速度很高，承受的压力较大，润滑要求苛刻，温升高。因此，常根据液压泵的类型及要求来选择液压油液的黏度。表 1-2 给出了各类液压泵用油的黏度范围及推荐牌号。

表 1-2　液压泵用油的黏度范围及推荐牌号

名　称		运动黏度/（$\times 10^{-6}$ m²/s）		工作压力/MPa	工作温度/℃	推　荐　用　油
		允　许	最　佳			
叶片泵	1 200 r/min	16～220	26～54	7	5～40	L-HH32，L-HH46
					40～80	L-HH46，L-HH68
	1 800 r/min	20～220	25～54	14 以上	5～40	L-HL32，L-HL46
					40～80	L-HL46，L-HL68
齿轮泵		4～220	25～54	12.5 以下	5～40	L-HL32，L-HL46
					40～80	L-HL46，L-HL68
				10～20	5～40	L-HL46，L-HL68
					40～80	L-HM46，L-HM68
				16～32	5～40	L-HM32，L-HM68
					40～80	L-HM46，L-HM68
柱塞泵	径向	10～65	16～48	14～35	5～40	L-HM32，L-HM46
					40～80	L-HM46，L-HM68
	轴向	4～76	16～47	35 以上	5～40	L-HM32，L-HM68
					40～80	L-HM68，L-HM100
螺杆泵		19～49		10.5 以上	5～40	L-HL32，L-HL46
					40～80	L-HL46，L-HL68

1.1.3　液压油的污染及其控制

通常液压油受到污染是系统发生故障的主要原因。因此，控制液压油的污染十分重要。

1）污染的危害

液压油污染是指液压油中含有水分、空气、微小固体颗粒及胶状生成物等杂质。液压油污染对液压系统造成的危害主要有：

（1）固体颗粒和胶状生成物堵塞过滤器，使液压泵吸油困难、产生噪声；堵塞阀类元件小孔或缝隙,使其动作失灵。

(2) 微小固体颗粒会加速零件的磨损,影响液压元件的正常工作;同时,也会擦伤密封件,使泄漏增加。

(3) 水分和空气的混入会降低液压油的润滑能力,并使其氧化变质;产生气蚀;使液压系统出现爬行、振动等现象。

2) 污染的原因

(1) 残留物污染。液压元件在制造、储存、运输、安装、维修过程中带入的砂粒、铁屑、磨料、焊渣、锈片、油垢、棉纱和灰尘等,未清洗干净而残留下来,造成液压油污染。

(2) 侵入物污染。周围环境中的污染物(灰尘、水滴和空气等)通过一切可能的侵入点,如外露的往复运动活塞杆及油箱的注油孔和进气孔等侵入系统,造成液压油污染。

(3) 生成物污染。液压系统在工作过程中产生的金属微粒、密封材料磨损颗粒、涂料剥离片、气泡、水分及油液变质后的胶状生成物等,造成液压油污染。

3) 污染的控制

(1) 消除残留物污染。液压装置组装前后,必须对其零部件进行严格清洗。

(2) 力求减少外来污染。油箱通大气处要加装空气过滤器,向油箱灌油应通过过滤器,维修拆卸元件应在无尘区进行。

(3) 滤除系统产生的杂质。根据需要,在系统的相关部位设置适当精度的过滤器并且要定期检查、清洗或更换滤芯。

(4) 定期检查并更换液压油。根据说明书的要求和维护保养规程的规定,定期检查并更换液压油;换油时要清洗油箱,冲洗系统管道及元件。

1.2　液体静力学

液体静力学是研究液体处于静止状态下的力学规律以及这些规律的应用。所谓"液体静止",是指液体内部质点之间没有相对运动,不呈现黏性,不存在切应力,只有法向的压应力即静压力。至于盛装液体的容器,不论它是静止的还是运动的,都没有关系。

1.2.1　液体的静压力及其特性

静止液体单位面积上所受的法向力称为静压力。静压力在物理学中称为压强,在液压传动中被称为压力,压力通常以 p 表示。

静止液体中某点处微小面积 ΔA 上作用有法向力 ΔF,则该点处的压力定义为

$$p = \lim_{\Delta A \to 0} \frac{\Delta F}{\Delta A} \qquad (1-9)$$

若法向作用力 F 均匀地作用在面积 A 上,则压力可以表示为

$$p = \frac{F}{A} \qquad (1-10)$$

我国采用法定的计量单位帕(Pa)来计量压力,1 Pa=1 N/m²。由于 Pa 单位太小,实际工程中常用千帕(kPa)、兆帕(MPa)表示,1 MPa=10^3 kPa=10^6 Pa。

液体静压力的特征有：

(1) 液体静压力垂直于其承压面,其方向和该面的内法线方向一致。

(2) 静止液体内任意一点受到的静压力在各个方向上都相等。

1.2.2　液体静压力基本方程

如图 1-3a 所示,静止液体所受的力有液体受到的重力、液面上的压力 p_0 和容器壁面作用在液体上的压力。如要计算距液面深度为 h 的某一点的压力 p,可以从液体内部取出一个底面通过该点,底面积为 ΔA、高度为 h 的垂直小液柱作为研究体,如图 1-3b 所示。这个小液柱在重力及周围液体的压力作用下处于平衡状态,于是在竖直方向的力平衡方程式为

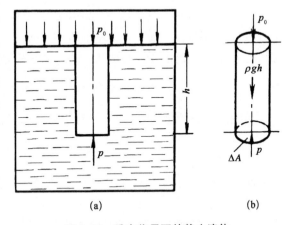

$$p\Delta A = p_0 \Delta A + \rho g h \Delta A$$

式中,$\rho g h \Delta A$ 为小液柱的自重;g 为重力加速度。

将上式简化后,可得

图 1-3　重力作用下的静止液体

$$p = p_0 + \rho g h \qquad (1-11)$$

式(1-11)即为液体静压力基本方程。它表明液体静压力分布具有如下特征：

(1) 压力组成。静止液体内任一点处的压力都由两部分组成：一部分是液面上的压力 p_0,另一部分是该点以上液体自重所形成的压力 $\rho g h$。当液面上只受大气压力 p_a 作用时,则该点的压力为

$$p = p_a + \rho g h \qquad (1-12)$$

(2) 变化规律。静止液体内任一点的压力随该点距离液面的深度呈线性规律递增。

(3) 等压(等压面)。离液面深度相等的各点压力均相等。由压力相等的点组成的面称为等压面。在重力作用下静止液体中的等压面为水平面。

将图 1-3 所示盛有液体的密闭容器放在基准水平面$(O-xz)$上加以考察,如图 1-4 所示,则静压力基本方程可改写为

$$p = p_0 + \rho g h = p_0 + \rho g(z_0 - z) \qquad (1-13)$$

式中,z_0 为液面与基准水平面之间的距离;z 为深度为 h 的点与基准水平面之间的距离。

将式(1-13)整理后可得

$$\frac{p}{\rho g} + z = \frac{p_0}{\rho g} + z_0 = 常数 \qquad (1-14)$$

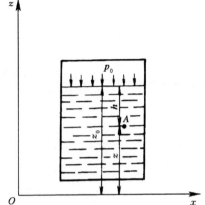

图 1-4　液体静压力基本方程的物理意义

式(1-14)是液体静压力基本方程的另一形式。式

中，$\dfrac{p}{\rho g}$ 表示静止液体内单位重力液体的压力能，常称为压力水头；z 表示静止液体内单位重力液体的位能，常为位置水头。因此，静压力基本方程的物理意义是：静止液体内任一点具有压力能和位能两种能量形式，且其总和保持不变，即能量守恒。但是两种能量形式之间可以相互转换。

1.2.3　压力的表示方法

根据度量基准的不同，压力有两种表示方法：以绝对零压力作为基准所表示的压力，称为绝对压力；以当地大气压力作为基准所表示的压力，称为相对压力。绝大多数测压仪表因其外部均受大气压力作用，所以仪表指示的压力是相对压力。绝对压力和相对压力有如下关系：

$$绝对压力 = 相对压力 + 大气压力 \qquad (1-15)$$

当绝对压力低于大气压时，绝对压力比大气压力小的那部分压力值，称为真空度，即

$$真空度 = 大气压力 - 绝对压力 \qquad (1-16)$$

此时相对压力为负值，又称负压。绝对压力、相对压力和真空度的关系如图 1-5 所示。由图可知，以大气压为基准计算压力时，基准以上的正值是表压力，基准以下的负值就是真空度。以下本书如不特别指明，液压传动中所提到的压力均为相对压力。

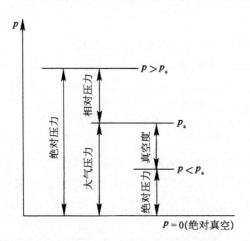

图 1-5　绝对压力、相对压力和真空度

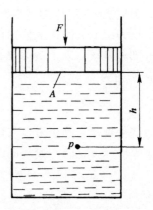

图 1-6　静止液体内的压力

例 1-1　在图 1-6 中，容器内盛有油液。已知油液的密度 $\rho = 900\ \text{kg/m}^3$，活塞上的作用力 $F = 1\,000\ \text{N}$，活塞的面积 $A = 1 \times 10^{-3}\ \text{m}^2$。假设活塞的重量忽略不计。求活塞下方深度为 $h = 0.5\ \text{m}$ 处的压力。

解　根据式(1-11)，$p = p_0 + \rho g h$，活塞与液面接触处的压力

$$p_0 = F/A = 1\,000/(1 \times 10^{-3})\ \text{N/m}^2 = 10^6\ \text{N/m}^2$$

因此，深度为 $h = 0.5\ \text{m}$ 处的液体压力为

$$
\begin{aligned}
p &= p_0 + \rho g h = 10^6 + 900 \times 9.8 \times 0.5 \\
&= 1.004\,4 \times 10^6 (\text{N/m}^2) \approx 10^6 (\text{N/m}^2) = 1 (\text{MPa})
\end{aligned}
$$

从例 1-1 可以看出,液体在受压情况下,由液体自重所形成的那部分压力 ρgh 相对很小,可忽略不计,因而可以近似认为静止液体内部各处的压力相等。以后在分析液压系统的压力时,一般都采用此结论。

1.2.4　帕斯卡原理

密闭容器内的液体,当外加压力 p_0 发生变化时,只要液体仍保持原来的静止状态不变,则液体内任一点的压力将发生同样大小的变化。这就是说,在密闭容器内,施加于静止液体上的压力可以等值传递到液体各点。这就是帕斯卡原理,也称为静压传递原理。

图 1-7 所示为帕斯卡原理应用实例。图中大、小两个液压缸的截面积分别为 A_1、A_2,活塞上的负载分别为 F_1、F_2。由于两缸互相连通构成一个密闭容积。忽略各点的位置高度差,由帕斯卡原理知:缸内压力处处相等,有 $p_1 = p_2 = p$,所以

$$F_1 = pA_1 = \frac{A_1}{A_2}F_2 \qquad (1-17)$$

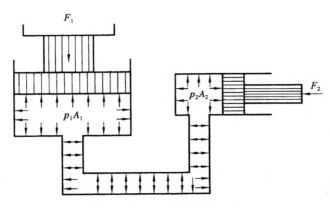

图 1-7　帕斯卡原理应用实例

由式(1-17)可知 $p_1 = p_2$,$A_1 / A_2 > 1$,故 $F_1 > F_2$,用一个较小的推力 F_2 就可以推动一个比较大的负载 F_1。液压千斤顶就是依据这一原理工作的,体现了液压装置力的放大作用。假设 $F_1 = 0$ 时,不考虑活塞自重和其他阻力,则不论怎样推动小液压缸的活塞,也不可能在液体中形成压力,这说明液体内的压力是由外负载决定的,即系统的压力取决于负载,这是液压传动中一个非常重要的基本概念。

1.2.5　静压力对固体壁面的作用力

静止液体和固体壁面相接触时,固体壁面将受到由液体静压所产生的作用力。

当固体壁面为一平面时,作用在该面上压力的方向是相互平行的,故静压力作用在固体壁面上的总力 F 等于压力 p 与承压面积 A 的乘积,且作用方向垂直于承压表面,即

$$F = pA \qquad (1-18)$$

当固体壁面为一曲面时,作用在曲面上各点处的压力方向是不平行的。因此,静压力作用在曲面某一方向 x 上的总力 F_x 等于压力 p 与曲面在该方向投影面积 A_x 的乘积,即

$$F_x = pA_x \qquad (1-19)$$

上述结论对任何曲面都是适用的。下面以液压缸缸筒的受力情况为例加以证明。

如图1-8所示,设液压缸两端面封闭,缸筒内充满压力为 p 的油液,缸筒半径为 r、长度为 l。这时,缸筒内壁面上各点的静压力大小相等,都为 p,但并不平行。因此,为求得油液作用于缸筒右半壁内表面在 x 方向上的总力 F_x,需在壁面上取一微小面积 $dA = l\,ds = lr\,d\theta$,则油液作用在 dA 上的力 dF 的水平分量 dF_x 为

$$dF_x = dF\cos\theta = p\,dA\cos\theta = plr\cos\theta\,d\theta$$

对上式积分后则得

$$F_x = \int_{-\frac{\pi}{2}}^{\frac{\pi}{2}} dF_x = \int_{-\frac{\pi}{2}}^{\frac{\pi}{2}} plr\cos\theta\,d\theta = 2lrp = pA_x$$

即 F_x 等于压力 p 与缸筒右半壁面在 x 方向上投影面积 A_x 的乘积。

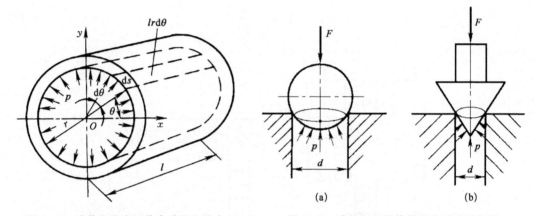

图1-8　液体作用在缸体内壁面上的力　　　　**图1-9　球阀阀芯和锥阀阀芯受力分析图**

图1-9所示为球阀阀芯和锥阀阀芯受力分析图。液体静压力 p 作用在阀芯的球面和圆锥面上,由式(1-19)可知,当阀芯达到受力平衡时,向下的推力 F 就应等于液体作用于球面和圆锥面承压部分曲面在垂直方向的投影面积 A_x 与压力 p 的乘积,即

$$F = pA_x = p\,\frac{\pi}{4}d^2$$

式中,d 为承压部分曲面投影圆的直径(等于孔道直径)。

例1-2　某安全阀如图1-10所示。阀芯为圆锥形,阀座孔径 $d = 10\ \text{mm}$,阀芯最大直径 $D = 15\ \text{mm}$。当油液压力 $p_1 = 8\ \text{MPa}$ 时,压力油克服弹簧力顶开阀芯而溢油,出油腔有背压 $p_2 = 0.4\ \text{MPa}$。试求阀内弹簧的预紧力。

解　(1) 压力 p_1、p_2 向上作用在阀芯锥面上的投影面积分别为 $\frac{\pi}{4}d^2$ 和 $\frac{\pi}{4}(D^2 - d^2)$,故阀芯受到的向上作用力为

$$F_1 = \frac{\pi}{4}d^2 p_1 + \frac{\pi}{4}(D^2 - d^2)p_2$$

(2) 压力 p_2 向下作用在阀芯平面上的面积为 $\frac{\pi}{4}D^2$,则阀芯受

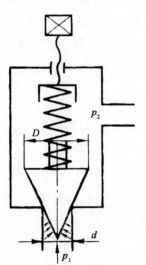

图1-10　安全阀示意图

到的向下作用力为

$$F_2 = \frac{\pi}{4} D^2 p_2$$

(3) 阀芯受力平衡方程式

$$F_1 = F_2 + F_s$$

式中, F_s 为弹簧预紧力。将 F_1、F_2 代入上式得

$$\frac{\pi}{4} d^2 p_1 + \frac{\pi}{4} (D^2 - d^2) p_2 = \frac{\pi}{4} D^2 p_2 + F_s$$

整理后有

$$F_s = \frac{\pi}{4} d^2 (p_1 - p_2) = \frac{\pi \times (0.01)^2}{4} \times (8 - 0.4) \times 10^6 \text{ N} \approx 597 \text{ N}$$

1.3　液体动力学

　　液体动力学的主要内容是研究液体的流动状态、运动规律和能量转换,以及流动液体与固体壁面之间的相互作用力等问题。流动液体的连续性方程、伯努利方程和动量方程是描述流动液体力学规律的三个基本方程式。连续性方程和伯努利方程反映压力、流速和流量之间的关系,动量方程则用来解决流动液体与固体壁面之间的相互作用力问题。

1.3.1　基本概念

1) 理想液体和恒定流动

　　由于实际液体具有黏性,而且黏性只是在液体运动时才体现出来,因此在研究流动液体时必须考虑黏性的影响。液体中的黏性问题非常复杂,为了分析和计算问题的方便,开始分析时可先假设液体没有黏性,然后再考虑黏性的影响,并通过实验验证等办法对已得出的结果进行补充或修正。对于液体的可压缩性问题,也可采用同样的方法来处理。

　　(1) 理想液体。在研究流动液体时,把假设的既无黏性又不可压缩的液体称为理想液体。而把事实上既有黏性又可压缩的液体称为实际液体。

　　(2) 恒定流动。当液体流动时,如果液体中任一点处的压力、速度和密度都不随时间而变化,则液体的这种流动称为恒定流动(也称定常流动或非时变流动);反之,如果液体中任一点处的压力、速度和密度中有一个随时间而变化,就称为非恒定流动(也称非定常流动或时变流动)。如图 1-11 所示,图(a)为恒定流动,图(b)为非恒定流动。非恒定流动情况复杂,本节主要研究恒定流动时的力学规律。

2) 通流截面、流量和平均流速

　　(1) 通流截面。液体流动时,与其流动方向正交的截面为通流截面(或过流截面),截面

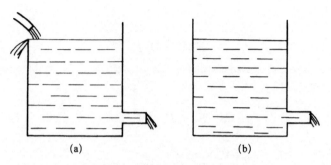

图 1 - 11　恒定流动和非恒定流动

上每点处的流动速度都垂直于这个截面。因此,通流截面可能是平面,也可能是曲面。如图 1 - 12 中的 A 面和 B 面。

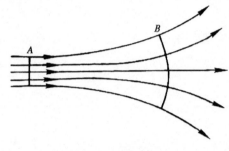

（2）流量。单位时间内流过某一通流截面的液体体积称为流量。流量以 q 表示,即

$$q = \frac{V}{t} \qquad (1-20)$$

图 1 - 12　通流截面

式中,q 为流量(m^3/s 或 L/min);V 为液体体积;t 为流过液体 V 所需要的时间。

　　由于流动液体的黏性的作用,在通流截面上各点的流速 u 一般是不相等的。管壁处的流速为零,管道中心处流速最大,流速分布如图 1 - 13b 所示。若欲求得流经整个通流截面 A 的流量,可在通流截面 A 上取一微小通流截面 dA,如图 1 - 13a 所示,由于通流截面面积很小,因此可以认为在微小通流截面 dA 内各点的速度 u 相等,则流过该微小截面的流量为

$$dq = u\,dA$$

对上式进行积分,便可得流经整个通流截面 A 的流量

$$q = \int_A u\,dA \qquad (1-21)$$

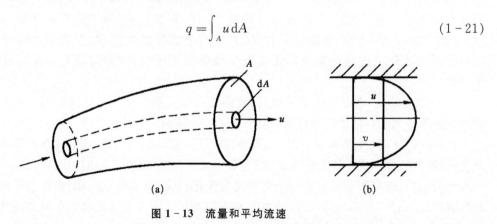

图 1 - 13　流量和平均流速

　　（3）平均流速。对于实际液体的流动,流速 u 在管道中的分布规律很复杂,直接按式 (1-21)计算流量很困难。为此,提出一个平均流速的概念,即假设通流截面上各点的流速

均匀分布,液体以此平均流速 v 流过此通流截面的流量等于以实际流速流过的流量,即

$$q = \int_A u\,\mathrm{d}A = vA$$

由此可得出通流截面上的平均流速为

$$v = \frac{q}{A} \tag{1-22}$$

在实际工程计算中,平均流速具有应用价值。平均流速与液体流量成正比关系,即速度取决于流量,这是液压传动中又一重要的基本概念。

1.3.2　流量连续性方程

流量连续性方程简称连续性方程,是质量守恒定律在流体力学中的一种表达形式,即单位时间内流过每一通流截面的液体质量必然相等。图 1-14 所示为不等截面的管道,液体在管道内做恒定流动。任取 1、2 两个通流截面,设其面积分别为 A_1 和 A_2,两个截面中液体的密度和平均流速分别为 ρ_1、v_1 和 ρ_2、v_2,根据质量守恒定律,在单位时间内流过两个通流截面的液体质量相等,即

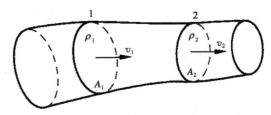

图 1-14　连续方程推导用图

$$\rho_1 v_1 A_1 = \rho_2 v_2 A_2$$

如忽略液体的可压缩性,即 $\rho_1 = \rho_2$,则有

$$v_1 A_1 = v_2 A_2 \tag{1-23}$$

或

$$q = vA = 常数 \tag{1-24}$$

这就是液流的流量连续性方程。它说明在恒定流动中,流过各通流截面的不可压缩液体的流量是相等的,而流速和通流截面的面积成反比。

1.3.3　能量方程

能量方程又称伯努利方程,是能量守恒定律在流体力学中的一种表达形式。

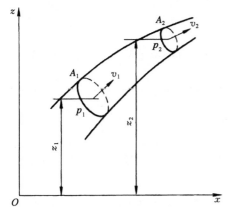

图 1-15　伯努利方程推导用图

1) 理想液体的伯努利方程

理想液体因无黏性,又不可压缩,因此在管内做恒定流动时没有能量损失。根据能量守恒定律,同一管道任一截面上的总能量都是相等的。

如前所述,对静止液体,单位重力液体的总能量为单位重力液体的压力能 $p/\rho g$ 和位能 z 之和;而对于流动液体,除以上两种能量外,还多了一项单位重力液体的动能 $v^2/(2g)$。

在图 1-15 中任取两个通流截面 A_1、A_2,两截面距基准水平面的距离分别为 z_1、z_2,两截面上的流速分别 v_1、v_2,压力分别为 p_1、p_2。根据能量守恒

定律有

$$\frac{p_1}{\rho g}+z_1+\frac{v_1^2}{2g}=\frac{p_2}{\rho g}+z_2+\frac{v_2^2}{2g} \qquad (1-25)$$

由于通流截面 A_1、A_2 是任取的,所以式(1-25)又可以写为

$$\frac{p}{\rho g}+z+\frac{v^2}{2g}=常数 \qquad (1-26)$$

式(1-25)和式(1-26)即为理想液体的伯努利方程,它与液体静压基本方程相比多了一项单位重力液体的动能 $\frac{v^2}{2g}$(常称速度水头)。

理想液体伯努利方程的物理意义是:理想液体做恒定流动时具有压力能、位能和动能三种形式的能量,在任一截面上这三种能量之间可以相互转换,但三者之和为一定值,即能量守恒。

2) 实际液体的伯努利方程

实际液体是具有黏性,流动时会产生内摩擦力而消耗部分能量;此外由于管道局部形状和尺寸的变化,会使液流产生扰动,也消耗能量。因此,实际液体流动时存在能量损失。设单位重力的液体在两截面之间流动时产生的能量损失为 h_w。

同时,由于实际流速在管道通流截面上的分布不是均匀的,在用平均流速代替实际流速计算动能时,必然会产生误差。为此,引入动能修正系数 α。

在引入能量损失 h_w 和动能修正系数 α 后,实际液体的伯努利方程为

$$\frac{p_1}{\rho g}+z_1+\frac{\alpha_1 v_1^2}{2g}=\frac{p_2}{\rho g}+z_2+\frac{\alpha_2 v_2^2}{2g}+h_w \qquad (1-27)$$

动能修正系数 α_1、α_2 的值与液体的流态有关,湍流时 $\alpha=1.1$,层流时 $\alpha=2$。实际计算时常取 $\alpha=1$。

在液压传动系统的计算中,通常将式(1-27)转换成如下形式:

$$p_1+\rho g h_1+\frac{1}{2}\rho \alpha_1 v_1^2=p_2+\rho g h_2+\frac{1}{2}\rho \alpha_2 v_2^2+\Delta p_w \qquad (1-28)$$

式中,h_1 和 h_2 分别为液体在两截面 A_1、A_2 上流动时的高度;$\Delta p_w=\rho g h_w$ 为液体流动时的压力损失。

伯努利方程常与连续性方程一起应用来求解系统中的压力和速度问题。应用伯努利方程求解时须注意以下几点:

(1) 截面1、2应顺流向选取(否则 Δp_w 为负值),且应选在流动平稳的通流截面上。

(2) 在基准面以上时,h 取正值,反之取负值,通常选取特殊位置的水平面作为基准面。

(3) z 和 p 应为通流截面的同一点上的两个参数,为方便起见,一般将这两个参数定在通流截面的轴心处。

例 1-3　液压泵吸油装置如图 1-16 所示。设油箱液面压力为 p_1,液压泵吸油口处的绝对压力为 p_2,泵吸油口距油箱液面的高度为 h。计算液压泵吸油口处的真空度。

解　以油箱液面为基准面,并定为截面 1-1,泵的吸油口处为截面 2-2。取动能修正系数 $\alpha_1 = \alpha_2 = 1$,对截面 1-1 和 2-2 建立实际液体的能量方程,则有

$$\frac{p_1}{\rho g} + \frac{v_1^2}{2g} = \frac{p_2}{\rho g} + h + \frac{v_2^2}{2g} + h_{\mathrm{w}}$$

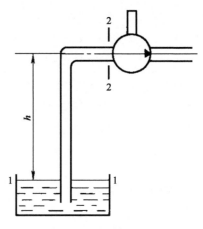

图 1-16　液压泵吸油装置

图示油箱液面与大气接触,故 p_1 为大气压力,即 $p_1 = p_{\mathrm{a}}$;v_1 为油箱液面下降速度,由于 $v_1 \ll v_2$,故 v_1 可近似为零;v_2 为泵吸油口处液体的流速,它等于液体在吸油管内的流速;h_{w} 为吸油管路的能量损失。因此,上式可简化为

$$\frac{p_{\mathrm{a}}}{\rho g} = \frac{p_2}{\rho g} + h + \frac{v_2^2}{2g} + h_{\mathrm{w}}$$

因此,液压泵吸油口处的真空度为

$$p_{\mathrm{a}} - p_2 = \rho g h + \frac{1}{2}\rho v_2^2 + \rho g h_{\mathrm{w}} = \rho g h + \frac{1}{2}\rho v_2^2 + \Delta p_{\mathrm{w}}$$

由此可见,液压泵吸油口处的真空度由三部分组成:把油液提升到高度 h 所需的压力、将静止液体加速到 v_2 所需的压力和吸油管路的压力损失。

液压泵吸油口的真空度不能太大,即液压泵吸油口处的绝对压力不能太低,否则会形成空穴现象,产生振动和噪声。一般对液压泵的安装高度 h 进行限制,通常取 $h \leqslant 0.5\ \mathrm{m}$。若将液压泵安装在油箱液面以下,则 h 为负值,对降低液压泵吸油口的真空度更为有利。

1.3.4　动量方程

动量方程是动量定理在流体力学中的具体应用。在液压传动中,要计算液流作用在固体壁面上的力时,应用动量方程求解比较方便。

刚体力学动量定理指出,作用在物体上的合外力的大小等于物体在力作用方向上的动量变化率,即

$$\sum F = \frac{\mathrm{d}(mv)}{\mathrm{d}t}$$

将此动量定理应用于流动液体,即得到液压传动中的动量方程。如图 1-17 所示,任取通流截面 1、2 所限制的液体体积作为控制体积。截面 1、2 的面积分别为 A_1、A_2,流速分别为 v_1、v_2,液流做恒定流动。该控制体积流体经 t 时刻后,移到了 1'-2'。忽略其可压缩性,可将 $m = \rho q\,\mathrm{d}t$ 代入上式,并考虑以平均流速代替实际流速产生的误差,引入动量修正系数 β,可写出如下形式的动量方程,即

$$F = \rho q(\beta_2 v_2 - \beta_1 v_1) \qquad (1-29)$$

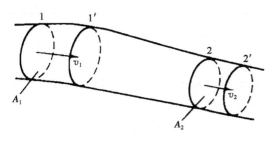

图 1-17　动量方程推导用图

式中,F 为作用在液体上所有外力的矢量和;

v_1、v_2 分别为液流在前、后两个通流截面上的平均流速矢量;β_1、β_2 为动量修正系数,湍流时 $\beta=1$,层流时 $\beta=4/3$,为简化计算,通常均取 $\beta=1$;ρ、q 分别为液体的密度和流量。

式(1-29)为液体做稳定流动时的动量方程,该方程表明:作用在液体控制体积上的外力总和 $\sum F$ 等于单位时间内流出控制表面与流入控制表面的液体的动量之差。该式为矢量表达式,在应用时可根据具体要求向指定方向投影,求得该方向的分量。根据作用力与反作用力相等原理,液体也以同样大小的力作用在使其流速发生变化的物体上。由此可按动量方程求得流动液体作用在固体壁面上的作用力,此作用力又称稳态液动力,简称液动力。

例1-4 分析图1-18a、b所示两种情况下液体对阀芯的轴向作用力 F'。

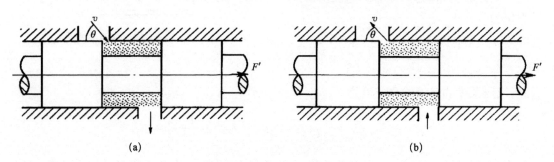

(a)   (b)

图1-18 滑阀上的液动力

解 取进出阀口之间的液体为控制体积。设液流恒定流动,取 $\beta=1$。

在图1-18a中,液体流进控制体积的速度在轴向方向分 $v_1=v\cos\theta$,液体流出控制体积的速度在轴向方向分量 $v_2=0$,根据动量方程,得出阀芯对液体的作用力为

$$F=\rho q(v_2-v_1)=\rho q(0-v\cos\theta)=-\rho q v\cos\theta$$

因此,阀芯受到轴向方向作用力为

$$F'=-F=\rho q v\cos\theta$$

此时 F' 方向与 $v\cos\theta$ 方向相同,使阀口趋于关闭。

图1-18b中液体流进控制体积的速度在轴向方向分量 $v_1=0$,液体流出控制体积的速度在轴向方向分量 $v_2=v\cos\theta$,根据动量方程,得出阀芯对液体的作用力为

$$F=\rho q(v_2-v_1)=\rho q(v\cos\theta-0)=\rho q v\cos\theta$$

因此,阀芯受到轴向方向作用力为

$$F'=-F=-\rho q v\cos\theta$$

此时 F' 方向与 $v\cos\theta$ 方向相反,使阀口趋于关闭。故作用在滑阀芯上稳态液动力的方向始终试图使阀口关闭。

例1-5 图1-19所示为一锥阀,锥阀的锥角为 2φ。液体在压力 p 的作用下以流量 q 流经锥阀,当液流为外流式(图1-19a)和内流式(图1-19b)时,求作用在阀芯上液动力的大小和方向。

解 根据液体流动情况,取阀进出口之间的液体为控制体积,设锥阀作用在控制体上的

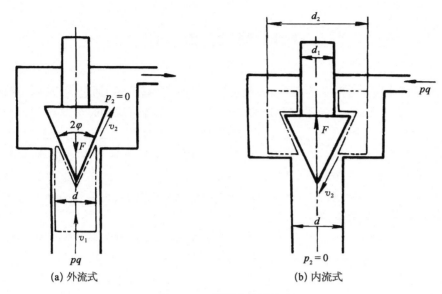

(a) 外流式　　　　　　　　　　　(b) 内流式

图 1-19　锥阀上的液动力

力为 F ,流入阀口速度为 v_1 ,流出阀口速度为 v_2 ,分别沿液流方向列出动量方程。

对于图 1-19a 的情况,控制体取在阀口下方,沿液流方向列动量方程

$$p\ \frac{\pi}{4}d^2 - F = \rho g(\beta_2 v_2 \cos \varphi - \beta_1 v_1)$$

取 $\beta_1 = \beta_2 = 1$, p_2 是大气压,即 $p_2 = 0$,因 $v_1 \ll v_2$, 忽略 v_1 ,则

$$F = p\ \frac{\pi}{4}d^2 - \rho q v_2 \cos \varphi$$

液流作用在锥阀芯上的力大小等于 F ,方向与图示方向相反(向上)。作用在阀芯上的液动力项 $\rho q v_2 \cos \varphi$ 为负值,与液压力方向相反,所以这部分力有使锥阀口关闭的趋势。

对于图 1-19b 的情况,控制体取在阀口上方,沿液流方向列动量方程

$$p\ \frac{\pi}{4}(d_2^2 - d_1^2) - p\ \frac{\pi}{4}(d_2^2 - d^2) - F = \rho q(\beta_2 v_2 \cos \varphi - \beta_1 v_1)$$

同样,取 $\beta_1 = \beta_2 = 1$, $p_2 = 0$,因 $v_1 \ll v_2$,略去 v_1 ,则

$$F = p\ \frac{\pi}{4}(d^2 - d_1^2) - \rho q v_2 \cos \varphi$$

液流作用在锥阀芯上的力大小等于 F ,方向与图示方向相反(向下)。因液动力项 $\rho q v_2 \cos \varphi$ 为负值,这部分力有使阀口开启的趋势。

由此可见,液流作用在锥阀芯上的稳态液动力的方向是变化的,必须对具体问题做具体分析。如果液流是从锥阀芯小端向大端流动,那么作用在锥阀芯上的稳态液动力将试图使阀口关闭;反之,液流从大端流向小端,则稳态液动力将试图使阀口开启。

1.4　管　道　流　动

由于实际液体在流动时具有黏性,以及液体流动时突然转弯和通过阀口会相互撞击、出现漩涡等,必然会产生阻力,为了克服这些阻力,液体在管路中流动时会产生能量损失。在液压传动中,能量损失表现为压力损失,在实际的伯努利方程中以 Δp_w 或 $\rho g h_w$ 表示。它由沿程压力损失和局部压力损失两部分组成。压力损失使液压能转变成热能,导致系统的温度升高。因此在设计液压传动系统时,要尽量减少压力损失。液体在管路中的流动状态将直接影响液流的压力损失,因此下面先分析液流的两种流动状态,再分析两种压力损失。

1.4.1　层流、湍流和雷诺数

英国物理学家雷诺通过大量实验,发现了液体在管道中流动时存在两种流动状态,即层流和湍流。两种流动状态可通过雷诺实验来观察。

1) 层流和湍流

1883 年英国物理学家雷诺(Reynold)首先通过实验观察水在圆管中的流动情况时发现,液体流速变化时流动状态也变化。层流与湍流是两种不同性质的流动状态。层流时,液体质点受黏性的约束,不能随意运动,液体的流动呈线性或层状,并且平行于管道轴线。这时,黏性力起主导作用,液体的能量主要消耗在摩擦损失上。湍流时,液体流速较高,液体质点间的黏性不能再约束质点,液体质点的运动杂乱无章,除了平行于管道轴线的运动外,还存在着剧烈的横向运动。这时,惯性力起主导作用,液体的能量主要消耗在动能损失上。

2) 雷诺数

液体的流动状态究竟是层流还是湍流,可用雷诺数来判别。实验证明,液体在圆管中的流动状态不仅与管内的平均流速 v 有关,还和管道内径 d、液体的运动黏度 ν 有关。但是真正决定液体流动状态的是用这三个参数所组成的一个被称为雷诺数 Re 的无量纲数,即

$$Re = \frac{vd}{\nu} \tag{1-30}$$

式中,v 为液体流动的平均流速;d 为圆管内径;ν 为液体的运动黏度。

雷诺数的物理意义表示了液体流动时惯性力与黏性力之比。对于不同情况下的液体的流动状态,如果液流的雷诺数相同,那么它们的流动状态亦相同。液流由层流转变为湍流时的雷诺数和由湍流转变为层流时的雷诺数是不同的,后者数值小。因此一般都用后者作为判别流动状态的依据,简称临界雷诺数,记作 Re_{cr}。当雷诺数 $Re < Re_{cr}$ 时,液流为层流;当雷诺数 $Re \geqslant Re_{cr}$ 时,液流为湍流。常见液流管道的临界雷诺数由实验获得,见表 1-3。

表 1-3　常见液流管道的临界雷诺数

管道的材料与形状	临界雷诺数 Re_{cr}	管道的材料与形状	临界雷诺数 Re_{cr}
光滑的金属圆管	2 320	光滑的同心环状缝隙	1 100
橡胶软管	1 600~2 000	光滑的偏心环状缝隙	1 000

（续表）

管道的材料与形状	临界雷诺数 Re_{cr}	管道的材料与形状	临界雷诺数 Re_{cr}
带环槽的同心环状缝隙	700	圆柱形滑阀阀口	260
带环槽的偏心环状缝隙	400	锥阀阀口	$20\sim100$

对于非圆截面的管道，雷诺数 Re 可用下式计算：

$$Re = \frac{vd_H}{\nu} \tag{1-31}$$

式中，d_H 为通流截面的水力直径，它等于 4 倍通流截面面积 A 与湿周（流体与固体壁面相接触的周长）x 之比，即

$$d_H = \frac{4A}{x} \tag{1-32}$$

水力直径的大小对管道的通流能力影响很大。水力直径大，表明液流与管壁接触少，阻力小，通流能力大，即使通流截面面积小时也不易堵塞。在面积相等但形状不同的所有通流截面中，圆形管道的水力直径最大。

1.4.2　圆管流动的压力损失

1.4.2.1　沿程压力损失

液体在等直径圆管中流动时因黏性摩擦而产生的压力损失称为沿程压力损失。它不仅与管道长度、直径及液体的黏度有关，还与流体的流动状态即雷诺数有关，因此实际分析计算时应先判别液体的流态是层流还是湍流。

1）层流时的沿程压力损失

在液压传动中，液体的流动状态多数是层流流动。层流流动时液体质点作有规则的运动，因此可以方便地对流体建立数学模型来分析液体流动的速度、流量和压力损失。

（1）液体在通流截面上的流速分布规律。图 1-20 所示为液体在等直径 d 水平圆管中做恒定层流时的情况，在管内取出一段与管轴心线相重合的微小圆柱体为研究对象，设其半径为 r、长度为 l，作用在其左右两端面上的压力分别为 p_1 和 p_2，作用在圆柱表面上的内摩擦力为 F_f。微小圆柱体做匀速运动时受力平衡，故有

$$(p_1 - p_2)\pi r^2 = F_f$$

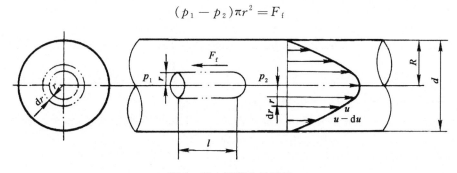

图 1-20　圆管中的层流

根据式(1-4)知内摩擦力 $F_f = -2\pi r l \mu \, \mathrm{d}u/\mathrm{d}r$（因流速 u 随 r 的增大而减小，故 $\mathrm{d}u/\mathrm{d}r$ 为负值，为使 F_f 为正值，所以前面加一负号）。令 $\Delta p_\lambda = p_1 - p_2$，并将 F_f 代入上式，整理得

$$\frac{\mathrm{d}u}{\mathrm{d}r} = -\frac{\Delta p_\lambda}{2\mu l} r \quad 即 \quad \mathrm{d}u = -\frac{\Delta p_\lambda}{2\mu l} r\,\mathrm{d}r$$

对上式进行积分，并利用边界条件，当 $r = R$ 时，$u = 0$，得

$$u = \frac{\Delta p_\lambda}{4\mu l}(R^2 - r^2) \tag{1-33}$$

可见等径圆管内液体流速 u 沿半径方向按抛物线规律分布。最小流速在管壁 $r=R$ 处，$u_{min} = 0$；最大流速在轴线 $r=0$ 处，其值为

$$u_{max} = \frac{\Delta p_\lambda}{4\mu l} R^2$$

(2) 通过管道中的流量。在通流截面上半径为 r 处取出一厚度为 $\mathrm{d}r$ 的微小圆环面积 $\mathrm{d}A = 2\pi r\,\mathrm{d}r$，通过此环形面积的流量为 $\mathrm{d}q = u\,\mathrm{d}A = 2\pi u r\,\mathrm{d}r$，对此式进行积分

$$q = \int_0^R \mathrm{d}q = \int_0^R 2\pi u r\,\mathrm{d}r = \int_0^R 2\pi \frac{\Delta p_\lambda}{4\mu l}(R^2 - r^2) r\,\mathrm{d}r = \frac{\pi R^4}{8\mu l}\Delta p_\lambda = \frac{\pi d^4}{128\mu l}\Delta p_\lambda \tag{1-34}$$

(3) 管道内的平均流速。根据通流截面上平均流速的定义，可得

$$v = \frac{q}{A} = \frac{1}{\pi R^2}\frac{\pi R^4}{8\mu l}\Delta p_\lambda = \frac{R^2}{8\mu l}\Delta p_\lambda = \frac{d^2}{32\mu l}\Delta p_\lambda \tag{1-35}$$

将 v 与 u_{max} 比较可知，圆管内液体层流流动时液流平均流速是最大流速的一半。

(4) 沿程压力损失。由圆管层流的流量计算公式(1-34)求出 Δp_λ 表达式，即为沿程压力损失

$$\Delta p_\lambda = \frac{128\mu l}{\pi d^4} q \tag{1-36}$$

由上式可知，液流在等径圆管中做层流流动时，其沿程压力损失与动力黏度、管长、平均流速成正比，而与管内径的平方成反比。

将 $\mu = \nu\rho$，$Re = \dfrac{vd}{\nu}$，$q = \dfrac{\pi}{4}d^2 v$ 代入上式并整理，得

$$\Delta p_\lambda = \frac{64}{Re}\frac{l}{d}\frac{\rho v^2}{2} = \lambda \frac{l}{d}\frac{\rho v^2}{2} \tag{1-37}$$

式中，λ 为沿程阻力系数，理论值 $\lambda = 64/Re$。考虑实际液体流动时还存在油温变化等问题，因而在实际工程计算时，对金属管取 $\lambda = 75/Re$，对橡胶软管 $\lambda = 80/Re$。

在液压传动中，因为液体自重和位置变化对压力的影响很小可以忽略，所以在水平管的条件下推导出的式(1-37)同样适用于非水平管。

2) 湍流时的沿程压力损失

液体在等径圆中做湍流流动时，其沿程压力损失比层流时沿程压力损失大得多。完全

用理论方法加以研究至今未获得令人满意的成果,故仍采用实验的方法加以研究,再辅以理论解释。其沿程压力损失计算公式与层流时相同,即

$$\Delta p_\lambda = \lambda \, \frac{l}{d} \, \frac{\rho v^2}{2}$$

沿程阻力系数 λ 有不同取值。由于湍流时管壁附近有一层层流边界层,它在 Re 较低时厚度较大,把管壁的表面粗糙度掩盖住,使之不影响液体的流动,像让液体流过一根光滑管一样(称为水力光滑管)。这时的 λ 仅和 Re 有关,即 $\lambda = f \cdot Re$。当 Re 增大时,层流边界层厚度减薄。当它小于管壁表面粗糙度时,管壁表面粗糙度就突出在层流边界层之外(称为水力粗糙管),对液体的压力损失产生影响。这时的 λ 将和 Re 以及管壁的相对表面粗糙度 Δ / d(Δ 为绝对表面粗糙度,d 为管子内径)有关,即 $\lambda = f(Re, \Delta / d)$。当管流的 Re 再进一步增大时,λ 将仅与相对表面粗糙度 Δ / d 有关,即 $\lambda = f(\Delta / d)$。湍流时圆管沿程阻力系数 λ 的计算公式见表 1-4。

表 1-4　圆管沿程阻力系数 λ 的计算公式

流动区域		雷诺数范围		λ 计算公式
层流		$Re < 2\,320$		$\lambda = \dfrac{75}{Re}$(油);$\lambda = \dfrac{64}{Re}$(水)
湍流	水力光滑管	$Re < 22 \left(\dfrac{d}{\Delta}\right)^{\frac{8}{7}}$	$3\,000 < Re < 10^5$	$\lambda = 0.316\,4 Re^{-0.25}$
			$10^5 \leqslant Re \leqslant 10^8$	$\lambda = 0.308(0.842 - \lg Re)^{-2}$
	水力粗糙管	$22 \left(\dfrac{d}{\Delta}\right)^{\frac{8}{7}} < Re \leqslant 597 \left(\dfrac{d}{\Delta}\right)^{\frac{9}{8}}$		$\lambda = \left[1.14 - 2\lg\left(\dfrac{\Delta}{d} + \dfrac{21.25}{Re^{0.9}}\right)\right]^{-2}$
	阻力平方区	$Re > 597 \left(\dfrac{d}{\Delta}\right)^{\frac{9}{8}}$		$\lambda = 0.11 \left(\dfrac{\Delta}{d}\right)^{0.25}$

管壁表面粗糙度 Δ 取值和管道的材料及制造工艺有关,计算时可参考如下:钢管 0.04 mm,铜管 0.001 5～0.01 mm,铝管取 0.001 5～0.06 mm,橡胶软管取 0.03 mm,铸铁管取 0.25 mm。另外,湍流中的流速分布是比较均匀的,其最大流速为 $u_{max} \approx (1 \sim 1.3)v$。动能修正系数 $\alpha = 1.05$ 和动量修正系数 $\beta = 1.04$,因而湍流时这两个系数均可近似取为 1。

1.4.2.2　局部压力损失

液体流经管道的弯管、接头、阀口、突然变化的通流截面及滤网等局部装置时,液体速度的大小和方向会发生剧烈变化,因而会产生漩涡和空穴,使液体的质点间相互撞击,于是产生较大的流动阻力,由此造成的压力损失被称为局部压力损失。

局部压力损失 Δp_ζ 与液流的动能直接有关,一般可按下式计算:

$$\Delta p_\zeta = \zeta \, \frac{\rho v^2}{2} \tag{1-38}$$

式中,ζ 为局部阻力系数,其值仅在液体流经突然扩大的截面时可以用理论推导方法求得,其他情况均须通过实验来确定,ζ 的具体实验数值可查阅有关手册;ρ 为液体密度(kg/m³);v

为液体的平均流速,一般情况下指局部阻力下游处的流速(m/s)。

因阀芯结构较复杂,液体流过各种阀的局部压力损失按式(1-38)计算较困难,可由产品目录中查出阀在额定流量 q_s 下的压力损失 Δp_s。当流经阀的实际流量 q 不等于额定流量时,通过该阀的压力损失 Δp_ζ 可用下式计算:

$$\Delta p_\zeta = \Delta p_s \left(\frac{q}{q_s}\right)^2 \qquad (1-39)$$

1.4.2.3 管路中的总压力损失

整个液压系统的总压力损失应为所有沿程压力损失和所有局部压力损失之和,即

$$\sum \Delta p = \sum \Delta p_\lambda + \sum \Delta p_\xi = \sum \lambda \frac{l}{d} \frac{\rho v^2}{2} + \sum \zeta \frac{\rho v^2}{2} \qquad (1-40)$$

式(1-40)适用于两相邻局部障碍之间的距离大于管道内径 10~20 倍的场合,否则计算出来的压力损失值比实际数值小。这是因为如果两相邻局部障碍距离太小,通过第一个局部障碍后的流体尚未稳定就进入第二个局部障碍,这时的液流扰动更剧烈,阻力系数要高于正常值的 2~3 倍。

一般情况下,由于液压传动系统的管路并不长,沿程压力损失是比较小的,而各种阀类元件造成的局部压力损失却比较大。因此,管路总的压力损失一般以局部压力损失为主。

1.5 孔 口 流 动

在液压控制元件中,通常要利用液流流经某些特殊类型小孔时压力和流量的特定关系来控制液压元件工作,如流量控制阀、压力控制阀等。本节将分析液流经过薄壁小孔、短孔和细长孔等孔口的流动情况,并推导出相应的流量公式,这些是以后学习节流调速和伺服系统工作原理的理论基础。

1.5.1 薄壁小孔

当孔的长度和直径之比 $l/d < 0.5$ 时,称为薄壁小孔。一般薄壁小孔的孔口边缘都做成刃口形式,如图 1-21 所示(各种结构形式的阀口就是薄壁小孔的实际例子)。

当流体经过小孔时,由于流体的惯性作用,使通过小孔后的流体形成一个收缩截面 2-2,然后再扩散,这一收缩和扩散过程产生很大的局部能量损失。当孔前通道直径与小孔直径之比 $d_1/d \geqslant 7$ 时,流体的收缩作用不受孔前通道内壁的影响,这时的收缩称为完全收缩;反之,当 $d_1/d < 7$ 时,孔前管

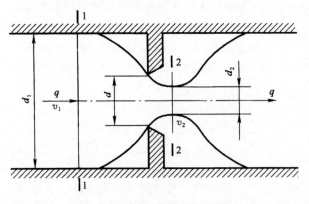

图 1-21 通过薄壁小孔的液流

道内壁对流体进入小孔起导向作用,这时的收缩称为不完全收缩。

对孔前通道截面 1-1 和收缩截面 2-2 之间的液体列伯努利方程,并设动能修正系数 $\alpha = 1$,则有

$$\frac{p_1}{\rho g} + \frac{v_1^2}{2g} = \frac{p_2}{\rho g} + \frac{v_2^2}{2g} + \sum h_\zeta \qquad (1-41)$$

式中,$\sum h_\zeta$ 局部压力损失。

因为孔前通道的通流截面面积 A_1 比孔后通道的通流截面面积 A_2 大得多,所以 $v_1 \ll v_2$,v_1 可忽略不计。局部压力损失 h_ζ 为

$$h_\zeta = \zeta \frac{\rho v_2^2}{2g} \qquad (1-42)$$

将式(1-42)代入式(1-41),求得液体流经薄壁小孔的平均速度为

$$v_2 = \frac{1}{\sqrt{\zeta+1}} \sqrt{\frac{2}{\rho}(p_1 - p_2)} = \frac{1}{\sqrt{\zeta+1}} \sqrt{\frac{2\Delta p}{\rho}} \qquad (1-43)$$

式中,Δp 为小孔前后的压差,$\Delta p = p_1 - p_2$。

液体流经薄壁小孔的流量为

$$q = A_2 v_2 = C_c C_v A \sqrt{\frac{2\Delta P}{\rho}} = C_d A \sqrt{\frac{2\Delta p}{\rho}} \qquad (1-44)$$

式中,A_2 为收缩截面的面积,$A_2 = \pi d_2^2/4$;A 为小孔截面积,$A = \pi d^2/4$;C_c 为截面积收缩系数,最小收缩面积与孔口截面积之比,$C_c = A_2/A$;C_v 为小孔的速度系数,$C_v = 1/\sqrt{\zeta+1}$,它反映了局部阻力对速度的影响;C_d 为流量系数,$C_d = C_c C_v$。

流量系数 C_d 的大小一般由实验确定。在液流完全收缩的情况下,$Re = 800 \sim 5\,000$ 时,C_d 可由式 $C_d = 0.964 Re^{-0.05}$ 计算;当 $Re > 10^5$ 时 C_d 可以认为是常数,取值为 $C_d = 0.60 \sim 0.62$。

液流不完全收缩时,C_d 可增大至 $0.7 \sim 0.8$。具体可参考表 1-5。

表 1-5　不完全收缩时液体流量系数 C_d 的值

$\dfrac{A_0}{A}$	0.1	0.2	0.3	0.4	0.5	0.6	0.7
C_d	0.602	0.615	0.634	0.661	0.696	0.742	0.804

流经薄壁小孔的流量 q 与小孔前后压差 Δp 的平方根以及小孔面积 A_0 成正比,而与黏度无关。由于薄壁小孔具有沿程压力损失小、通过小孔的流量对工作介质温度的变化不敏感等特性,因此薄壁小孔常被用作节流器。

1.5.2　短孔

当孔的长度和直径比为 $0.5 < l/d \le 4$ 时,称为短孔。短孔的流量表达式与薄壁小孔的相同,即式(1-44)。由实验知,短孔的流量系数 C_d 增大,当 $Re > 2\,000$ 时,C_d 值基本保

持在 0.8 左右。由于短孔比薄壁小孔容易加工,因此常被用作固定节流器。

1.5.3　细长孔

当孔的长度和直径比 $l/d > 4$ 时,称为细长孔。液体流经细长孔时,由于受黏性的影响,流动状态一般都是层流,因此细长孔的流量可用圆管层流的流量公式(1-34),即

$$q = \frac{\pi d^4}{128\mu l}\Delta p_\lambda$$

液体流经细长孔的流量和孔前后压差 Δp 成正比,而和液体的动力黏度成反比,因此流量受液体温度影响较大。这一点与薄壁小孔的特性明显不同。

纵观各小孔流量公式,可以归纳出一个通用公式

$$q = KA\Delta p^m \tag{1-45}$$

式中,K 为由孔口的形状、尺寸和液体性质决定的系数,对于薄壁孔和短孔 $K = C_d\sqrt{2/\rho}$;对于细长孔 $K = d^2/(32\mu l)$;A 为孔口通流截面的面积(m²);Δp 为孔口两端的压力差(N/m²);m 为由孔口的长径比决定的指数,薄壁孔 $m = 0.5$,短孔 $0.5 < m < 1$,细长孔 $m = 1$。

1.6　缝　隙　流　动

液压装置的各零件之间特别是有相对运动的各零件之间,一般都存在缝隙(或称间隙)。油液流过这些缝隙时将会产生泄漏。由于液压元件中相对运动的零件之间的间隙很小,一般在几微米到几十微米之间,水力半径也小,且由于液压工作介质具有一定的黏度,因此液体在缝隙中的流动状态通常为层流。

1.6.1　平行平板缝隙流量

如图 1-22 所示,在两块平行平板所形成的缝隙间充满了液体,缝隙高度为 h,宽度为 b,长度为 l,且一般恒有 $b \gg h$ 和 $l \gg h$。若缝隙两端存在压差 $\Delta p = p_1 - p_2$,液体就会产生流动;即使没有压差 Δp 的作用,如果两块平板有相对运动,由于液体黏性的作用,液体也会被平板带着产生流动。现分析液体在平行平板缝隙中最一般的流动情况,即既有压差的作用,又受平板相对运动的作用。

在液流中取一个微元体 $dxdy$(宽度方向取为1,即取单位宽度),作用在其左右两端面上的压力为 p 和 $p+dp$,上下两面所受到的切应力为 $\tau+d\tau$ 和 τ,则微元体的受力平衡方程式为

$$pdy + (\tau + d\tau)dx = (p + dp)dy + \tau dx$$

经过整理并将 $\tau = \mu\dfrac{du}{dy}$ 代入上式得

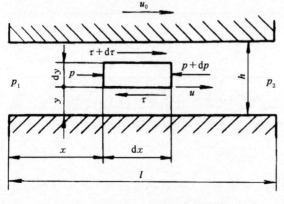

图 1-22　平行平板缝隙间的液流

$$\frac{\mathrm{d}^2 u}{\mathrm{d}y^2} = \frac{1}{\mu}\frac{\mathrm{d}p}{\mathrm{d}x}$$

对上式积分两次得

$$u = \frac{1}{2\mu}\frac{\mathrm{d}p}{\mathrm{d}x}y^2 + C_1 y + C_2 \tag{1-46}$$

式中，C_1、C_2 为积分常数，可利用边界条件求出：当平行板间的相对运动速度为 u_0 时，则在 $y = 0$ 处，$u = 0$，得 $C_2 = 0$；在 $y = h$ 处，$u = u_0$，得 $C_1 = \frac{u_0}{h} - \frac{1}{2\mu}\frac{\mathrm{d}p}{\mathrm{d}x}h$；此外，液体做层流时 p 只是 x 的线性函数，即 $\frac{\mathrm{d}p}{\mathrm{d}x} = \frac{p_2 - p_1}{l} = -\frac{\Delta p}{l}$（$\Delta p = p_1 - p_2$），将这些关系式代入上式并考虑到运动平板有可能反向运动，得

$$u = \frac{y(h-y)}{2\mu l}\Delta p \pm \frac{u_0}{h}y \tag{1-47}$$

由此得通过平行平板缝隙的流量为

$$q = \int_0^h ub\,\mathrm{d}y = \int_0^h \left[\frac{y(h-y)}{2\mu l}\Delta p \pm \frac{u_0}{h}y\right]b\,\mathrm{d}y = \frac{bh^3}{12\mu l}\Delta p \pm \frac{bh}{2}u_0 \tag{1-48}$$

上式中"±"号的确定：当动平板移动的方向和压差方向相同时（图 1-23a），取"+"号；方向相反时（图 1-23b），取"-"号。

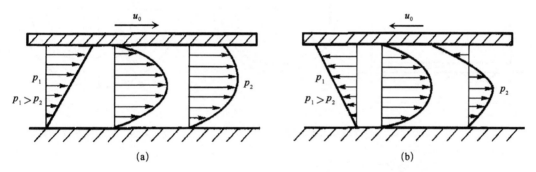

图 1-23　平行平板间隙在压差流动与剪切流动共同作用下的流动图

当平行平板间没有相对运动（$u_0 = 0$）时，通过的液流纯由压差引起，称为压差流动，流量为

$$q = \frac{bh^3}{12\mu l}\Delta p \tag{1-49}$$

当平行平板两端没有压差（$\Delta p = 0$）时，通过的液流纯由平板的相对运动引起，称为剪切流动，流量为

$$q = \frac{bh}{2}u_0 \tag{1-50}$$

从以上各式可以看到，在压差作用下，流过缝隙的流量与缝隙的三次方成正比，这说明

液压元件内缝隙的大小对其泄漏量的影响是非常大的

1.6.2 圆环缝隙流量

在液压元件中,某些相对运动零件,如柱塞与柱塞孔,圆柱滑阀阀芯与阀体孔之间的间隙为圆环缝隙。根据两者是否同心可分为同心圆环缝隙和偏心圆环缝隙两种。

1) 流经同心环形缝隙的流量

图 1-24 所示为液体在同心环形缝隙间的流动。当缝隙 h 与直径 d 之比远小于 1 时,如果将环形缝隙沿圆周方向展开,就相当于一个平行平板缝隙,只要将 $b=\pi d$ 代入平行平板缝隙流量公式(1-48),就可得到同心环形缝隙的流量公式,即

$$q = \frac{\pi d h^3}{12\mu l}\Delta p \pm \frac{\pi d h}{2}u_0 \tag{1-51}$$

当圆柱体移动方向和压差方向相同时取"+"号,方向相反时取"-"号。若圆柱体和内孔之间无相对运动,即 $u_0=0$,则此时同心环形缝隙流量公式为

$$q = \frac{\pi d h^3}{12\mu l}\Delta p \tag{1-52}$$

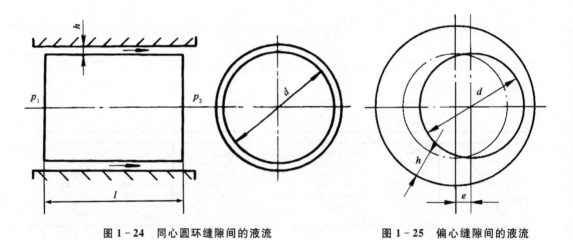

图 1-24 同心圆环缝隙间的液流   图 1-25 偏心缝隙间的液流

2) 流经偏心环形缝隙的流量

图 1-25 所示为液体在偏心环形缝隙间的流动。把偏心圆环缝隙简化为平行平板缝隙,然后利用平行平板缝隙的流量公式进行积分,就得到偏心圆环缝隙的流量公式

$$q = (1 + 1.5\varepsilon^2)\frac{\pi d h_0^3 \Delta p}{12\mu l} \pm \frac{\pi d h_0}{2}u_0 \tag{1-53}$$

式中,"±"号意义同前;h_0 为内外圆同心时半径方向的缝隙值;ε 为相对偏心率,$\varepsilon = e/h_0$,e 为偏心率。

当内外圆之间没有轴向相对移动,即 $u_0=0$ 时,其流量为

$$q = \frac{\pi d h_0^3 \Delta p}{12\mu l}(1 + 1.5\varepsilon^2) \tag{1-54}$$

由式(1-54)可以看出,当 $\varepsilon=0$ 时,它就是同心环形缝隙的流量公式;当 $\varepsilon=1$(最大偏心

状态)时,其通过的流量是同心环形缝隙流量的 2.5 倍。因此,在液压元件中,有配合的零件应尽量采取措施使其同心,以减小缝隙泄漏量。

3) 流经圆环平面缝隙及圆锥状环形缝隙的流量

图 1-26 所示为液体在圆环平面缝隙间的流动。这里,圆环与平面之间无相对运动,液体自圆环中心向外辐射流出。设圆环的大、小半径分别为 r_2 和 r_1,它与平面间的缝隙值为 h。圆环平面缝隙的流量公式为

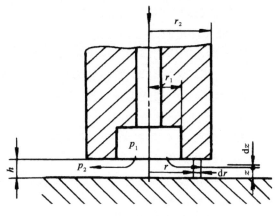

图 1-26　圆环平面缝隙间的液流

$$q = \frac{\pi h^3}{6\mu \ln \dfrac{r_2}{r_1}} \Delta p \tag{1-55}$$

图 1-27 所示为液体在圆锥状环形缝隙间的流动。阀座的长度 l 较长而缝隙 h 较小,如果将这一间隙展开成平面,就是一个扇形,相当于圆环平面缝隙的一部分,因此可以根据圆环平面缝隙流动的流量公式,推导出液体流经圆锥状环形缝隙的流量公式

$$q = \frac{\pi \sin \varphi\, h^3}{6\mu \ln \dfrac{r_2}{r_1}} \Delta p \tag{1-56}$$

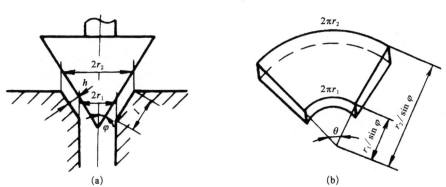

(a)　　　　　　　　　　　　(b)

图 1-27　圆锥状环形缝隙间的液流

1.7　液压冲击和空穴现象

在液压传动中,液压冲击和空穴现象都会给液压系统的正常工作带来不利影响,因此需要了解这些现象产生的原因,并采取相应的措施以减少其危害。

1.7.1　液压冲击

在液压系统中,由于某种原因,系统的压力在某一瞬间会突然急剧上升,形成很高的压

力峰值,这种现象称为液压冲击。

1) 液压冲击的危害

液压冲击的压力峰值往往比正常工作压力高好几倍,瞬间压力冲击不仅会引起振动和噪声,还会损坏密封装置、管道和液压元件,有时还会使某些液压元件(如压力继电器、顺序阀等)产生误动作,造成设备事故。

2) 液压冲击产生的原因

在阀门突然关闭或运动部件快速制动等情况下,液体在系统中的流动会突然受阻。这时由于液流的惯性作用,液体就从受阻端开始,迅速将动能逐层转换为压力能,因而产生了压力冲击波;此后,这个压力波又从该端开始反向传递,将压力能逐层转化为动能,这使得液体又反向流动;然后,在另一端又再次将动能逐层转化为压力能,如此反复地进行能量转换。由于这种压力波的迅速往复传播,便在系统内形成压力振荡。这一振荡过程,由于液体受到摩擦力以及液体和管壁的弹性作用,不断消耗能量,才使振荡过程逐渐衰减而趋向稳定。

3) 冲击压力

假设系统正常工作的压力为 p,产生液压冲击时的最大压力为

$$p_{\max} = p + \Delta p \qquad (1-57)$$

式中,Δp 为冲击压力的最大升高值。

由于液压冲击是一种非定常流动,动态过程非常复杂,影响因素很多,故精确计算 Δp 值很困难。下面介绍两种液压冲击情况下 Δp 值的近似计算公式。

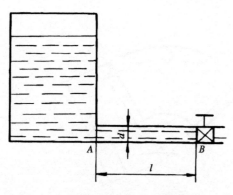

图 1-28 液流速度突变引起的液压冲击

(1) 管道阀门关闭时的液压冲击。如图 1-28 所示容器,液位恒定并保持液面压力不变。设管道截面积为 A,产生冲击的管长为 l,压力冲击波从 B 点传到 A 点时间为 t,液体的密度为 ρ,管中液流的流速为 v_0,阀门关闭后的流速为零,则由动量方程得

$$\Delta p A = \rho A l \frac{v_0}{t}$$

$$\Delta p = \rho \frac{l}{t} v_0 = \rho c v_0 \qquad (1-58)$$

式中,$c = l/t$ 为压力波在管中的传播速度,其大小不仅与液体的体积弹性模量 K 有关,还和管道材料的弹性模量 E、管道的内径 d 及壁厚 δ 有关。c 值可按下式计算:

$$c = \frac{\sqrt{K/\rho}}{\sqrt{1 + Kd/(E\delta)}} \qquad (1-59)$$

在液压传动中,c 值一般在 $900 \sim 1\,400$ m/s 之间。

如果阀门不是完全关闭的,而是部分关闭,液流速度从 v_0 降到 v_1,则式(1-58)可改写成

$$\Delta p = \rho c (v_0 - v_1) \qquad\qquad (1-60)$$

设压力冲击波在管中往复一次的时间为 t_c，$t_c = 2l/c$。一般地，依阀门关闭时间常把液压冲击分为两种：

当阀门关闭时间 $t < t_c$ 时，称为完全冲击（也称直接液压冲击），此时压力峰值很大。其 Δp 值可按式(1-58)和式(1-60)计算。

当阀门关闭时间 $t > t_c$ 时，称为不完全冲击（也称间接液压冲击）。此时压力峰值比完全冲击时低，其 Δp 值可按式下式计算：

$$\Delta p = \rho c (v_0 - v_1)\frac{t_c}{t} \qquad\qquad (1-61)$$

（2）运动部件制动时的液压冲击。如图 1-29 所示，设总质量为 m 的运动部件在制动时的减速时间为 Δt，速度的减小值为 Δv，液压缸有效工作面积为 A，则根据动量定律可得左腔内的冲击压力

$$\Delta p = \frac{\sum m \Delta v}{A \Delta t} \qquad (1-62)$$

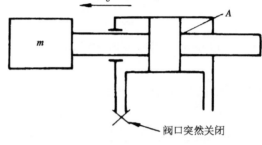

图 1-29　运动部件制动引起的液压冲击

上式中忽略了阻尼和泄漏等因素，计算结果会比实际值要大些，但偏于安全，因而具有实用价值。

4）减小液压冲击的措施

（1）延长液压阀门关闭和运动部件换向、制动的时间。采用换向时间可调的换向阀和带有缓冲措施的液压缸等。

（2）正确设计阀口，限制管道流速及运动部件速度，使运动部件制动时速度变化比较均匀。

（3）适当加大管径或缩短管道长度。加大管径可以降低流速，减少压力冲击波 c 值。

（4）用橡胶软管或在冲击源处设置蓄能器，以吸收冲击压力。

（5）设置安全阀，限制系统中的最高压力。

1.7.2　空穴现象

空穴现象又称气穴现象。液体不可避免地会含有一定量的空气，空气在液体中的溶解度与液体的绝对压力成正比。在一定温度下，当某处的压力低于空气分离压时，原先溶解在液体中的空气将会迅速分离出来，导致液体中出现大量气泡的现象，称为空穴现象。如果液体中的压力进一步降低到饱和蒸汽压时，液体将迅速汽化，产生大量蒸气气泡，这时空穴现象将会更加严重。

1）空穴现象产生的原因及部位

（1）液压泵的吸油口处。如果液压泵的吸油管道安装高度太大，直径太小，再加上吸油口处过滤器、吸油管道阻力、液压泵的转速过高或油液的黏度等因素的影响，吸油腔未能完全充满油液，都会造成液压泵吸油口处的真空度过大，使吸油口处的压力低于油液工作温度下的空气分离压，而产生空穴现象。

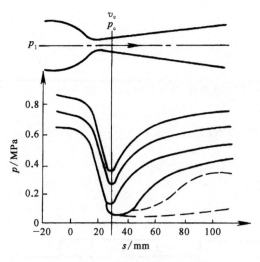

图 1-30　节流口处的空穴现象

（2）通流截面非常狭窄的阀口处。由于阀口处的通道狭窄，通流截面较小而使流速很高（图 1-30）。根据伯努利方程式可知，在一定的流量下，通流截面越小，液体的流速就越高，因此，该处的压力也就越低，越容易产生空穴现象。

2）空穴现象的危害

当液压传动系统出现空穴现象时，大量的气泡使油液的流动特性变差，润滑性能降低，压缩性增大，导致液压传动系统的容积效率降低。主要危害如下：

（1）当油液中产生的气泡被带到高压区时，气泡在压力作用下急剧破灭，并又凝结成液体而使体积减小。由于该过程发生在一瞬间，气泡周围的液体加速向气泡中心冲击，液体质点高速碰撞，产生局部高温和局部液压冲击，温度可达 1 149 ℃，冲击压力高达几百兆帕，因此会引起液压传动系统强烈的振动和噪声。

（2）溶解于油液中的气泡分离出来以后，相互聚合，体积增大，形成具有相当体积的气泡，引起流量的不连续。当气泡到达管道最高点时，会产生断流现象，这种现象被称为气塞。它导致液压传动系统不能正常工作。

（3）由于分离出来的空气中含有氧气，具有较强的氧化作用，会加速金属零件表面的氧化腐蚀、剥落，甚至出现海绵状的小洞穴，这种因空穴造成的损坏被称为气蚀，它会导致液压元件工作寿命的缩短。

3）预防空穴现象的措施

（1）避免有狭窄处，减小孔口或缝隙前后的压力降。一般使压力比 $p_1/p_2 < 3.5$。

（2）降低泵的吸油高度 h，一般适当加大吸油管直径，限制吸油管道内液压工作介质的平均流速，尽量减小吸油管路中的压力损失（如及时清洗过滤器或更换滤芯等）。对于自吸能力差的泵要安装辅助泵供油。

（3）管路要有良好的密封，防止空气进入。

（4）采用抗腐蚀能力强的金属材料，减小零件表面粗糙度值等。

 习题与思考题

1. 什么是液体的黏性与黏度？黏度有几种表示方法？

2. 用图 1-31 所示仪器测量油液黏度，已知 $D = 100\,\text{mm}$、$d = 99\,\text{mm}$、$l = 200\,\text{mm}$，当外筒转速 $n = 6\,\text{r/s}$ 时，测得转矩 $T = 30 \times 10^{-2}\,\text{N·m}$，求油液的动力黏度。

3. 如图 1-32 所示一液压缸，其缸筒内径 $D = 12\,\text{cm}$、活塞直径 $d = 11.96\,\text{cm}$、活塞长度 $L = 14\,\text{cm}$，若油的黏度 $\mu = 0.065\,\text{Pa·s}$，活塞回程要求的稳定速度为 $v = 0.5\,\text{m/s}$，试求不计油液压力时拉回活塞所需的力 F。

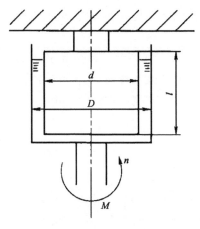

图 1-31　第 2 题图

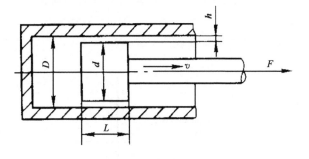

图 1-32　第 3 题图

4. 如图 1-33 所示容器 A 中液体的密度 $\rho_A = 900 \text{ kg/m}^3$，B 中液体的密度为 $\rho_B = 1\,200 \text{ kg/m}^3$，$z_A = 200 \text{ mm}$，$z_B = 180 \text{ mm}$，$h = 60 \text{ mm}$，U 形管中的测压介质为水，试求 A、B 之间的压力差。

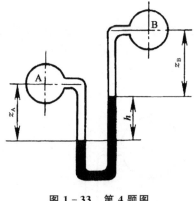

图 1-33　第 4 题图

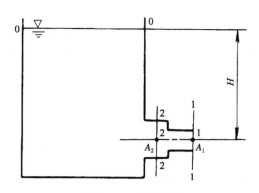

图 1-34　第 5 题图

5. 如图 1-34 所示，已知水深 $H = 10 \text{ m}$，截面 $A_1 = 0.02 \text{ m}^2$，截面 $A_2 = 0.04 \text{ m}^2$，试求孔口的出流流量以及点 2 处的表压力（取 $\alpha = 1$，不计损失）。

6. 图 1-35 所示为一种热水抽吸设备。水平管出口 A_2 通大气，水箱表面为大气压力，

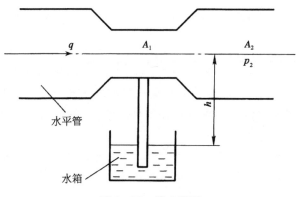

图 1-35　第 6 题图

有关尺寸如下：$A_1=32$ cm，$A_2=4A_1$，$h=1$ m。不计液体流动时的能量损失，问水平管内冷水的流量达到多少时才能从水箱内抽吸热水？

7. 如图 1-36 所示，油在喷管中的流动速度 $v_1=6$ m/s，喷管直径 $d_1=5$ mm，油的密度 $\rho=900$ kg/m^3，喷管前端置一挡板，问在下列情况下管口射流对挡板壁面的作用力 F 是多少：(1) 当壁面与射流垂直时（图 1-36a）；(2) 当壁面与射流成 60° 角时（图 1-36b）。

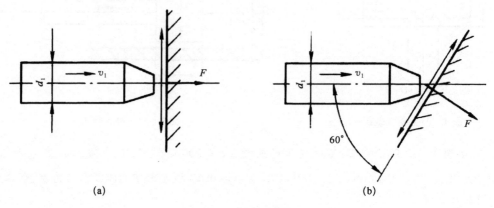

(a)　　　　　　　　　　　　　　(b)

图 1-36　第 7 题图

8. 如图 1-37 所示，水平放置的光滑圆管由两段组成，直径 $d_1=10$ mm，$d_2=6$ mm，长度 $l=3$ m，油液密度 $\rho=900$ kg/m^3，运动黏度 $\nu=20\times10^{-6}$ m^2/s，流量 $q=0.3\times10^{-3}$ m^3/s，管道突然缩小处的局部阻力系数 $\zeta=0.35$，试求总的压力损失及两端压差。

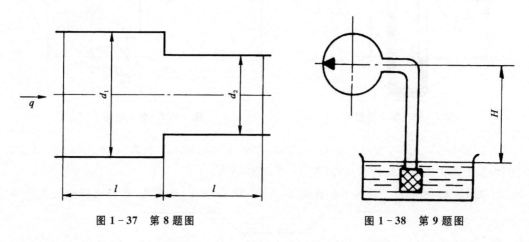

图 1-37　第 8 题图　　　　　　　　图 1-38　第 9 题图

9. 如图 1-38 所示，液压泵从一个大的油池中抽吸油液，流量为 $q=150$ L/min，油液的运动黏度 $\nu=34\times10^{-6}$ m^2/s，油液密度 $\rho=900$ kg/m^3。吸油管直径 $d=60$ mm，并设泵的吸油管弯头处局部阻力系数 $\zeta=0.2$，吸油口粗滤网的压力损失 $\Delta p=0.017\,8$ MPa。如希望泵入口处的真空度不大于 0.04 MPa，试求泵的吸油高度 H（液面到滤网之间的管路沿程损失可忽略不计）。

10. 圆柱形滑阀如图 1-39 所示，已知阀芯直径 $d=20$ mm，进口压力 $p_1=9.8$ MPa，出口压力 $p_2=0.9$ MPa，油液的密度 $\rho=900$ kg/m^3，通过阀口时的流量系数 $C_d=0.65$，阀口开度 $x=2$ mm，试求通过阀口的流量。

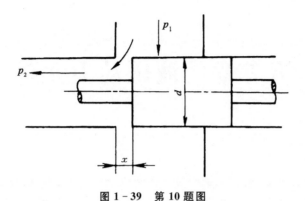

图 1-39　第 10 题图

11. 已知液压缸中的活塞直径 $d = 100 \times 10^{-3}$ m,长度 $l = 100 \times 10^{-3}$ m,活塞与缸体内孔同心时的间隙 $h = 0.1 \times 10^{-3}$ m,高低腔压力差 $\Delta p = 2 \times 10^6$ Pa,液压工作介质的动力黏度 $\mu = 0.1$ Pa·s。试求:(1) 活塞与缸体内孔同心时的泄漏量;(2) 活塞与缸体内孔完全偏心时的泄漏量;(3) 当活塞以 6 m/min 速度与压力差同向运动且活塞与缸体内孔完全偏心时的泄漏量。

第 2 章　液压动力元件

本章学习目标

（1）知识目标：掌握典型液压泵的工作原理、特点及应用场合；了解常用齿轮泵、叶片泵、柱塞泵的结构与特点；掌握泵的流量计算公式和选用方法等。

（2）能力目标：能根据具体应用场合选择合适的液压泵。

液压泵是液压系统的动力元件，它是一种能量转换装置，将原动机（电动机、内燃机等）的机械能（输入量：转矩 T 和角速度 ω）转换成输入系统中油液的压力能（输出量：压力 p 和流量 q），供液压系统使用。液压泵的性能好坏直接影响液压系统的工作性能。

本章除了简要介绍液压泵的工作原理、分类、图形符号、性能参数等内容外，将重点介绍齿轮泵、叶片泵和柱塞泵。

2.1　液压泵概述

2.1.1　液压泵工作原理

液压传动系统中使用的液压泵都是容积式的，靠密封工作腔的容积变化进行工作，其输出流量的大小由密封工作腔的容积变化大小来决定。

以单柱塞泵为例，其工作原理如图 2-1 所示。凸轮 1 在原动机驱动下绕轴旋转，柱塞 2 在凸轮 1 和复位弹簧 3 共同作用下在缸体 5 中上下运动。柱塞 2 向下运动时，缸体 5 中的油腔 4 容积增大，形成真空，油箱 8 中的油液在大气压的作用下经单向阀 7 进入油腔 4（此时单向阀 6 关闭），此为吸油过程，吸油过程在柱塞 2 运动到最低点时结束，此时油腔 4 容积达到最大。随着凸轮 1 继续旋转，柱塞 2 将会向上运动，缸体 5 中的油腔 4 容积减小，油液受挤压经单向阀 6 排出（此时单向阀 7 关闭），此为排油过程，排油过程在柱塞 2 运动到最高点时结束，此时油腔 4 容积达到最小。凸轮 1 连续旋转，柱塞 2 在半个周期内下降，另半个周

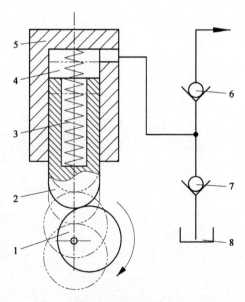

1—凸轮；2—柱塞；3—弹簧；4—油腔；5—缸体；
6、7—单向阀；8—油箱

图 2-1　单柱塞泵的工作原理

期内上升,凸轮每旋转一周,柱塞完成一次往复运动,单柱塞泵完成一次吸油—排油的
周期。

根据上述液压泵的工作原理,液压泵吸油和排油依赖于密闭油腔容积的变化,因此,液
压泵的构成必须包括以下三个要素:

(1) 存在一个容积可变的密闭空间,容积增大时可吸油,容积减小时可排油。

(2) 密闭空间的容积变化由运动件的运动引起,且具有周期性。

(3) 密闭空间吸油时,排油油路不通,排油时吸油油路不通。

2.1.2　液压泵的分类与图形符号

液压泵转速恒定时,按其在单位时间内所能输出的油液体积是否可调节分为定量泵和
变量泵;按进、出油口方向是否可变分为单向泵和双向泵;按一个工作周期密闭容积的变化
次数可分为单作用泵、双作用泵和多作用泵;按结构形式可分为齿轮泵、叶片泵和柱塞泵,本
章以下,即按此分类形式分别介绍。液压泵的主要图形符号如图 2-2 所示。

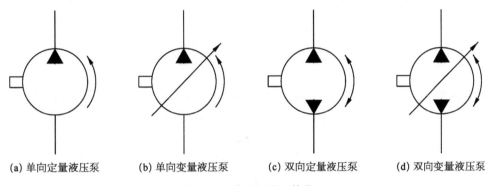

(a) 单向定量液压泵　　(b) 单向变量液压泵　　(c) 双向定量液压泵　　(d) 双向变量液压泵

图 2-2　液压泵图形符号

2.1.3　液压泵的主要性能参数

1) 液压泵的压力

(1) 吸入压力。指液压泵进口压力。

(2) 工作压力(p)。指液压泵工作时的出口压力,大小取决于负载。

(3) 额定压力(p_s)。指在正常工作条件下按试验标准连续运转的最高工作压力,超过
此值就是过载。

2) 液压泵的排量

理论排量(V)简称排量,指液压泵的转子每转一转,由其密封容腔几何尺寸变化所算得
的排出液体的体积,常用单位为 cm^3/r。数值上等于在无泄漏的情况下,其轴转一转所能排
出的液体体积。

3) 液压泵的流量

(1) 理论流量(q_t)。指液压泵在单位时间内由其密封容腔几何尺寸变化所算得的排出
液体的体积,数值上等于在无泄漏的情况下单位时间内所能排出的液体体积。转速为 n 时,
$q_t = Vn$。常用单位为 m^3/s 和 L/min。

(2) 实际流量(q)。指液压泵在单位时间内实际排出的液体体积。在泵的出口与进口
压力差不等于零时,由于存在泄漏流量 Δq,实际流量 q 小于理论流量 q_t,即 $q = q_t - \Delta q$。

（3）额定流量（q_s）。指正常工作条件下，按试验标准规定必须保证的流量（在额定转速和额定压力下）。

4）液压泵的功率

（1）输入功率（P_i）。驱动液压泵轴的机械功率为泵的输入功率，输入量为转矩 T 和角速度 ω，输入功率等于输入转矩和输入角速度的乘积，即 $P_i = T\omega$。

（2）输出功率（P_o）。液压泵输出功率等于输出压力 p 和输出流量 q 的乘积，即 $P_o = pq$。不考虑能量损失时，液压泵输出功率 P_o 等于输入功率 P_i，皆等于理论功率 P_t：

$$P_t = pq_t = pVn = T_t\omega = 2\pi T_t n$$

实际上，液压泵在能量转换中是有损失的，因此输出功率小于输入功率，两者差值为功率损失，分为容积损失和机械损失。

5）液压泵的效率

（1）容积效率（η_V）。用以表征容积损失，即因泄漏（主要）、气穴和油液在高压下的压缩而造成的流量损失，即

$$\eta_V = \frac{q}{q_t} = \frac{q_t - \Delta q}{q_t} = 1 - \frac{\Delta q}{q_t}$$

一般认为泵的流量损失 Δq 和泵的输出压力 p 成正比，即 $\Delta q = k_1 p$，式中 k_1 为流量损失系数，因此有 $\eta_V = 1 - \frac{\Delta q}{q_t} = 1 - \frac{k_1 p}{Vn}$。

（2）机械效率（η_m）。用以表征机械损失，即因摩擦而造成的转矩上的损失：

$$\eta_m = \frac{T_t}{T} = \frac{T_t}{T_t + \Delta T} = \frac{1}{1 + \frac{\Delta T}{T_t}}$$

（3）总效率（η）。为液压泵的输出功率 P_o 与输入功率 P_i 之比，即

$$\eta = \frac{P_o}{P_i} = \frac{pq}{T\omega} = \frac{p \cdot q_t \eta_V}{(T_t / \eta_m) \cdot \omega} = \eta_V \eta_m$$

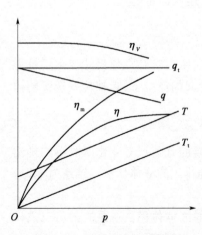

图 2-3　液压泵的特性曲线

6）液压泵的转速

（1）额定转速（n_s）。指在额定压力下，液压泵能连续长时间正常运转的最高转速。

（2）最高转速（n_{max}）。指在额定压力下，超过额定转速允许短时间运行的最高转速。

（3）最低转速（n_{min}）。指正常运转所允许的液压泵的最低转速。

（4）转速范围。指液压泵最低转速与最高转速之间的区间范围。

2.1.4　液压泵的特性曲线

液压泵的各个参数和压力之间的关系即其特性曲线如图 2-3 所示，曲线的横坐标为液压泵的工作压力 p，

纵坐标为液压泵的机械效率 η_m、容积效率 η_V、总效率 η、理论流量 q_t、实际流量 q、理论转矩 T_t 和实际转矩 T。

2.2　齿　轮　泵

　　齿轮泵是液压传动系统中常用的液压泵,根据齿轮啮合形式的不同分为外啮合齿轮泵和内啮合齿轮泵两种。螺杆泵可视为一种外啮合的摆线齿轮泵,因此放在本节介绍。

2.2.1　外啮合齿轮泵

2.2.1.1　工作原理

　　图 2-4 所示为外啮合齿轮泵工作原理。齿轮泵由一对几何参数完全相同的齿轮、键、轴、泵体和前后端盖(在图中未示出)等主要零件组成。泵体、端盖和齿轮的各个齿间槽组成多个密封工作腔。吸油腔和压油腔由相互啮合的齿轮、泵体和端盖分隔开。当齿轮按图示方向旋转时,右侧吸油腔由于啮合的齿逐渐脱开,密封工作腔容积逐渐增大,形成部分真空,油箱中的油液被吸进来,将齿间槽充满,并随着齿轮旋转,把油液带到左侧压油腔。在压油腔,由于齿轮逐渐进入啮合,密封工作腔容积不断减少,油液便被挤出去。

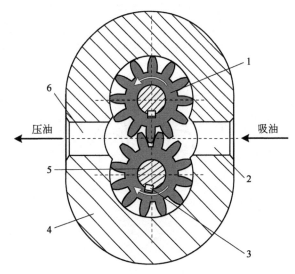

1—齿轮;2—吸油腔;3—键;4—泵体;5—轴;6—压油腔

图 2-4　外啮合齿轮泵

2.2.1.2　排量和流量

　　外啮合齿轮泵排量近似计算时,忽略齿轮和泵体的径向间隙,认为排量等于两个齿轮齿间槽容积总和。当齿轮齿数为 z、分度圆直径为 D、模数为 m、工作齿高为 $h_w(h_w=2m)$、齿宽为 b 时,假设单个齿间槽容积和单个齿的体积相等,泵的排量为

$$V = \pi D h_w b = 2\pi z m^2 b$$

　　实际上考虑到单个齿间槽容积比单个齿的体积稍大,引入修正系数 C,可得泵的排量计算式如下:

$$V = C \cdot 2\pi z m^2 b$$

　　当 $z = 6 \sim 12$ 时,取 $C = 1.115$;当 $z = 13 \sim 20$ 时,取 $C = 1.06$。

　　齿轮泵工作时,齿轮每旋转一圈,压油腔的容积周期性变化 z 次,变化周期为 $2\pi/z$,由于压油腔的容积变化率不均,齿轮泵的瞬时流量呈现规律性脉动。设最大瞬时流量为 q_{max},最小瞬时流量为 q_{min},平均流量为 q_p,液压泵的流量脉动率 σ 用下式表示:

$$\sigma = \frac{q_{max} - q_{min}}{q_p}$$

外啮合齿轮泵的齿数越少,脉动率越大,最高可达 0.20 以上,流量脉动会直接影响到系统工作的平稳性,引起压力脉动,使系统产生振动和噪声。

2.2.1.3 结构特点

外啮合齿轮泵结构简单,尺寸小,制造方便,价格低廉,工作可靠,自吸能力强,对油液污染不敏感,维护容易;但存在不平衡径向力,磨损严重,泄漏大,流量脉动大,压力脉动较大,噪声较大。

1) 困油

为了保证齿轮泵的平稳工作,压油腔和吸油腔之间不能直接连通,在齿轮啮合处,前一对轮齿尚未脱开啮合之前,后一对轮齿需要进入啮合,即轮齿啮合的重合度必须大于1(一般 1.05~1.10)。在两对轮齿同时啮合时,它们之间形成一个与吸、压油腔皆不相通的封闭腔,如图 2-5 所示。这个封闭腔的容积随着齿轮的转动先变小,后变大。封闭腔容积由大变小会使得被困油液受挤压产生很高的压力,从缝隙中挤出,导致油液发热,使机件受到额外的负载。封闭腔容积由小变大会引起局部真空,溶解在油液中的气体分离,产生气穴现象。这种因封闭腔容积大小发生变化导致压力冲击、升温、气蚀、振动和噪声的现象,就是齿轮泵的困油现象。困油现象严重影响泵的使用寿命,必须予以消除。

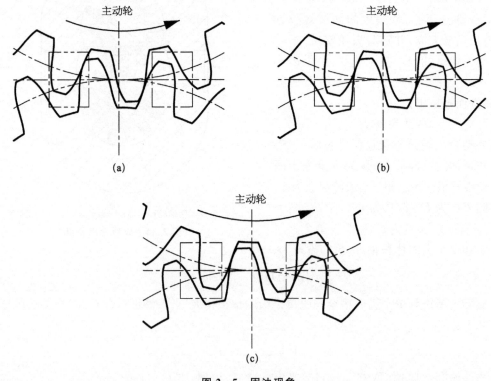

图 2-5 困油现象

消除困油现象的方法,通常是在泵的前后端盖上开卸荷槽(图 2-5 双点划线框),使封闭腔的容积减小时通过左侧卸荷槽与压油腔相通,容积增大时通过右侧卸荷槽与吸油腔相通。

2) 泄漏

齿轮泵的泵体、端盖和齿轮形成多个密封工作腔,其中泵体和前后端盖为固定件,齿轮是运动件,各部分之间的间隙都会引起油液的泄漏。其中齿轮前后端面与前后端盖之间的轴向间隙(又称端面间隙)的泄漏最大,占总泄漏量的80%～85%,齿顶圆与泵体内圆之间的径向间隙泄漏量占10%～15%,其余为齿轮啮合间隙泄漏。

解决泄漏问题首要任务是解决轴向泄漏,关键是如何控制齿轮端面与端盖内侧面之间保持一个合适的间距。工作压力越大,泄漏问题越严重,针对这个问题,中、高压齿轮泵一般采用轴向间隙自动补偿的办法。在齿轮端面与前后端盖之间增加一个轴向可移动的补偿零件(如浮动轴套、浮动侧板或弹性侧板),如图2-6所示,并将压油腔的压力油引入到可动零件靠近端盖面的油腔中,使该零件始终受到一个与工作压力成比例的轴向力压向齿轮端面,从而实现泵的轴向间隙自动补偿功能。

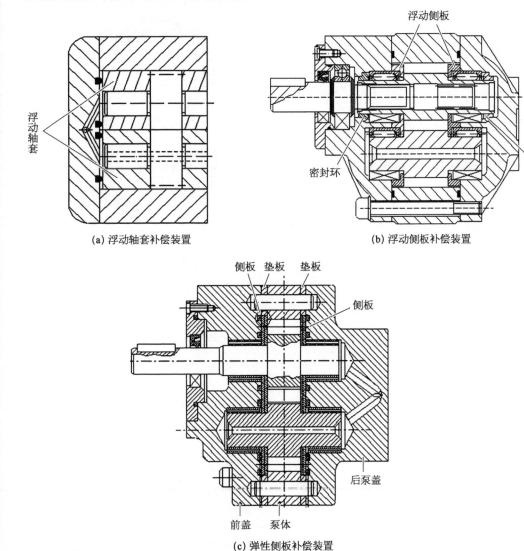

(a) 浮动轴套补偿装置   (b) 浮动侧板补偿装置

(c) 弹性侧板补偿装置

图 2-6 带轴向浮动补偿零件的齿轮泵

3) 径向不平衡力

齿轮泵工作时,从吸油区装满油液的工作腔随着齿轮的旋转被带到压油区,在转移的过程中油液压力从吸油区的低压逐渐增大到压油区的高压,对齿轮轴产生沿着圆周方向不平衡径向作用力,称为径向不平衡力。径向不平衡力随着工作压力的增大而增大,会影响轴承寿命,足够大时甚至会使轴弯曲导致齿顶和泵体内表面产生摩擦。

　　针对径向不平衡力的影响,目前应用广泛的解决措施之一,如图 2-7a 所示,缩小压油口大小,扩大泵体内腔高压区(低压区)径向间隙来实现径向补偿,即只保留靠近吸油腔(压油腔)的 1~2 个齿起密封作用,大部分圆周的压力均匀,径向力得到平衡,减小了径向不平衡力。还有一种措施,如图 2-7b 所示,在端盖上开设平衡槽分别与吸、压油腔相通,使泵体内另一侧产生与吸、压油腔对应的径向力,起平衡作用。

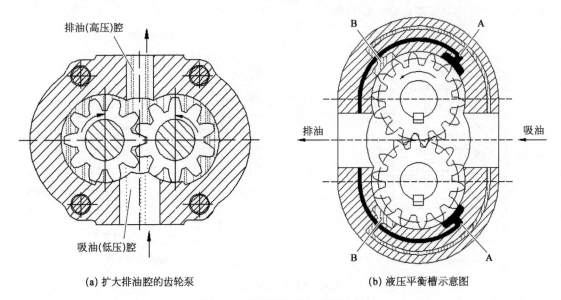

(a) 扩大排油腔的齿轮泵　　　　　　　　(b) 液压平衡槽示意图

图 2-7　径向不平衡力平衡措施

2.2.2　内啮合齿轮泵

　　内啮合齿轮泵分为渐开线齿轮泵和摆线齿轮泵两种,如图 2-8 所示。在渐开线内啮合

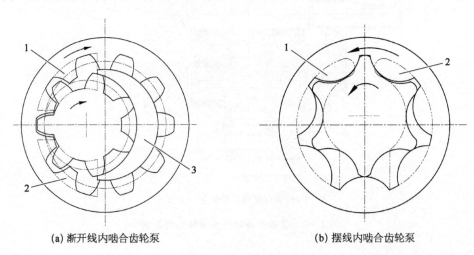

(a) 渐开线内啮合齿轮泵　　　　　　　　(b) 摆线内啮合齿轮泵

1—吸油腔;2—压油腔;3—隔板

图 2-8　内啮合齿轮泵

齿轮泵中,如图 2-8a 所示,小齿轮为主动轮,为了将吸油腔和压油腔隔开,在小齿轮和内齿轮之间装一块隔板。在摆线内啮合齿轮泵中,小齿轮和内齿轮只差一个齿,吸油腔和压油腔已经隔开,不需要设置隔板。

内啮合齿轮泵工作原理和主要特点与外啮合齿轮泵相同,区别在于内啮合齿轮泵结构上更紧凑,无困油现象,流量脉动较外啮合齿轮泵小,噪声低;但内啮合齿轮泵齿形复杂,加工精度要求高,造价较贵。

2.2.3　螺杆泵

螺杆泵实质上是一种外啮合的摆线齿轮泵,有单螺杆泵、双螺杆泵和三螺杆泵。图 2-9 为三螺杆泵的工作原理。泵体内有三根相互平行的双头螺杆,主动螺杆是凸螺杆,从动螺杆是凹螺杆。三根螺杆的外圆与壳体弧面保持良好的配合,主动螺杆与从动螺杆的啮合线将主动螺杆和从动螺杆的螺旋槽分隔成多个独立的密封工作腔,主动螺杆每转一转,单个密封工作腔沿轴向移动一个螺旋导程。随着螺杆旋转。密封工作腔在螺杆的一端形成,同时逐渐增大,进行吸油,运动到螺杆的另一端时容积逐渐减小至消失,将油液压出。

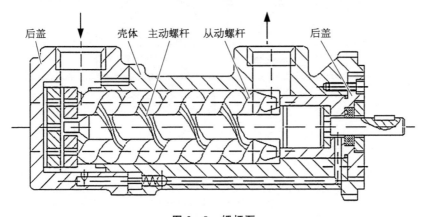

图 2-9　螺杆泵

螺杆泵的结构紧凑,体积小,流量、压力无脉动,噪声低,运动平稳,自吸能力强,转速和流量范围大,对介质黏度适应性强,使用寿命长;但容积效率较低,螺杆制造困难,价格高。

2.3　叶片泵

叶片泵按作用次数不同,分为单作用式(非平衡式)叶片泵、双作用式(平衡式)叶片泵和多作用式叶片泵;按排量是否可变,分为定量泵和变量泵;按压力等级不同,分为中低压叶片泵(7 MPa 以下)、中高压叶片泵(16 MPa 以下)和高压叶片泵(20~30 MPa 以下)。

叶片泵输出流量脉动小,噪声低,轴承受力平衡,使用寿命长,单位体积的排量大,可制成变量泵;但自吸能力较差,实用工况范围较窄,对污染物比较敏感,制造工艺较复杂。

2.3.1　单作用叶片泵

1) 工作原理

单作用叶片泵的工作原理如图 2-10 所示。单作用叶片泵主要由转子 2、定子 3、叶片

4、配油盘和端盖等零件组成。转子沿圆周方向均布叶片槽,叶片在槽内可自由滑动,定子的内表面为内圆柱面,转子与定子之间存在偏心量 e,工作时转子转动,叶片在离心力或叶片槽根部压力的作用下向外伸出,叶片顶部保持紧贴定子内表面,转子、定子、叶片和配油盘形成了多个密封工作腔。当转子按图 2-10 所示方向转动时,泵右侧的叶片逐渐向外伸出,密封工作腔容积增大,形成局部真空,油液经进油口和配油盘的窗口吸入至充满密封工作腔;泵左侧的叶片逐渐向内回缩,密封工作腔容积减小,油液经配油盘的窗口从压油口挤出。转子每转一圈,泵吸油、压油各 1 次,故称单作用泵。改变定子和转子间偏心量的大小,便可改变泵的排量,即变量泵。

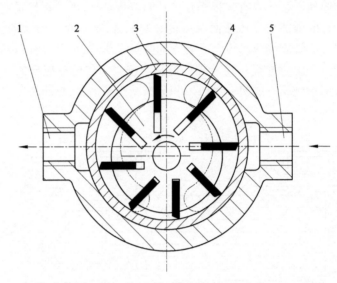

1—压油口;2—转子;3—定子;4—叶片;5—吸油口
图 2-10　单作用叶片泵

2) 排量和流量

计算思路:单作用叶片泵内,近似计算每个密封腔从最大容积到最小容积的变化,再乘以叶片数量(密封腔数量)。

单作用叶片泵的排量近似为

$$V = zb\left[\frac{\pi(R+e)^2}{z} - \frac{\pi(R-e)^2}{z}\right] = 4be\pi R = 2be\pi D$$

式中,b 为叶片宽度;z 为叶片数;R 为定子内圆半径;e 为转子与定子的偏心距;D 为定子内圆直径。

由上式可知,单作用叶片泵的排量受定子内腔轮廓尺寸和定、转子偏心距影响,与叶片数量无关。

根据流量与排量的关系,计算单作用叶片泵的流量

$$q = q_t \cdot \eta_V = Vn \cdot \eta_V = 2be\pi nD\eta_V$$

单作用叶片泵的流量是有脉动的,叶片数越多,流量脉动率越小,奇数叶片的流量脉动比偶数叶片小。因此,单作用叶片泵的叶片数取奇数。

3）特点

（1）单作用叶片泵的定子内表面为内圆柱面,与转子中心存在偏心距 e,通过改变偏心距可改变排量(变量泵)。

（2）配流盘上只有一个吸油口和一个排油口,每个工作腔每转吸压油各一次,此为单作用。

（3）转子、定子上的液压径向力不平衡,泵轴较粗。

（4）叶片根部通油与顶部通油联通,叶片厚度不会引起排量损失。

（5）叶片槽相对旋转方向后倾一个角度,有利于叶片伸出。

2.3.2 双作用叶片泵

1）工作原理

双作用叶片泵的工作原理如图 2-11 所示。其作用原理类似于单作用叶片泵,区别在于转子与定子同心,且定子的内表面由两段大半径圆弧、两段小半径圆弧和四段过渡曲线组成。当转子按图示方向转动时,第 2 和第 4 象限范围的叶片逐渐向外伸出,密封工作腔容积增大,形成局部真空,油液经进油口和配油盘的管道、窗口吸入至充满密封工作腔;第 1 和第 3 象限范围的叶片逐渐向内回缩,密封工作腔容积减小,油液经配油盘的窗口、管道从压油口挤出。转子每转一圈,泵吸油、压油各 2 次,故称双作用泵。其泵的排量不可变,所以为定量泵。

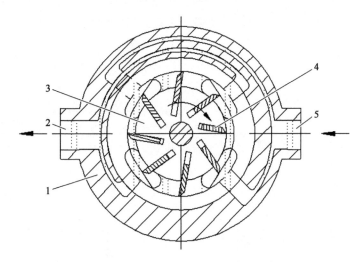

1—定子;2—压油口;3—转子;4—叶片;5—吸油口

图 2-11 双作用叶片泵

2）排量和流量

当不考虑叶片厚度时,则有

$$V_0 = zb\left(\frac{\pi R^2}{z} - \frac{\pi r^2}{z}\right) \cdot 2 = 2b\pi(R^2 - r^2)$$

式中,b 为叶片宽度;z 为叶片数;R 为定子内表面圆弧长半径;r 为定子内表面圆弧短半径。

考虑叶片厚度造成的排量损失:

$$V_{\text{叶}} = z \cdot \frac{R-r}{\cos\theta} \cdot sb \cdot 2 = 2b\frac{R-r}{\cos\theta}sz$$

式中，θ 为叶片倾角；s 为叶片厚度。

可得双作用叶片泵排量

$$V = V_0 - V_{\text{叶}} = 2b\left[\pi(R^2-r^2) - \frac{R-r}{\cos\theta}sz\right]$$

根据流量与排量的关系，计算双作用叶片泵的流量

$$q = q_{\text{t}} \cdot \eta_V = Vn \cdot \eta_V = 2bn\left[\pi(R^2-r^2) - \frac{R-r}{\cos\theta}sz\right]\eta_V$$

当不考虑双作用叶片泵叶片厚度时，瞬时流量是均匀的，实际上考虑多方面因素后，脉动率较其他形式的泵小。

3）特点

（1）双作用叶片泵定子内表面曲线分为 8 段，其定子曲线如图 2-12 所示。

（2）定子内表面轮廓曲线采用阿基米德螺线等可避免流量脉动；配流窗口对称布置，叶片数应为偶数，最好是 4 的整倍数。

（3）叶片根部通油方式可改变排量损失。配流盘的环形槽将出口压力油引入叶片底部，会使其排量减少，如图 2-13a 所示。图 2-13b 为另一种叶片底部通压力油的配流盘结构，此方式顶部与根部通油情况相同，不会引起叶片的排量损失，并且没有流量脉动。

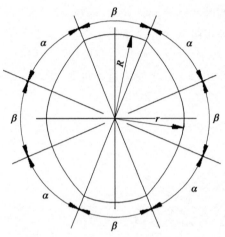

图 2-12　双作用叶片泵定子曲线

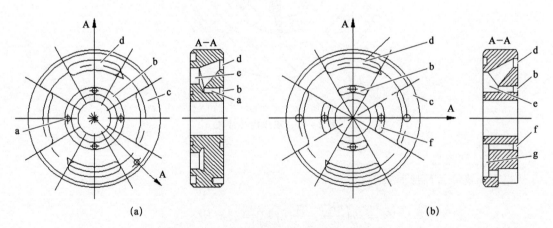

(a)　　　　　　　　　　　　　　　(b)

图 2-13　叶片底部通压力油的配流盘结构

（4）转子定子同心安装，所以不能变量，即为定量叶片泵。

（5）转子每转一转，每个工作腔吸压油各 2 次，此为双作用。

（6）叶片前倾安装，有利于叶片缩回。

（7）如叶片根部始终与压油区相通，保证叶片伸出，但会引起排量损失。

（8）转子径向受力平衡，为卸荷式（平衡式）叶片泵。

2.3.3　限压式变量叶片泵

以外反馈限压式变量叶片泵为例，其结构如图 2-14 所示，工作原理如图 2-15 所示，它能根据外负载大小自动调节泵的排量。转子的中心固定不动，定子左侧连接预紧弹簧 2，右侧经反馈柱塞 5 受输出压力作用，输出压力大于预紧弹簧的预紧力 F_x 时，定子向左移动，转子与定子的偏心距减小，输出流量减小；输出压力小于预紧弹簧的预紧力 F_x 时，定子向右移动，偏心距增大，输出流量增大。流量调节螺钉限制定子的右极限位置，即限制泵的最大输

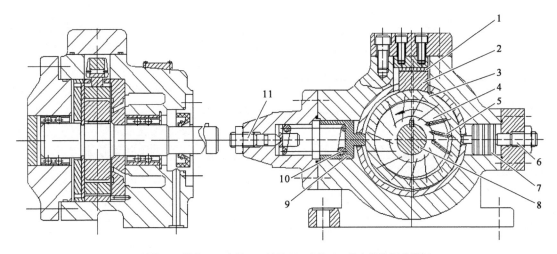

1—滚针；2—滑块；3—定子；4—转子；5—叶片；6—最大流量调节螺钉；
7—控制活塞；8—传动轴；9—弹簧座；10—弹簧；11—压力调节螺钉

图 2-14　外反馈限压式变量泵的结构

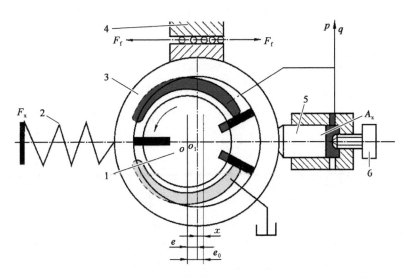

1—转子；2—弹簧；3—定子；4—滑块滚针轴承；5—反馈柱塞；6—流量调节螺钉

图 2-15　外反馈限压式变量叶片泵

出流量。输出压力越高,偏心距越小,输出流量也越小,当压力大至要用全部流量来补偿泄漏时,泵输出流量为 0,不管外负载再如何加大,泵的输出压力不会再升高,故称限压式变量叶片泵。

外反馈限压式变量叶片泵 $q-p$ 特性曲线如图 2-16 所示。图中 AB 段泵的输出压力不高于弹簧预紧力,泵的定子不动,随着压力升高泵的泄漏量有所增加,输出流量有所下降。

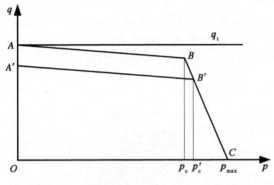

图 2-16　外反馈限压式变量叶片泵 $q-p$ 特性曲线

B 点处输出压力与弹簧预紧力平衡。BC 段输出压力大于弹簧预紧力,定子左移偏心距减小,流量快速减小。C 点处输出压力造成的流量泄漏与泵的理论流量相等,实际输出流量为 0。C 点后即使负载继续增大,输出压力不再增大。该泵对既要实现快速行程又要实现工作进给(慢速移动)的执行元件是一种合适的油源:快速行程需要大流量低负载,使用 AB 段;工作进给需要大负载小流量,使用 BC 段。

外反馈限压式变量叶片泵的调整对 $q-p$ 特性曲线影响为:① 调整流量调节螺钉 AB 段上下平移;② 调节弹簧预紧力 BC 段左右平移;③ 预紧弹簧越软(k 越小),BC 越陡。

2.4　柱　塞　泵

柱塞泵按缸体与泵轴的相对位置关系,可分为轴向柱塞泵和径向柱塞泵两大类。按配流装置的形式可分为带间隙密封型配流(盘和轴)副柱塞泵和阀配流装置柱塞泵两大类。按排量是否可变分为定量柱塞泵和变量柱塞泵。下面主要介绍轴向柱塞泵和径向柱塞泵。

2.4.1　轴向柱塞泵

2.4.1.1　轴式轴向柱塞泵

1) 工作原理

直轴式轴向柱塞泵又叫斜盘式轴向柱塞泵,工作原理如图 2-17 所示。泵由斜盘 1、柱塞 2、缸体 3、配油盘 4 和传动轴等主要零件组成。斜盘和配油盘固定不动,传动轴带动缸体旋转。斜盘轴线与缸体轴线保持夹角 γ,缸体上均匀分布几个与轴线平行的柱塞孔,柱塞可在柱塞孔内自由滑动,在柱塞孔根部通过弹簧作用使柱塞压紧在斜盘上。柱塞根部和柱塞孔间形成密封工作腔。泵工作时,自下往上运动的柱塞在弹簧的作用下向外伸出,密封工作腔增大,形成局部真空,油液经配油盘吸油口 a 吸入;自上往下运动的柱塞在斜盘的作用下向内缩进,密封工作腔减小,油液经配油盘压油口 b 挤出。缸体每旋转一周,每个柱塞均往复运动一次,改变斜盘与缸体的夹角 γ,可改变泵的排量。

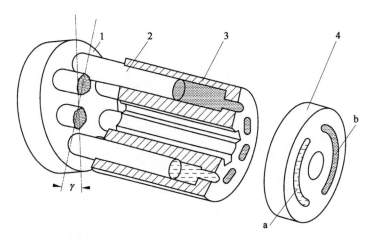

1—斜盘;2—柱塞;3—缸体;4—配油盘;a—吸油口;b—压油口

图 2-17　直轴式轴向柱塞泵工作原理

2) 排量计算

直轴式轴向柱塞泵排量计算如下:

$$V = \frac{\pi}{4} d^2 Dz \tan \gamma$$

式中,d 为柱塞直径;D 为柱塞在缸体上的分布圆直径;z 为柱塞数量;γ 为斜盘倾角。由上式可知,直轴式轴向柱塞泵排量随斜盘倾角增大而增大。

根据流量与排量的关系,计算直轴式轴向柱塞泵的流量

$$q = q_t \cdot \eta_V = Vn \cdot \eta_V = \frac{\pi}{4} d^2 Dn z \eta_V \tan \gamma$$

轴向柱塞泵的输出流量是脉动的,柱塞数取单数可减小脉动率。

2.4.1.2　斜轴式轴向柱塞泵

斜轴式轴向柱塞泵结构如图 2-18 所示。泵由传动轴 1、连杆 2、柱塞 3、缸体 4 和配油盘 5 等主要零件组成。传动轴 1 转动,通过连杆 2 和柱塞 3 带动缸体 4 转动,柱塞在缸体的柱塞孔中做往复运动,柱塞孔中的密封工作腔容积周期性增大、缩小,实现吸油、压油过程。其排量计算公式与直轴式轴向柱塞泵相同,其中 γ 换成传动轴与缸体轴线夹角。

2.4.2　径向柱塞泵

径向柱塞泵与轴向柱塞泵原理基本相同,区别在于径向柱塞泵的柱塞轴线沿缸体半径方向放置。径向柱塞泵的配油方式有轴配油式和阀配油式。

图 2-1 为最简单的阀配油式径向柱塞泵。轴配油式径向柱塞泵工作原理如图 2-19 所示。泵由定子 1、转子 2、配油轴 3、衬套 4 和柱塞 5 等主要零件组成。转子与定子间存在偏心距,工作时柱塞靠离心力或根部压力油作用始终与定子内表面接触,柱塞根部与柱塞孔形成密封工作腔。转子沿图示方向旋转时,上半部分的柱塞向外运动,密封工作腔增大,形成局部真空,经衬套孔和配油轴从吸油口 a 实现吸油,下半部分柱塞向内回缩,密封工作腔容积减小,油液经衬套孔和配油轴将油液向压油口 b 挤出。

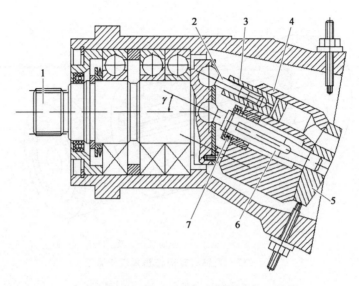

1—传动轴;2—连杆;3—柱塞;4—缸体;5—配油盘
图 2-18   斜轴式轴向柱塞泵工作原理

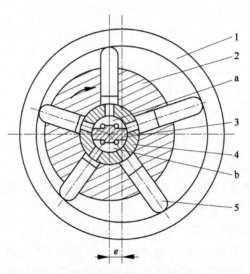

1—定子;2—转子;3—配油轴;4—衬套;5—柱塞;
a—吸油腔;b—压油腔
图 2-19   轴配油式径向柱塞泵的工作原理

2.5   液压泵的选用

　　设计液压系统时,应根据所要求的工作情况合理选择液压泵。需要考虑的依据主要包括工作压力要求、是否要求变量、效率、油液环境、噪声控制要求等。液压系统中常用液压泵的性能及应用举例见表 2-1。

表 2-1　液压系统中常用液压泵的性能及应用举例

性　能	外啮合齿轮泵	双作用叶片泵	限压式变量叶片泵	径向柱塞泵	轴向柱塞泵	螺杆泵
输出压力	低压	中压	中压	高压	高压	低压
排量调节	否	否	能	能	能	否
效率	低	较高	较高	高	高	较高
输出流量脉动	很大	很小	一般	一般	一般	最小
自吸特性	好	较差	较差	差	差	好
对油的污染敏感性	不敏感	较敏感	较敏感	很敏感	很敏感	不敏感
噪声	大	小	较大	大	大	最小
应用举例	负载小、低功率机械设备，要求不高的辅助装置等	精度较高的机械设备	负载较大且有快速和慢速行程的机械设备	负载大、功率大的机械设备	负载大、功率大的机械设备	精度较高的机械设备

习题与思考题

1. 不计管道内压力损失，说明图 2-20 所示工况下各液压泵的输出压力（工作压力）。

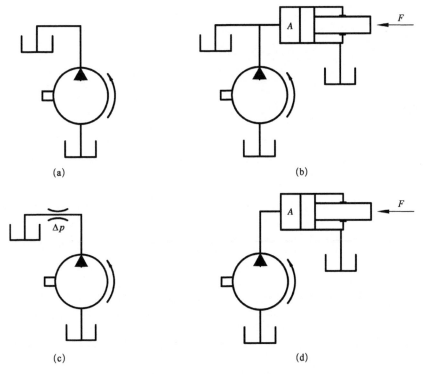

图 2-20　第 1 题图

2. 试述容积式液压泵的工作原理。

3. 设液压泵转速为 $1450\,r/min$,排量 $73\,ml/r$,在额定压力 $2.5\,MPa$ 和同样转速下,测得的实际流量为 $100.7\,L/min$,额定工况下的总效率为 0.86,试求:(1) 泵的理论流量;(2) 泵的容积效率;(3) 泵的机械效率;(4) 泵在额定工况下,所需输入功率;(5) 泵的输入转矩。

4. 标出图 2-21 中齿轮泵的齿轮旋转方向。

5. 什么是齿轮泵的困油现象? 其有何危害,如何消除?

6. 限压式变量叶片泵有何特点,适用于什么场合?

7. 已知轴向柱塞泵的额定压力为 $16\,MPa$,额定流量 $330\,L/min$,设液压泵总效率为 0.9,机械效率为 0.93。求:(1) 驱动泵所需的额定功率;(2) 泵的泄漏流量。

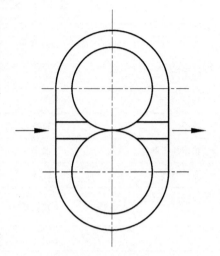

图 2-21　第 4 题图

第3章 液压执行元件

本章学习目标

（1）知识目标：掌握液压马达与液压缸的工作原理；了解液压马达的分类、特点及应用场合；了解液压缸的分类、特点及应用场合。

（2）能力目标：掌握液压缸活塞运动速度、推力等参数计算方法，依据实际情况匹配合适工作原理的液压马达。

液压系统的执行元件包括液压马达和液压缸，其用于将液压系统中油液的压力能转化为机械能，对外做功。

本章将介绍液压马达和液压缸的工作原理、分类、图形符号和性能参数等。

3.1 液 压 马 达

与液压泵相反，液压马达将压力能转化为机械能，输出量为转矩和角速度。原理上，液压马达也是靠密封工作腔的容积变化工作，所以理论上液压马达与液压泵是相互可逆的。实际应用时，由于液压泵的种类结构多样，液压马达与液压泵的工作状态也不同，为了更好地发挥工作性能，液压马达与液压泵的结构存在一些细节的差异。总结液压马达的特点如下：

（1）液压马达的排油口接油箱，压力稍大于大气压力，且进、出油口直径相同。

（2）液压马达往往需要正、反转，所以在内部结构上应具有对称性。

（3）在确定液压马达的轴承形式时，应保证在很宽的速度范围内都能正常工作。

（4）液压马达在启动时必须保证良好的密封性。

（5）液压马达需要外泄油口。

（6）为改善液压马达的起动和工作性能，要求扭矩脉动小，内部摩擦小。

3.1.1 液压马达工作原理

齿轮泵作为液压马达使用时，注意进出油口尺寸要一致。向进油口通入压力油，压力油作用于齿轮渐开线齿廓上，由于齿轮啮合点附近齿廓受到压力油作用面积减小，压力油对齿轮的作用力不平衡而产生转矩，使得齿轮轴转动。齿轮液压马达工作原理如图 3-1 所示。

叶片泵工作时，利用离心力作用使叶片紧贴定子内表面，以形成密封的工作腔，但叶片泵作为液压马达使用时初始状态是静止的，没有离心力就无法形成密封工作腔，因此需要采取在叶片根部加装弹簧等措施才能让液压马达正常开始工作。向进油口通入压力油,压力油作用于工作腔内(双作用式叶片泵在过渡曲线段区域内)两个不同接触面积叶片上的力不平衡,而产生转矩,使得液压马达旋转。双作用叶片液压马达工作原理如图3-2所示。

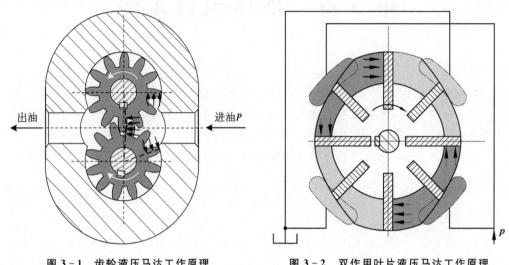

图 3 - 1　齿轮液压马达工作原理　　　图 3 - 2　双作用叶片液压马达工作原理

柱塞泵作为柱塞液压马达使用时,向进油口通入压力油使柱塞顶出压在斜盘上,斜盘对柱塞的反作用力沿柱塞圆周方向分布的分力产生转矩,使得缸体带动输出轴旋转。柱塞液压马达工作原理如图3-3所示。

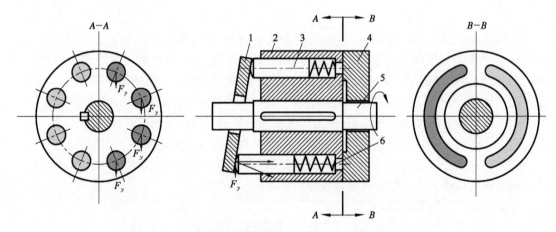

1—斜盘;2—缸体;3—柱塞;4—配流盘;5—轴;6—弹簧
图 3 - 3　柱塞液压马达工作原理

3.1.2　液压马达的分类与图形符号

按照工作特性不同,液压马达可分为高速小转矩和低速大转矩两大类。高速液压马达的额定转速高于 500 r/min,基本结构形式有齿轮液压马达、叶片液压马达和轴向柱塞液压马达等;低速马达的额定转速低于 500 r/min,基本结构形式有径向柱塞液压马达等。

与液压泵类似,液压马达按排量能否调整可分为定量液压马达和变量液压马达。液压马达一般双向旋转,也可以用于单向旋转。液压马达的图形符号如图 3-4 所示。

3.1.3 液压马达的主要性能参数

1) 液压马达的压力

(1) 工作压力(p_m)。指输入液压马达油液的实际压力,大小取决于液压马达负载。

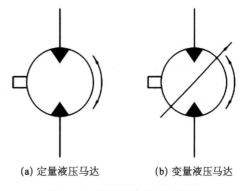

(a) 定量液压马达　　　　(b) 变量液压马达

图 3-4　液压马达的图形符号

(2) 工作压差(Δp_m)。液压马达输入压力与出口压力的差值称为液压马达的压差。一般在液压马达出口直接回油箱的情况下,近似认为其工作压力就是工作压差。

(3) 额定压力(p_n)。指液压马达在正常工作状态下,按试验标准连续运转允许达到的最高压力。

2) 液压马达的排量

排量 (V) 是指马达在没有泄露的情况下每转一转所需输入的油液的体积。它是通过液压马达工作容积的几何尺寸变化计算得出的,常用单位为 cm^3/r。

3) 液压马达的流量

(1) 理论流量(q_{mt})。指液压马达密封工作腔容积变化所需要输入的油液体积。

(2) 实际流量(q_m)。指液压马达在单位时间内实际输入的油液体积。

由于存在油液的泄漏,液压马达的实际输入流量大于理论流量,其差值为液压马达的泄漏量 Δq_m,即 $\Delta q_m = q_m - q_{mt}$。

4) 液压马达的转矩与转速

(1) 理论转矩(T_{mt})。指不考虑摩擦损耗时液压马达输出轴的几何转矩。

(2) 实际转矩(T_m)。指液压马达的实际输出几何转矩。

由于存在各种摩擦损耗,液压马达的实际输出转矩小于理论转矩,其差值为转矩损失 ΔT_m,即 $\Delta T_m = T_{mt} - T_m$。

(3) 转速(n)。液压马达转速 $n = q_{mt}/V$。

5) 液压马达的功率

(1) 输入功率(P_i)。指驱动液压马达运动的液压功率,输入功率等于工作压差 Δp_m 和输入流量 q_m 的乘积,即 $P_i = \Delta p_m q_m$。

(2) 输出功率(P_o)。指液压马达带动外负载所需的机械功率,输出功率等于输出转矩 T_m 和角速度 ω 的乘积,即 $P_o = T_m \omega$。

不考虑能量损失时,液压马达输出功率 P_o 等于输入功率 P_i,皆等于理论功率 P_t:

$$P_t = T_{mt}\omega = 2\pi T_t n = \Delta p_{mt} q_{mt} = \Delta p_m V n$$

实际上,液压马达在能量转换中有损耗(油液泄漏和机械摩擦),输出功率小于输入功率。

6) 液压马达的效率

(1) 容积效率(η_{mV})。为液压马达的理论流量 q_{mt} 和实际流量 q_m 之比:

$$\eta_V = \frac{q_{mt}}{q_m} = \frac{q_m - \Delta q_m}{q_m} = 1 - \frac{\Delta q_m}{q_m}$$

（2）机械效率（η_{mm}）。为液压马达的实际输出转矩和理论输出转矩之比：

$$\eta_m = \frac{T_m}{T_{mt}} = \frac{T_{mt} - \Delta T_m}{T_{mt}} = 1 - \frac{\Delta T_m}{T_{mt}}$$

（3）总效率（η）。为液压马达的输出功率 P_o 与输入功率 P_i 之比：

$$\eta = \frac{P_o}{P_i} = \frac{T_m \omega}{\Delta p_m q_m} = \frac{T_{mt} \eta_m \omega}{\Delta p_m \cdot \dfrac{q_{mt}}{\eta_V}} = \eta_V \eta_m$$

7）最低回油背压

最低回油背压是指液压马达为防止出现脱空现象,在回油腔必须保持的最低压力。最低回油背压越小,液压马达的性能越好。

8）最低稳定转速

最低稳定转速是指液压马达在额定负载下,不出现爬行现象的最低转速。

实际工作中,一般都希望最低稳定转速越小越好,这样就可以扩大液压马达的调速范围。

3.2　液压缸

与液压马达一样,液压缸也是液压系统的执行元件,将液压系统中油液的压力能转化为机械能,不同的是,液压马达输出旋转运动,输出量为转矩和角速度,液压缸输出直线往复运动,输出量为作用力和速度。

3.2.1　液压缸的工作原理

以单杆活塞缸为例,液压缸由缸筒、活塞、活塞杆、端盖、密封件等主要零件组成,其工作原理如图 3-5 所示,其他类型的活塞式液压缸主要零件结构类似。若缸筒固定,则通入压力油时活塞运动,若活塞固定,则通入压力油时缸筒运动。

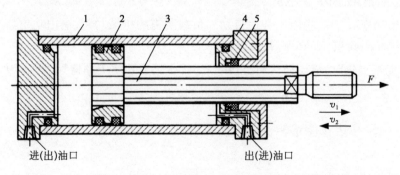

1—缸筒;2—活塞;3—活塞杆;4—端盖;5—活塞杆密封件

图 3-5　液压缸的工作原理

以缸筒固定液压缸为例,往液压缸左侧油口连续输入压力油,当油液压力足以克服活塞杆的负载,活塞以速度 v_1 向右运动,对外做功,速度可按输入流量计算,液压缸右侧油液从油口排出;反之,往液压缸右侧油口连续输入压力油,当油液压力足以克服活塞杆的负载,活塞以速度 v_2 向左运动,速度可按输入流量计算。如此完成液压缸活塞的一次往复运动。

液压缸的输入量为液压油的压力 p 和流量 q,输出量为对外负载的作用力 F 和运动速度 v,这是液压缸的主要性能参数。

3.2.2　液压缸的分类与图形符号

液压缸按结构特点可分为活塞式液压缸、柱塞式液压缸、摆动式液压缸和伸缩套筒缸。其中活塞缸按活塞杆的形式又可分为单杆活塞缸和双杆活塞缸。

按作用方式可分为单作用液压缸和双作用液压缸两种。单作用液压缸仅由液压驱动活塞(或柱塞)的单向运动,回程由其他外力将活塞(或柱塞)复位;双作用缸的往复运动都由液压驱动实现。

按液压缸的特殊用途可分为串联缸、增压缸、增速缸和步进缸等。此类液压缸由缸筒和其他构件组合而成,又称组合缸。

常用液压缸分类及图形符号见表 3-1。

表 3-1　常用液压缸分类及图形符号

分类	名称	符号	说明
单作用液压缸	单活塞杆液压缸		活塞仅单向液压驱动,返回行程是利用自重、弹簧或负载将活塞推回
	双活塞杆液压缸		活塞的两侧都装有活塞杆,但只向活塞一侧供给压力油,返回行程通常利用弹簧、重力或外力
	柱塞式液压缸		柱塞仅单向液压驱动,返回行程通常是利用自重、弹簧或负载将柱塞推回
	伸缩液压缸		柱塞为多段套筒形式,它以短缸获得长行程,用压力油从大到小逐节推出,后一级缸筒是前一级液压杆,靠外力由小到大逐节缩回
双作用液压缸	单活塞杆液压缸		单边有活塞杆,双向液压驱动,双向推力和速度不等

（续表）

分　类	名　称	符　号	说　明
双作用液压缸	双活塞杆液压缸		双边有活塞杆,双向液压驱动,可实现等速往复运动,两边推力也相等
	伸缩液压缸		套筒活塞可双向液压驱动,伸出由大到小逐节推出,由小到大逐节缩回
组合液压缸	弹簧复位液压缸		单向液压驱动,由弹簧复位
	增压缸	A　B	由大、小两油缸串联而成,由低压大缸 A 驱动,使小缸 B 获得高压油源
	齿条传动液压缸		活塞的往复运动转换成齿轮的往复回转运动

3.2.3　活塞缸

1) 双作用双杆活塞缸

双杆活塞杆分为缸固定和活塞固定两种。前者工作台移动范围约为活塞有效行程的 3 倍,如图 3-6a 所示,适用于小型机械;后者工作台移动范围约为活塞有效行程的 2 倍,如图 3-6b 所示,可用于较大型机械。

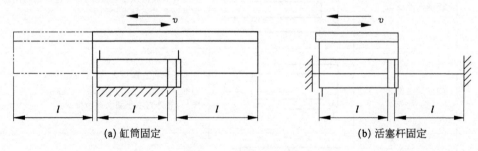

(a) 缸筒固定　　　　　　　　　(b) 活塞杆固定

图 3-6　双杆活塞缸

双杆活塞缸两端活塞杆直径相等,当分别向左、右两腔输入相同的压力和流量时,液压缸左、右两个方向上输出的推力 F 和速度 v 相等。

在图 3-6a 中,缸筒固定,工作台随活塞向右运动时,活塞受力分析如图 3-7 所示,记活塞和活塞杆直径分别为 D 和 d,由于力损耗(摩擦力)的存在,液压缸理论输出力 $(p_1 - p_2)A$,实际输出力(外负载)F,机械效率 $\eta_\mathrm{m} = \dfrac{F}{(p_1 - p_2)A}$;由于流量损耗(泄漏)的存在,液压缸理论输入流量 vA,实际输入流量 q,容积效率 $\eta_V = vA/q$,得液压缸输出力

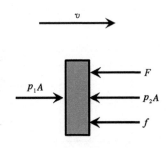

v—活塞运动速度;
A—活塞有效面积;
p_1、p_2—缸的进出口压力;
F—输出推力;f—摩擦力

图 3-7　活塞受力分析

$$F = (p_1 - p_2)A\eta_\mathrm{m} = \frac{\pi}{4}(p_1 - p_2)(D^2 - d^2)\eta_\mathrm{m}$$

液压缸输出速度

$$v = \frac{q}{A}\eta_V = \frac{4q\eta_V}{\pi(D^2 - d^2)}$$

活塞固定时,对缸筒受力分析,计算同上。

2) 双作用单杆活塞缸

图 3-8 所示为双作用单杆活塞缸工作原理图,缸体一端伸出活塞杆,活塞左右侧有效面积不相等。

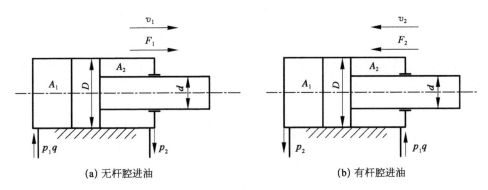

(a) 无杆腔进油　　　　　　　　　　　(b) 有杆腔进油

图 3-8　双作用单杆活塞缸工作原理图

无杆腔进油时,活塞相对缸体以速度 v_1 匀速向右运动,输出作用力 F_1(图 3-8a):

$$F_1 = (p_1 A_1 - p_2 A_2)\eta_\mathrm{m} = \frac{\pi}{4}[(p_1 - p_2)D^2 + p_2 d^2]\eta_\mathrm{m}$$

$$v_1 = \frac{q}{A_1}\eta_V = \frac{4q\eta_V}{\pi D^2}$$

有杆腔进油时,活塞相对缸体以速度 v_2 匀速向左运动,输出作用力 F_2(图 3-8b):

$$F_2 = (p_1 A_2 - p_2 A_1)\eta_\mathrm{m} = \frac{\pi}{4}[(p_1 - p_2)D^2 - p_1 d^2]\eta_\mathrm{m}$$

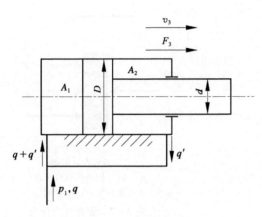

图 3-9　差动液压缸

$$v_2 = \frac{q}{A_2}\eta_V = \frac{4q\eta_V}{\pi(D^2 - d^2)}$$

给单杆活塞缸左右两腔都接通高压油时，称为差动连接，此时液压缸称差动液压缸（图 3-9）。差动连接时活塞（或缸筒）只能向一个方向运动。分别计算差动连接时输出的作用力 F_3 和速度 v_3：

$$F_3 = p_1(A_1 - A_2)\eta_m = p_1 \frac{\pi}{4}d^2\eta_m$$

差动连接时，若不考虑泄露，有杆腔的油液与进油管油液均排入无杆腔，则有

$$A_1 v_3 = q + A_2 v_3$$

可得

$$v_3 = \frac{q}{A_1 - A_2} = \frac{4q}{\pi d^2}$$

考虑泄漏，引入容积效率 η_V，得

$$v_3 = \frac{4q}{\pi d^2}\eta_V$$

差动缸活塞需要反向运动时，需要将油路按图 3-8b 连接。若要求回程速度 $v_2 = v_3$，有

$$\frac{4q\eta_V}{\pi(D^2 - d^2)} = \frac{4q}{\pi d^2}\eta_V$$

可得

$$D = \sqrt{2}\,d$$

对比 F_3 与 F_1、v_3 与 v_1，可知差动连接的速度更快，但作用力小，适用于提速、负载小的场合。

3.2.4　柱塞缸

单柱塞缸只能实现单向运动，反向回程需要靠外力，如图 3-10a 所示；用两个柱塞缸组合时，即双柱塞缸，可实现用压力油控制双向运动，如图 3-10b 所示。柱塞缸工作时，缸体内壁与柱塞无接触，因此缸体内壁不需要精加工。柱塞缸适用于工作行程较长的场合。

柱塞缸输出作用力

$$F = pA\eta_m = p\frac{\pi}{4}d^2\eta_m$$

柱塞缸输出速度

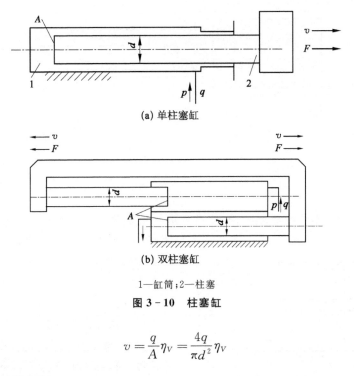

(a) 单柱塞缸

(b) 双柱塞缸

1—缸筒；2—柱塞

图 3 - 10   柱塞缸

$$v = \frac{q}{A} \eta_V = \frac{4q}{\pi d^2} \eta_V$$

3.2.5   其他液压缸

1）增压缸

如图 3 - 11 所示为一种由活塞缸和柱塞缸组成的增压缸，利用活塞和柱塞有效面积的不同使液压系统中的局部区域获得高压(图示柱塞缸输出高压)。列出活塞受力平衡方程：

$$p_1 \frac{\pi}{4} D^2 \cdot \eta_m = p_3 \frac{\pi}{4} d^2$$

得输出的油压为

$$p_3 = p_1 \left(\frac{D}{d} \right)^2 \eta_m$$

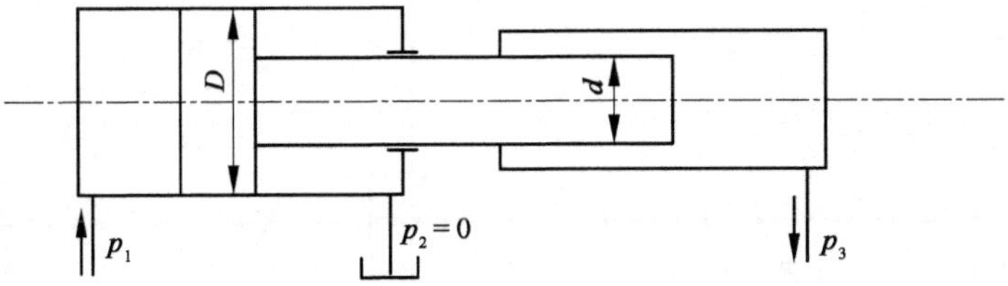

图 3 - 11   增压缸

2）伸缩缸

伸缩缸由两个或多个活塞式液压缸套装而成，为二级伸缩缸。前一级活塞缸的活塞是后一级活塞缸的缸筒。伸出时，由大到小逐级伸出；缩回时，由小到大逐级缩回，如图 3 - 12 所示，这种缸的特点是工作行程长，停止工作时长度较短。伸缩缸特别适用于工程机械和步

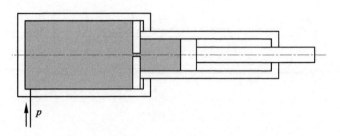

图 3 - 12　二级伸缩缸

进式输送装置上。

3）增速缸

图 3 - 13 为增速缸工作原理图,利用有效面积的变化实现速度变化,先从 a 口供油,使活塞 2 快速右移至某一位置,再从 b 口供油,活塞以较慢速度右移,同时输出作用力也相应增大。增速缸常用于卧式压力机上。

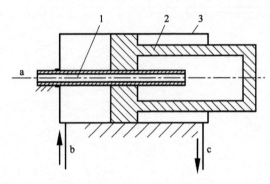

1—进油口;2—活塞;3—缸体

图 3 - 13　增速缸

4）摆动缸

摆动液压缸是实现往复摆动的液压执行元件,输入量是压力和流量,输出量是转矩和角速度。按结构形式分为单叶片式摆动液压缸(图 3 - 14a)和双叶片式摆动液压缸(图 3 - 14b)单叶片式摆动液压缸的摆动角度可达 300°左右,双叶片式摆动液压缸的摆动角度为 150°左右。它们的输出转矩和角速度分别为

$$T_单 = \left(\frac{R_2 - R_1}{2} + R_1\right)(R_2 - R_1)b(p_1 - p_2)\eta_m = \frac{b}{2}(R_2^2 - R_1^2)(p_1 - p_2)\eta_m$$

式中,R_1 为轴半径;R_2 为缸体半径;p_1 为进油压力;p_2 为回油压力;b 为叶片宽度。

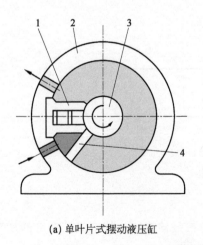
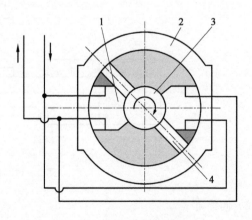

(a) 单叶片式摆动液压缸　　　　　(b) 双叶片式摆动液压缸

1—定子块;2— 缸体;3—摆动轴;4—叶片

图 3 - 14　摆动液压缸

$$\omega_{单} = \frac{q\eta_V}{(R_2 - R_1)b\left(\dfrac{R_2 - R_1}{2} + R_1\right)} = \frac{2q\eta_V}{b(R_2^2 - R_1^2)}$$

$$T_{双} = 2T_{单}, \quad \omega_{双} = \omega_{单}/2$$

3.2.6　液压缸的典型结构和组成

3.2.6.1　液压缸典型结构举例

图 3-15 所示为双作用单活塞杆液压缸结构图。它主要由缸底 1、缓冲装置 2、活塞 8、缸筒 11、活塞杆 12、导向套 13、端盖 15、导向套 13 和密封装置等零件组成。图中活塞 8 通过轴肩、卡环 5、挡环 4 和弹簧卡圈固定在活塞杆上。液压缸两端设计有使通流面积减小的缓冲结构,对移动部件起制动缓冲作用。为了起到良好的密封作用,缸体动、静件之间及连接件之间安装了各种密封圈。

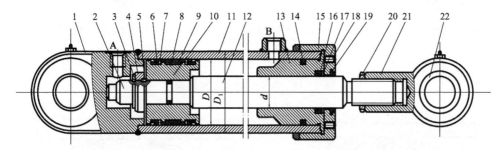

1—缸底;2—缓冲柱塞;3—弹簧卡圈;4—挡环;5—卡环(2 个半圆);6、14、16—密封圈;7—挡圈;8—活塞;
9—支撑环;10—活塞;11—缸筒;12—活塞杆;13—导向套;15—端盖;17—挡圈;18—锁紧螺钉;
19—防尘圈;20—锁紧螺母;21—耳环;22—耳环衬套圈

图 3-15　双作用单活塞杆液压缸的结构

3.2.6.2　液压缸的组成

液压缸的结构基本上可分为缸筒和缸盖、活塞和活塞杆、缓冲装置、排气装置和密封装置五个部分。

1) 缸筒和缸盖

液压缸的缸筒和缸盖结构形式与其工作压力及所使用的材料有关。工作压力小于 10 MPa 时使用铸铁材料;工作压力大于 10 MPa 且小于 20 MPa 时使用无缝钢管;工作压力大于 20 MPa 时使用铸钢或锻钢材料。

缸筒和缸盖的常见连接结构形式如图 3-16 所示。图 3-16a 为焊接式连接,结构简单尺寸小,但焊缝附近可能会引起变形;图 3-16b 为半环连接,加工和装拆方便,但加工环形槽会削弱缸体强度;图 3-16c、f 为螺纹连接,装拆需专用工具,适用于较小缸筒;图 3-16d 为拉杆式连接,图 3-16e 为法兰连接,此两种容易加工和装拆,但增大了外形尺寸和重量。

2) 活塞和活塞杆

活塞和活塞杆的结构形式有整体式,螺纹连接式,半环连接式和销连接式等多种形式,如图 3-17 所示。图 3-17a 为螺纹式连接,此结构拆装方便,但在高压大负载下需要螺母防松装置;图 3-17b、c 为半环式连接,工作可靠,但结构复杂;图 3-17d 为销式连接,结构简单,多用于双杆活塞缸。

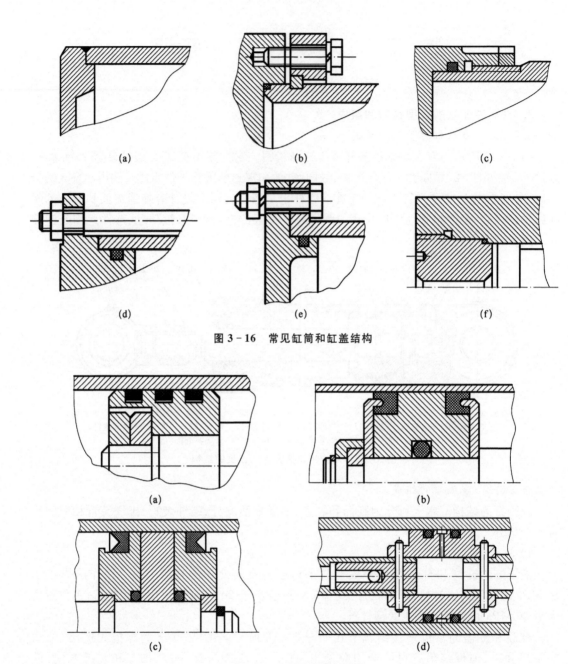

图 3 - 16　常见缸筒和缸盖结构

图 3 - 17　活塞和活塞杆结构

3）缓冲装置

为了减小活塞移动到缸筒两端的冲击，防止碰撞，在高速高质量液压缸中设置缓冲装置。缓冲装置原理是，在行程的两端减小油液的通流面积，增大阻力，使移动部件平稳制动。常见缓冲装置结构有环形缝隙式、节流口可调式和节流口变化式。

（1）环形缝隙式缓冲装置。环状缝隙式缓冲装置如图 3 - 18 所示，图 3 - 18a 活塞上的缓冲柱塞形状为圆台，活塞移动到端部时，油液只能经缓冲柱塞与端盖凹腔间隙 δ 排出，起缓冲作用；缓冲柱塞也可做成圆锥形凸台，如图 3 - 18b 所示，通油面积逐渐减小，缓冲效果更好。

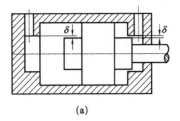 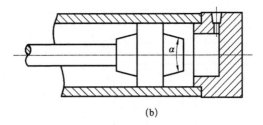

(a)　　　　　　　　　　(b)

图 3-18　环形缝隙式缓冲装置

　　(2) 节流口可调式缓冲装置。节流口可调式缓冲装置如图 3-19 所示,当活塞上的缓冲柱塞进入端盖凹腔后,圆环形回油腔中的油液只能通过针型节流阀流出,起缓冲制动效果。随着活塞继续前移,缓冲效果逐渐减弱。

　　(3) 节流口变化式缓冲装置。节流口变化式缓冲装置如图 3-20 所示,活塞的缓冲柱塞上开有轴向三角槽,当活塞上的缓冲柱塞进入端盖凹腔后,回油腔油液只能经三角槽流出,从而起缓冲制动作用,随着活塞右

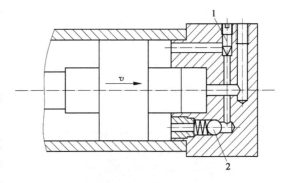

1—缓冲调节针阀;2—单向阀

图 3-19　节流口面积可调式缓冲装置

移,三角槽通流面积逐渐减小,阻力作用逐渐增大,起到均匀缓冲、减小冲击的效果。

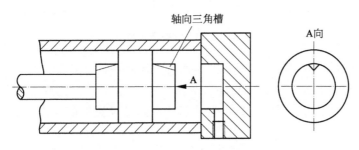

图 3-20　节流口面积可变式缓冲装置

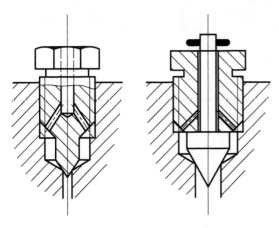

图 3-21　液压缸排气塞结构

　　4) 排气装置

　　排气装置用来排出积聚在液压缸内的空气,对于要求不高的液压缸,往往将油口布置在缸筒两端最高处,使空气随油液排往油箱,再从油箱中逸出。图 3-21 所示为排气塞结构,当需要排气时,松开排气塞螺钉,空气随油液被排出缸外。

　　5) 密封装置

　　密封分为动密封和静密封两大类。设计和选用密封装置的基本要求是:密封装置应具有良好的密封性能,并随压力的增加能自

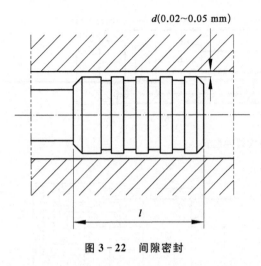

图 3 - 22　间隙密封

动提高;动密封处运动阻力要小;密封装置要耐油抗腐蚀、耐磨、寿命长、制造简单、拆装方便。常见的密封方法有以下几种:

(1) 间隙密封。图 3 - 22 所示为间隙密封,用于活塞与活塞缸间的密封时为动密封,在活塞表面加几条细小环形槽,当油液从高压腔向低压腔泄漏时,由于油路截面突然改变,在小槽内形成旋涡而产生阻力,使油液的泄漏量减少。

(2) 活塞环密封。图 3 - 23a 所示为活塞与缸体间的活塞环密封,活塞环外形如图 3 - 23b 所示,其为金属弹性环,具有较大向外扩张变形的弹力。

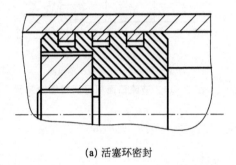

(a) 活塞环密封

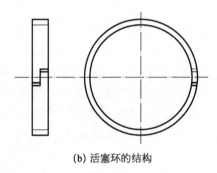

(b) 活塞环的结构

图 3 - 23　活塞环密封

(3) 密封圈密封。密封圈密封是目前使用最广泛的一种密封形式,密封圈采用橡胶,尼龙或其他高分子材料制成。图 3 -24a、b、c 分别表示了用 O 形、V 形和 Y 形橡胶密封圈在活塞杆和端盖密封处的应用。图 3 - 24d 为活塞杆密封处设置的防尘圈,朝向活塞杆外伸的一侧。

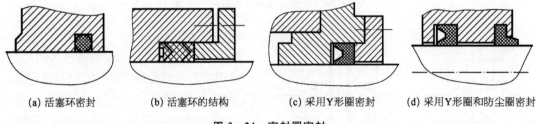

(a) 活塞环密封　　(b) 活塞环的结构　　(c) 采用Y形圈密封　　(d) 采用Y形圈和防尘圈密封

图 3 - 24　密封圈密封

 习题与思考题

1. 要求某液压马达的输出转矩为 52.5 N·m,转速为 30 r/min,已知马达排量为

102 ml/r,马达的机械效率为 0.9,容积效率 0.88,出口压力 0.1 MPa,试求驱动该液压马达的流量和压力。

2. 试确定分别满足如下条件时某差动液压缸活塞有效作用面积 A_1 和活塞杆截面积 A_2 的比值:(1)快进速度与快退速度相等;(2)快进速度是快退速度的 2 倍;(3)快进速度是快退速度的 3 倍。

3. 已知图 3-25 所示液压缸的输入流量为 q、输入压力为 p,试分析各液压缸的输出推力、速度大小以及运动方向。

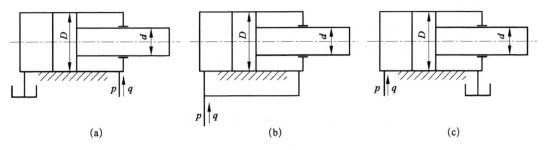

图 3-25　第 3 题图

4. 两个相同型号液压缸串联如图 3-26 所示,输入压力为 p_1,输入流量为 q_1,活塞直径 D,活塞杆直径 d。 不计损失和泄露,试求:(1)$F_1=F_2$ 时,两缸的负载和速度;(2)$F_1=0$ 时,缸 2 能承受的负载;(3)$F_2=0$ 时,缸 1 能承受的负载。

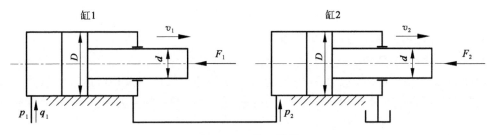

图 3-26　第 4 题图

5. 如图 3-27 所示,用一对柱塞缸实现工作台的往复运动,两柱塞直径分别为 d_1 和 d_2,供油流量 q,供油压力 p,回油通油箱,分别求工作台往复运动时的速度和推力。

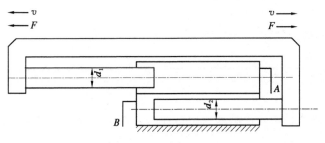

图 3-27　第 5 题图

第4章 液压控制元件

本章学习目标

(1) 知识目标：掌握各种液压阀的工作原理及典型结构。

(2) 能力目标：能区分不同液压阀的特点，掌握其实际使用场合。

液压控制阀（简称"液压阀"）在液压系统中被用来控制液流的压力、流量和方向，保证执行元件按照负载的需求进行工作。液压阀的品种繁多，即使同一种阀，因其应用场合不同，用途也有所差异。液压阀是液压传动系统的重要组成部分，其性能直接影响着液压传动系统的工作性能。

4.1 液压阀概述

4.1.1 液压阀的基本结构和工作原理

1) 液压阀的基本结构

液压阀的基本结构主要包括阀体、阀芯及驱动阀芯在阀体内做相对运动的装置。阀体上除有与阀芯配合的阀体孔和阀座孔外，还有进、出油口；阀芯的主要形式有滑阀、球阀和锥阀；驱动装置可以是电磁铁、弹簧或手动机构等。

2) 液压阀的工作原理

液压阀是利用阀芯在阀体内的相对运动来控制阀口的开口大小和通断，实现工作介质的压力、流量和方向的控制。

液压阀工作时始终满足压力流量方程，即它们的阀口大小、进出口压力差和通过的流量之间的关系都符合孔口流量公式 $q = KA\Delta p^m$。

4.1.2 液压阀的分类

1) 根据用途分类

(1) 压力控制阀。指用来控制或调节液压传动系统压力的阀类，如溢流阀、减压、顺序阀等。

(2) 流量控制阀。指用来控制或调节液压传动系统流量的阀类，如节流阀、调速阀、溢流节流阀、比例流量阀等。

(3) 方向控制阀。指用来控制或改变液压传动系统中液流方向的阀类，如单向阀、液控单向阀、换向阀等。

在实际使用中，根据需要往往将几种用途的阀做成一体，形成体积小、用途广、效率高的复合阀,如单向节流阀、单向顺序阀等。

2) 根据控制方式分类

(1) 定值或开关控制阀。指被控制量为定值或阀口启闭来控制液流通路的阀类,包括普通控制阀、插装阀、叠加阀。

(2) 电液比例控制阀。指被控制量与输入电信号成比例连续变化的阀类,包括普通比例阀和带内反馈的电液比例阀。

(3) 伺服控制阀。指被控制量与输入信号及反馈量成比例连续变化的阀类,包括机液伺服阀和电液伺服阀。

(4) 数字控制阀。指用数字信息直接控制阀口的启闭来控制液流的压力、流量、方向的阀类。

3) 根据结构形式分类

(1) 滑阀。滑阀的阀芯为一带台肩的圆柱体,其结构如图 4-1a 所示。其阀芯台肩的大、小直径分别为 D 和 d;滑阀可以有多个油口,与进、出油口对应的阀体(或阀套)上开有沉割槽,通常为全圆周。利用阀芯在阀体孔内的相对运动,开启或关闭阀口来控制油路的通断。

(2) 锥阀。锥阀阀芯为一圆锥体,其结构如图 4-1b 所示。只有一个进油口和一个出油口,因此又称二通锥阀。其阀芯半锥角 α 一般为 $12° \sim 20°$,有时为 $45°$。由于阀口关闭时为线密封,因此阀不仅密封性能好,而且开启阀口时无"死区",阀芯稍有位移阀口即开启,动作灵敏。

(3) 球阀。球阀阀芯一般为钢球,其结构如图 4-1c 所示。与锥阀一样,球阀阀口关闭时为线密封,阀芯开启无"死区"。其实质上属于锥阀类,只是结构稍有差别,球阀的性能比锥阀的性能差。

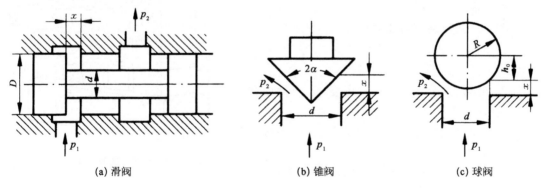

(a) 滑阀   (b) 锥阀   (c) 球阀

图 4-1 液压阀的结构形式

此外,还有喷嘴-挡板阀和射流管阀等,它们常用于油液控制阀中。

4) 根据连接方式分类

(1) 管式连接。阀体进、出油口由螺纹或法兰直接与油管连接,安装方式简单,但元件分散布置,装拆维修不大方便。它适用于简单的液压传动系统。

(2) 板式连接。阀体进出油口通过连接板与油管连接,或安装在集成块侧面,由集成块沟通阀与阀之间的油路,并外接液压泵、液压缸、油箱。这种连接形式,元件集中布置,操纵、调整、维修都比较方便。如实验室里的液压实验台一般是板式连接,如图 4 - 2 所示。

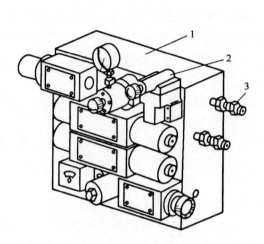

1—油路板;2—阀体;3—管接头

图 4 - 2　板式连接

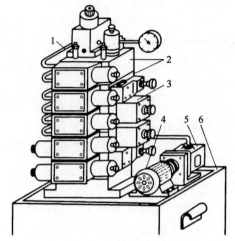

1—油管;2—集成块;3—阀;4—电动机;
5—液压泵;6—油箱

图 4 - 3　集成连接

(3) 插装阀(集成连接)。根据不同功能将阀芯和阀套单独做成组件(插入件),插入专门设计的阀块组成回路,不仅结构紧凑,而且具有一定的互换性,如图 4 - 3 所示。

(4) 叠加阀。板式连接阀的一种发展形式,阀的上、下面为安装面,阀的进出油口分别在这两个面上。使用时,相同通径、功能各异的阀通过螺栓串联叠加安装在底板上,对外连接的进出油口由底板引出,如图 4 - 4 所示。

4.1.3　对控制阀的基本要求

(1) 动作灵敏、可靠,工作时冲击、振动小,使用寿命长。

(2) 油液流经阀时压力损失要小,密封性好,内泄要小,无外泄。

(3) 被控参数(压力、流量)要稳定,受外界干扰时变化量小。

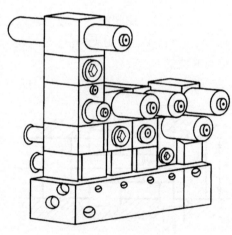

图 4 - 4　叠加连接

(4) 结构简单紧凑,安装、维护、调整方便,通用性能好。

4.1.4　液压阀的性能参数

液压阀的基本性能参数有两个:公称通径(或额定流量)和额定压力。

(1) 公称通径(D_n)。公称通径表示液压阀通流能力的大小,对应于液压阀的额定流量,主要用于表示高压液压阀的规格。公称通径常用 D_n 表示,单位为 mm,其数值是液压阀进、出油口的名义尺寸。

(2) 额定压力(p_n)。额定压力是指液压阀长期工作所允许的最高压力。额定压力用 p_n 表示,常用的单位是 Pa 和 N/ m^2。

4.2　方向控制阀

方向控制阀的主要作用是控制液压传动系统中工作介质的流动方向,其工作原理是利用阀芯和阀体之间相对位置的改变来实现通道的接通或断开,从而实现对执行元件的启动、停止和换向进行控制。方向控制阀主要有单向阀和换向阀两大类。

4.2.1　单向阀

单向阀又分为普通单向阀和液控单向阀两种。

4.2.1.1　普通单向阀(单向阀)

1) 普通单向阀的结构和工作原理

普通单向阀又称止回阀,简称单向阀,它的作用是控制油液单方向流动,而反向时截止。按照阀芯结构不同,普通单向阀又可以分为球阀式和锥阀式两种。

图 4-5a 所示为锥阀式普通单向阀。普通单向阀是由阀芯、阀体及弹簧等组成。压力油从阀体左端的通口 P_1 流入时,克服弹簧 2 作用在阀芯 1 上的力,使阀芯向右移动,打开阀口,并通过阀芯上的径向孔 a、轴向孔 b 从阀体右端的通口 P_2 流出。但是压力油从阀体右端的通口 P_2 流入时,它和弹簧力一起使阀芯锥面压紧在阀座上,使阀口关闭,油液无法从 P_2 口流向 P_1 口。图 4-5b 所示为普通单向阀的图形符号。

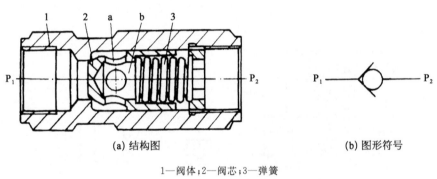

(a) 结构图　　　　　　　　　　　　　　(b) 图形符号

1—阀体;2—阀芯;3—弹簧

图 4-5　普通单向阀

2) 普通单向阀的应用

(1) 安装在泵的出口,既可防止系统的压力冲击影响泵的正常工作,又可防止在泵不工作时系统油液经泵倒流回油箱。

(2) 隔开油路之间的联系,防止油路之间相互干扰。

(3) 安装在系统的回油路,做背压阀使用,使回油具有一定背压,增加系统运动平稳性,并避免负载突然变小时液压缸的前冲现象。此时应更换刚度较大的弹簧,其正向开启压力 $0.2\sim0.6$ MPa。

(4) 与其他阀如节流阀(或调速阀)、顺序阀和减压阀等并联组成复合阀,起旁路作用 (图 4-6)。

78 液压与气压传动

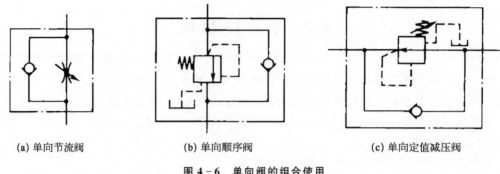

(a) 单向节流阀　　(b) 单向顺序阀　　(c) 单向定值减压阀

图 4-6　单向阀的组合使用

4.2.1.2　液控单向阀

1) 液控单向阀的结构和工作原理

如果要实现液压油的双向流动,可以用液控单向阀来实现。液控单向阀有普通型和带卸荷阀芯型两种,每种又按其控制活塞泄油腔的连接方式分为内泄式和外泄式两种。图 4-7 所示为普通型外泄式液控单向阀。液控单向阀除进出油口 P_1、P_2 外,还有一个控制油口 K。当控制油口 K 没有压力油输入时,液控单向阀的作用与普通单向阀一样,油液只能从 P_1 口进入,从 P_2 口流出,不能反向流动。当控制口 K 有压力油输入时,且其作用在控制活塞 1 上的液压力超过 P_2 腔压力和弹簧 4 作用在阀芯 3 上的合力时(控制活塞上腔通泄油口),控制活塞 1 推动推杆 2 顶开阀芯 3,使阀口开启,油液在两个方向均可自由通流。外泄式液控单向阀反向开启时的控制压力较小。

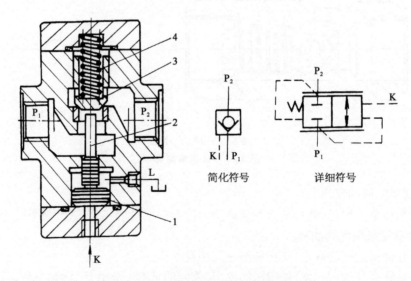

1—控制活塞;2—推杆;3—阀芯;4—弹簧;L—泄油口

图 4-7　普通型液控单向阀

内泄式液控单向阀没有外泄油口,控制活塞上腔与单向阀进油口 P_1 相通,这种结构较为简单,在反向开启时,K 腔的压力必须高于 P_1 腔的压力,控制压力较高,故仅适用于 P_1 腔压力较低的场合。

　　油液反向流动时，P_2 口压力相当于系统的工作压力，通常很高，尤其是在高压系统中，要求控制油的压力很大才能顶开阀芯，且当控制活塞推开阀芯时，高压封闭回路内油液的压力突然释放，会产生很大的冲击，影响液控单向阀的工作可靠性。为了避免这种现象，减小控制压力，则采用图 4-8 所示带卸荷阀芯的液控单向阀。作用在控制活塞 1 上的控制压力推动控制活塞上移，先将卸荷阀芯顶开，P_2 腔和 P_1 腔之间产生微小的缝隙，使 P_2 腔压力降低到一定程度，然后再顶开单向阀芯 3，实现 P_2 到 P_1 的反向通流。

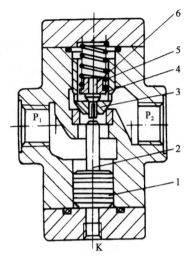

1—控制活塞；2—推杆；3—阀芯；
4—弹簧座；5—弹簧；6—卸荷阀芯
图 4-8　带卸荷阀芯的液控
单向阀（内泄）

　　2）液控单向阀的应用

　　(1) 保压作用。如图 4-9a 所示，当活塞向下运动完成工件的压制任务后，液压缸上腔仍须保持一定的高压，此时，液控单向阀靠其良好的单向密封性短时保持液压缸上腔的压力。

　　(2) 支撑作用。如图 4-9b 所示，当活塞以及所驱动的部件向上抬起并停留时，由于重力作用，液压缸下腔承受了因重力形成的油压，使活塞有下降的趋势。此时，在油路上串接一个液控单向阀，以防止液压缸下腔回流，使液压缸保持在停留位置，支撑重物不致落下。

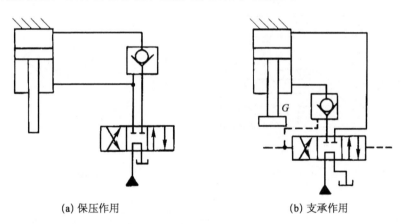

(a) 保压作用　　　　　　　(b) 支承作用

图 4-9　液控单向阀的应用

4.2.1.3　双向液压锁

　　双向液压锁又称双向闭锁阀，实际上是两个液控单向阀的组合。如图 4-10 所示，两个液控单向阀共用一个阀体 1 和一个控制活塞 2，当压力油从油口 A 流入时，压力油推动左边阀芯，使左边单向阀阀芯推开，A 到 A_1 导通。同时，压力油向右推动控制活塞 2，使之向右运动，把右边单向阀阀芯顶开，使 B_1 到 B 接通。由此可见，当一个油口正向流动时（A 连通 A_1），另一个油口反向导通（B_1 与 B 连通），反之亦然；当 A、B 口没有压力油时，A_1 口 B_1 口反向不导通。利用单向阀良好的密封性，液压油反向受到封闭。如 A_1 口和 B_1 口连接的是执行元件，则执行元件将被双向锁住。双向液压锁常用于执行机构工作时需要有安全锁紧要求的系统中，例如汽车起重机的液压支腿回路、塔吊操作平台的升降回路等。

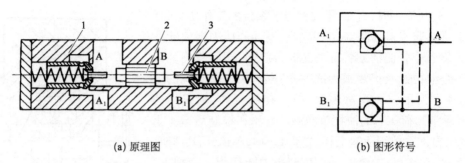

(a) 原理图   (b) 图形符号

1—阀体;2—控制活塞;3—卸荷阀芯

图 4 - 10 双向液压锁

4.2.1.4 梭阀

梭阀可看成由两个单向阀组合而成,这两个单向阀共用一个阀芯。如图 4 - 11a 所示,梭阀阀体上有两个进口 A、B 和一个出口 P。当 A 口接高压,B 口接低压时,阀芯在两端压力差的作用下,被推向右边,B 被关闭,A 口的来油通往 P 口。反之,B 口接高压,A 口接低压,B 口来油通往 P 口。显然,通过阀芯的往复运动,P 始终选择与 A 口与 B 口中压力较高者相通。因此,该阀又称压力选择阀。叶片式液压马达的叶片根部通油即是梭阀应用的典型实例。

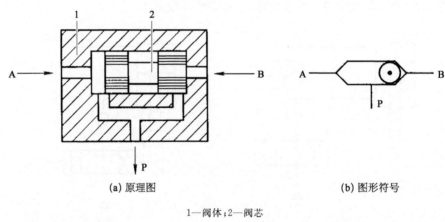

(a) 原理图   (b) 图形符号

1—阀体;2—阀芯

图 4 - 11 梭阀

4.2.2 换向阀

换向阀是利用阀芯在阀体中的相对运动使油路接通、关断或改变液流的方向,从而实现液压执行元件及其所驱动外负载的启动、停止或变换运动方向。

4.2.2.1 换向阀的分类

(1) 按结构类型,可分为滑阀式、转阀式和球阀式。

(2) 按阀体连通的主油路数,可分为二通阀、三通阀、四通阀和五通阀等。

(3) 按阀芯在阀体内的工作位置,可分为二位阀、三位阀、四位阀等。

(4) 按操作阀芯运动的方式,可分为手动式、机动式、电磁式、液动式、电液式等。

(5) 按照阀的安装方式,可分为管式、板式、叠加式、插装式等。

(6) 按阀芯的定位方式,可分为钢球定位和弹簧复位两种。

4.2.2.2　换向阀的工作原理及图形符号的含义

1) 换向阀的工作原理

滑阀式换向阀是液压系统中使用最为广泛的换向阀。三位四通滑阀式换向阀的工作原理如图 4-12a 所示。当阀芯运动时,通过阀芯台肩开启或封闭与阀体沉割槽相通的油口。它有左、中、右三个工位。当阀芯处于图示位置时,进油口 P 被封闭,油液无法进入液压缸,因此液压缸静止不动。当从阀芯右侧施加推力使阀芯左移时,进油口 P 与工作油口 A 接通,油液进入液压缸无杆腔,推动活塞杆伸出,同时液压缸有杆腔中的油液经过工作油口 B 和回油口 T 流回液压油箱;反之,当从阀芯左侧施加推力使阀芯右移时,进油口 P 与工作油口 B 接通,油液进入液压缸有杆腔,推动活塞杆缩回,同时液压缸无杆腔中的油液经过工作油口 A 和回油口 T 流回液压油箱。因而通过阀芯移动可实现液压执行元件正、反向运动或停止。

2) 换向阀图形符号的含义

三位四通滑阀式换向阀的图形符号如图 4-12b 所示。具体含义如下所述。

(1) 图 4-12 中字母的含义:一般情况下,用字母 P 表示换向阀与液压系统供油路连接的进油口;用 T(或 O)表示换向阀与液压系统回油路连接的回油口;而用 A、B 等表示换向阀与液压执行元件连接的油口;用 L 表示泄漏油口。

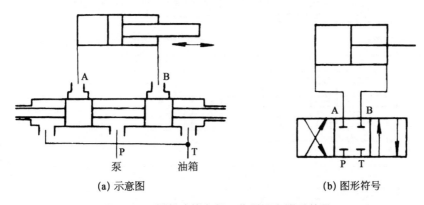

(a) 示意图　　　　　　　　(b) 图形符号

图 4-12　滑阀式换向阀工作原理和图形符号

(2) 该换向阀有 P、A、B、T 四个油口,所以与每个方框上下两边交点个数均为四个,就表示四"通",说明该换向阀与外部油管的连接数为四个。

(3) 用粗实线方框表示阀的工作位置,有几个位置就有几个方框。该例为三位阀,所以图形符号中有三个方框,表示三"位";换向阀都有两个或两个以上的工作位置,其中一个为常位,即阀芯未受到操纵力时所处的位置,在该例图形符号中的中位即是三位阀的常位。对于利用弹簧复位的二位阀而言,以靠近弹簧方框内的通路状态为其常位。在绘制液压传动系统图时,油路一般应连接在换向阀的常位上。

(4) 当阀芯处于中间位置时,P、A、B、T 四个油口之间互不相通,用符号"⊥"或"⊤"表示。

(5) 各方框内的箭头表示油路处于接通状态,但箭头方向不一定表示液流的实际方向。

4.2.2.3　滑阀式换向阀的结构形式及操作方式

1) 滑阀式换向阀的结构形式

阀体和滑阀阀芯是滑阀式换向阀的结构主体。阀体上开有多个沉割槽,每个沉割槽都与孔道相通。阀芯不同位置上设有台肩。当阀芯运动时通过阀芯台肩开启或封闭阀体沉割槽,接通或关闭与沉割槽相通的油口。滑阀式换向阀的主体结构形式、图形符号及使用场合见表 4-1。

表 4-1　滑阀式换向阀主体部分的结构形式

名　称	结构原理图	图形符号	使用场合	
二位二通阀			控制油路的接通与切断(相当于一个开关)	
二位三通阀			控制液流方向(从一个方向变换成另一个方向)	
二位四通阀			不能使执行元件在任一位置停止运动	执行元件正反向运动时回油方式相同
三位四通阀			能使执行元件在任一位置停止运动	
二位五通阀		控制执行元件换向	不能使执行元件在任一位置停止运动	执行元件正反向运动时可以得到不同的回油方式
三位五通阀			能使执行元件在任一位置停止运动	

2）滑阀式换向阀的操作方式

根据推动阀芯移动方式可分为手动换向阀、机动换向阀、电磁换向阀、液动换向阀和电液换向阀等。

（1）手动换向阀。用手操纵杠杆推动阀芯运动而实现换向。它又可分为手动操纵和脚踏操纵两种。按操纵阀芯换向后的定位方式,手动换向阀可分为钢球定位式和弹簧自动复位式两种。图 4-13 所示为三位四通手动换向阀的结构和图形符号,用手操纵杠杆推动阀芯移动,实现油路换向。图 4-13a 为弹簧自动复位结构,当松开手柄,阀芯靠弹簧力恢复至中位(常位),适用于动作频繁、持续工作时间较短的场合,操作比较安全,常用于工程机械。图 4-13b 为弹簧钢球定位结构,当松开手柄后,阀仍然保持在所需的工作位置上,适用于机床、液压机、船舶等需保持工作状态时间较长的情况。

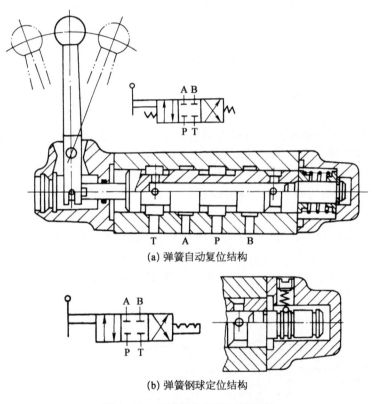

(a) 弹簧自动复位结构

(b) 弹簧钢球定位结构

图 4-13　手动换向阀(三位四通)

（2）机动换向阀(图 4-14)。又称行程阀,它借助于安装在运动部件(如工作台)上的挡铁或凸轮来推动阀芯移动,从而控制油液的流动方向实现换向。机动换向阀通常是二位阀,有二通、三通、四通和五通等,其中二位二通机动换向阀又分常开式和常闭式两种。图 4-14b 为机动换向阀的图形符号。

机动换向阀具有结构简单,换向时阀口逐渐关闭或打开的特点,故换向平稳、可靠、位置精度高。但它必须安装在运动部件附近,一般油管较长,常用于控制运动部件的行程,或快、慢速度的转换。

（3）电磁换向阀。利用电磁铁的通电吸合与断电释放而直接推动阀芯移动来控制液流

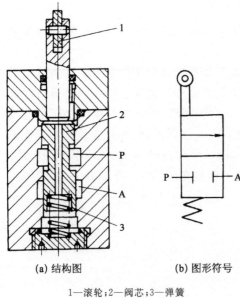

(a) 结构图　　　(b) 图形符号

1—滚轮；2—阀芯；3—弹簧

图 4-14　机动换向阀

方向。它是自动控制系统中电气系统与液压系统之间的信号转换元件。它的控制信号可由计算机、PLC 等控制装置发出，也可以借助于压力继电器、按钮开关、行程开关等电气元件来实现，具有操作轻便、易于实现自动化控制的特点，因此在液压传动系统中得到广泛应用。

电磁阀的电磁铁按所用电源的不同，分为交流型、直流型和交流本整型三种；按电磁铁内部是否有油浸入，又分为干式、湿式和油浸式三种。

交流电磁铁一般采用 220 V 交流电源，其铁芯材料由矽钢片叠压而成，具有电路简单、吸合力较大、吸合及释放快、换向时间短等优点；但具有发热大、噪声大、工作可靠性差、允许切换的频率低、寿命短等缺点，用在换向精度要求不高的场合。

直流电磁铁一般采用 24 V 直流电源，其铁芯材料一般为整体工业纯铁制成，具有电涡流损耗小、无噪声、体积小、工作可靠、允许的切换频率较高、寿命长等优点。但直流电磁铁需要直流电源，起动力比交流电磁铁要小，造价较高，加工精度也较高，一般用在换向精度要求较高的场合。

交流本整型电磁铁自身带有半波整流器和冲击电压吸收装置，能把接入的交流电整流后再供给直流电磁通电，因而兼具上述两者的优点。

干式电磁换向阀结构图如图 4-15a 所示。为避免油液侵入电磁铁，在推杆 4 的外周上装有密封圈 3，使线圈 2 的绝缘性能不受油液的影响。但推杆上的密封圈产生的摩擦力消耗了部分电磁推力，限制了电磁铁的使用寿命，同时也影响了电磁阀的换向可靠性。

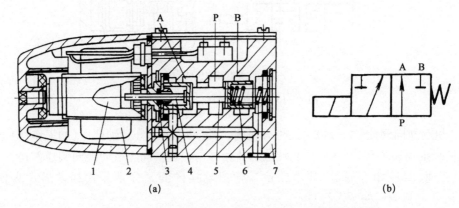

(a)　　　　　　　　　(b)

1—衔铁；2—线圈；3—密封圈；4—推杆；5—阀芯；6—弹簧；7—阀体

图 4-15　交流二位三通电磁换向阀及其干式电磁铁结构图

湿式电磁结构图如图 4-16a 所示。该电磁铁的导磁套 6 是一个密封筒状结构，与阀体 1 连接时仅套内的衔铁 8 工作腔与滑阀直接连接，推杆 7 上没有任何密封，套内可承受一定的液压力。线圈9部分仍处于干的状态。由于推杆7上没有任何密封,减小了阀芯运动的阻力,从而提高了换向可靠性。衔铁工作时处于油液润滑状态,且有一定阻尼作用而减小了冲击和噪声。所以湿式电磁铁具有吸合声小、散热快、可靠性好、效率高和寿命长等优点。因此已逐渐取代传统的干式电磁铁。

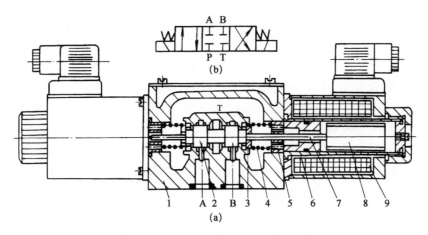

1—阀体;2—阀芯;3—弹簧座;4—弹簧;5—挡块;6—导磁套;7—推杆;8—衔铁;9—线圈

图 4-16　直流三位四通电磁换向阀及其湿式电磁铁结构图

油浸式电磁铁的铁芯和线圈都浸在油液中工作,因此散热更快、换向更平稳可靠、效率更高、寿命更长。但结构复杂,造价较高,应用面不广。

由于电磁铁的吸力一般≤90 N,最大通流量小于 100 L/min,因此电磁换向阀只适用于压力不太高、流量不太大的场合。若通流量较大或要求换向可靠、冲击小,则选用液动换向阀或电液动换向阀。

(4)液动换向阀。利用控制油路的压力油推动阀芯移动,实现油路的换向。

图 4-17a 所示为弹簧对中型三位四通液动换向阀的结构原理图。阀芯两端分别接通控制油口 K_1 和 K_2。当控制油口 K_1 和 K_2 都通回油时,阀芯 2 在两端对中弹簧力的作用下处于中位(常态位置),P、A、B、T 相互均不通;当控制油口 K_1 通压力油,K_2 通回油时,阀芯 2 在液压力的作用下右移,P 与 A 通,B 与 T 通;当控制油口 K_2 通压力油,K_1 通回油时,阀芯 2 在液压力的作用下左移,P 与 B 通,A 与 T 通。图 4-17b 所示为三位四通液动换向阀的

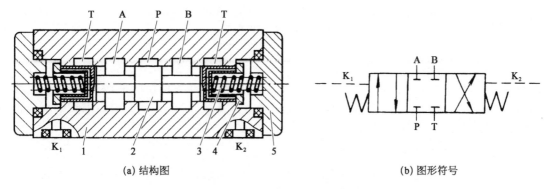

(a) 结构图　　　　　　　　　　　(b) 图形符号

图 4-17　三位四通液动换向阀

图形符号。

由于控制油路的压力可以调节,可以产生较大的推力,因此适用于压力高、流量大和阀芯移动行程长的场合。

液动换向阀较少单独使用,它还需另一个阀来操纵其控制油路的方向。控制压力油的流量比较小,可采用普通小规格的换向阀作为先导控制阀(简称先导阀)来提供,从而可实现以小流量换向阀控制大流量液动换向阀的换向。液动换向阀的先导阀还可以是机动换向阀、手动换向阀。

(5) 电液换向阀。由电磁换向阀和液动换向阀组合而成。电磁换向阀改变液动换向阀控制油路的方向,称为先导阀;液动换向阀实现主油路换向,称为主阀。

图4-18a所示为三位四通电液换向阀的结构原理图。其工作原理是:当先导阀的两个电磁铁不通电时,先导阀阀芯处于中位,而液动阀(主阀)阀芯8左右两端容腔同时接通油箱,也处于中位;当电磁铁3通电时,先导阀阀芯4移向右位,压力油经先导阀和单向阀1进入主阀阀芯的左端,并推动主阀阀芯8右移,这时主阀阀芯右端的油液通过节流阀6和先导阀流回油箱(主阀阀芯的移动速度由节流阀6调节),主阀阀芯8处于左位工作,使主油路P与A相通、B与T相通;反之,当电磁铁5通电,先导阀阀芯移向左位时,主阀阀芯8也移向左位(主阀阀芯的移动速度可由节流阀2调节),可使主油路P与B相通、A与T相通。图4-18b所示为三位四通电液换向阀的图形符号。

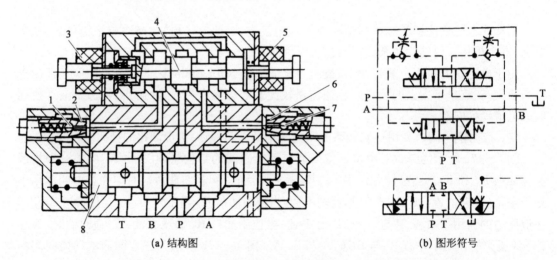

(a) 结构图   (b) 图形符号

1、7—单向阀;2、6—节流阀;3、5—电磁铁;4—电磁阀阀芯;8—液动阀阀芯(主阀阀芯)

图4-18 电液换向阀

在电液换向阀中,主阀阀芯的运动由液压力驱动,驱动力较大,所以主阀阀芯的尺寸可以做得很大,允许大流量通过。主阀阀芯移动速度可调,因而可使换向平稳,无冲击。电液换向阀主要用在流量超过电磁换向阀额定流量的液压传动系统中,从而用较小的电磁铁来控制较大的流量。

4.2.2.4 滑阀式换向阀的机能

滑阀式多位阀处于不同工作位置时,各油口的不同连通方式体现了换向阀的不同控制机能,称之为换向阀的滑阀机能。对三位四通(五通)滑阀,左、右工作位置用于执行元件的换向,一般为 P 与 A 通、B 与 T 通或 P 与 B 通、A 与 T 通;中位则有多种机能以满足该执行元件处于非运动状态时系统的不同要求。三位滑阀处于中位时所能控制的机能为滑阀中位机能。表 4-2 列出了三位四通滑阀的几种常用中位机能和它们的特点与应用场合,常用一个字母来表示其中位形式。

表 4-2　三位四通换向阀的中位机能

机能代号	滑阀中位状态	图形符号	中位油口状况、特点及应用
O 型			各油口全封闭,系统不卸载,缸封闭
H 型			各油口全连通,系统卸载
Y 型			系统不卸载,缸两腔与回油连通
K 型			压力油与缸一腔及回油连通,另一腔封闭,系统可卸载
J 型			系统不卸载,缸一腔封闭,另一腔与回油连通
X 型			各油口半开启接通,P 口保持一定的压力;换向性能介于 O 型和 H 型之间
P 型			压力油与缸两腔连通,回油封闭
C 型			压力油与缸一腔连通,另一腔及回油皆封闭
M 型			系统卸载,缸两腔封闭

（续表）

机能代号	滑阀中位状态	图形符号	中位油口状况、特点及应用
N 型		A B P T	系统不卸载,缸一腔与回油连通,另一腔封闭
U 型		A B P T	系统不卸载,缸两腔连通,回油封闭

换向阀的中位机能不但影响液压系统工作状态,也影响执行元件换向时的工作性能。通常可根据液压系统的保压或卸荷要求、执行元件停止时的浮动或锁紧要求和执行元件换向时的平稳或准确性要求,来选择换向阀的中位机能。换向阀中位机能选择的一般原则如下:

(1) 系统的保压。当液压泵用于多缸系统时,要求系统能够保压,此时必须将 P 口堵住。当 P 口与 T 口之间有一定阻尼时,不太畅通时,系统也能保持一定的压力供控制油路使用。

(2) 液压泵卸载。泵输出的油直接回油箱,让泵的出口无压力,这时只要将 P 口与 T 口接通即可,这样既能节约能量,又能防止油液发热。

(3) 换向平稳性和精度。若 A、B 两口都封闭,当换向时,一侧有油压,一侧负压,换向过程中容易产生液压冲击,换向不平稳,但位置精度好。反之,若 A、B 两口都通 T 口时,换向过程中液压冲击小,但换向过程中工作部件不易制动,换向位置精度低。

(4) 启动平稳性。当三位阀处于中位时,如果液压缸有一工作腔与油箱接通,则启动时因该工作腔中无油,不能形成缓冲,导致液压缸启动平稳性差。

(5) 液压缸"浮动"和在任意位置上的停止。当 A、B 两口与 T 口接通时,卧式液压缸呈"浮动"状态,可利用其他机构移动工作台,调整其位置。当 A、B 两口都封闭或与 P 口连接时(差动连接除外),则液压缸可在任意位置停下来。

4.2.2.5 滑阀的液压卡紧现象

一般滑阀的阀孔和阀芯之间有很小的缝隙,当缝隙均匀且缝隙中有油液时,移动阀芯所需的力只需克服黏性摩擦力,数值是相当小的。但在实际使用中,特别是在中、高压系统中,当阀芯停止运动一段时间后(一般约 5 min 以后),这个阻力可以大到几百牛顿,使阀芯重新移动十分费力,这就是所谓的液压卡紧现象。引起液压卡紧的原因,有的是由于脏物进入缝隙而使阀芯移动困难,有的是由于缝隙过小,油温升高时造成阀芯膨胀而卡死,但是主要原因是来自滑阀副几何形状误差和同轴度变化所引起的径向不平衡液压力,即液压卡紧力。如图 4-19a 所示,为阀芯和阀体孔之间无几何形状误差且轴线平行但不重合时的情况,阀芯周围缝隙内的压力分布是线性的(图 4-19a 中 A_1 和 A_2 线所示),且各向相等,因此阀芯上不会出现不平衡的径向力。图 4-19b 所示为阀芯因加工误差而带有倒锥(锥部大端朝向高压腔)且轴线平行而不重合时的情况,阀芯受到径向不平衡力(图 4-19b 中曲线 A_1 和 A_2

间的阴影部分)的作用,使阀芯和阀孔间的偏心距越来越大,直到两者表面接触为止,这时径向不平衡力达到最大值;但是,如阀芯带有顺锥(锥部大端朝向低压腔)时,产生的径向不平衡力将使阀芯和阀孔间的偏心距减小。图 4-19c 所示为阀芯表面有局部凸起(相当于阀芯碰伤、残留毛刺或缝隙中楔入脏物),且凸起在阀芯的高压端时,阀芯受到的径向不平衡力将使阀芯的凸起部分推向孔壁。

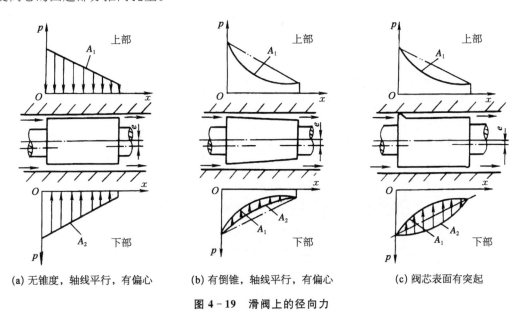

(a) 无锥度,轴线平行,有偏心　　(b) 有倒锥,轴线平行,有偏心　　(c) 阀芯表面有突起

图 4-19　滑阀上的径向力

当阀芯受到径向不平衡力作用而和阀孔相接触后,缝隙中存留液体被挤出,阀芯和阀孔间的摩擦变成半干摩擦乃至干摩擦,因而使阀芯重新移动时所需的力增大了许多。

滑阀的液压卡紧现象不仅存在于换向阀中,而且在其他液压阀中也普遍存在,在高压系统中则更为突出,特别是滑阀的停留时间越长,液压卡紧力越大,以致移动滑阀的推力(如电磁铁推力)不能克服卡紧阻力,使滑阀不能复位。

为了减小液压卡紧力,可以采取下述措施:

(1) 提高阀的加工和装配精度,避免出现偏心。阀芯的不圆度和锥度公差为 0.003~0.005 mm,要求带顺锥,阀芯的表面粗糙度 Ra 值不大于 0.2 μm,阀孔 Ra 值不大于 0.4 μm。

(2) 在阀芯台肩上开出平衡径向力的均压槽,如图 4-20 所示。槽的位置应尽可能靠近高压端。槽的尺寸是:宽 0.3~0.5 mm,深 0.5~0.8 mm,槽距 1~5 mm。开槽后,移动阀芯的力将减小。

(3) 使阀芯或阀套在轴向或圆周方向上产生高频小振幅的振动或摆动。

(4) 精细过滤油液。

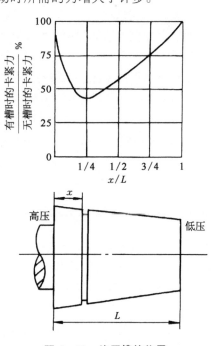

图 4-20　均压槽的位置

4.2.2.6　电磁球阀式换向阀

电磁球阀式换向阀又称球阀,是一种以电磁铁的推力为驱动力推动钢球来实现油路通断的电磁换向阀。图 4-21 为二位三通阀电磁球阀的结构原理图和图形符号。图中 P 口压力油除通过右阀座孔作用在球阀的右边外,还经过阀体上的通道 b 进入操纵杆的空腔并作用在球阀的左边,于是球阀所受轴向液压力平衡。

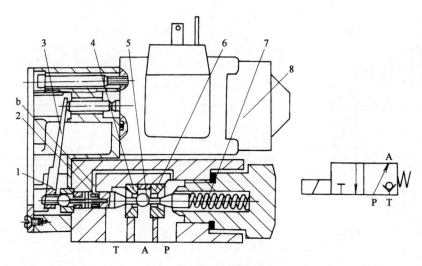

1—支点;2—操纵杆;3—杠杆;4—左阀座;5—球阀;6—右阀座;7—弹簧;8—电磁铁
图 4-21　电磁球式换向阀

在电磁铁不得电无电磁力输出时,球阀在右端弹簧力的作用下紧压在左阀座孔上,油口 P 与 A 通,油口 T 关闭。当电磁铁得电,则电磁吸力推动铁芯左移,杠杆 3 绕支点 1 逆时针方向转动,电磁吸力经放大(一般放大 3~4 倍)后通过操纵杆 3 给球阀施加一个向右的力。该力克服球阀右边的弹簧力将球阀推向右阀座孔,于是油口 P 与 A 不通,油口 A 与 T 通,油路换向。

与电磁滑阀相比,电磁球阀具有下列特点:

(1) 无液压卡死现象,对油液污染不敏感,换向性能好。

(2) 密封为线密封,密封性能好,最高工作压力可达 63 MPa。

(3) 电磁吸力经放大后传给阀芯,推力大,换向频率高。

(4) 目前主要用在超高压小流量的液压系统或作为二通插装阀的先导阀。

4.2.2.7　转阀式换向阀(转阀)

转阀式换向阀通过阀芯的旋转实现油路的通断和换向。其主要特点是阀芯与阀体相对运动为转动,当阀芯旋转一个角度后,即转阀变换了一个工作位置。如图 4-22 所示为三位四通转阀式换向阀。当阀体处于图 4-22a 所示位置时,P 与 A 连通、B 与 T 连通,活塞向右运动;当阀芯处于图 4-22b 所示位置时,P、A 、B、T 均不连通,活塞停止运动;当阀芯处于图 4-22c 所示位置时,P 与 B 连通、A 与 T 连通,活塞向左运动。图 4-22d 为转阀的图形符号。

转阀的结构简单、紧凑,但是阀芯上的径向力不平衡,转动比较费力,阀芯易磨损,且密封性能差,一般只适用于中低压、小流量的场合,或作为先导阀使用。

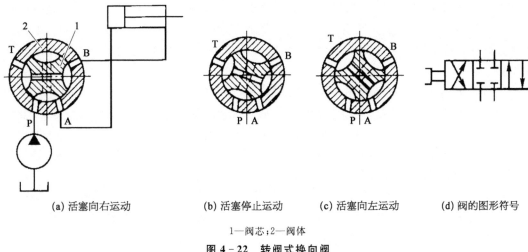

(a) 活塞向右运动　　　　(b) 活塞停止运动　　(c) 活塞向左运动　　　(d) 阀的图形符号

1—阀芯；2—阀体

图 4 - 22　转阀式换向阀

4.3　压力控制阀

在液压传动系统中,控制工作介质压力高低的液压阀被称为压力控制阀,简称压力阀。压力阀按功能和用途可分为溢流阀、减压阀、顺序阀、平衡阀和压力继电器等。它们的共同特点是利用作用在阀芯上的液压力和弹簧力相平衡这一工作原理来进行工作的。当控制阀芯移动的液压力大于弹簧力,平衡状态被破坏,造成阀芯位置变化,这种位置变化引起两种工作状况:一种是阀口开度大小变化(如溢流阀、减压阀),另一种是阀口的通断(如安全阀、顺序阀)。

4.3.1　溢流阀

4.3.1.1　溢流阀的功用和要求

溢流阀是通过阀口的溢流,使被控系统或回路的压力维持恒定,从而实现稳压、调压或限压作用。

对溢流阀的主要要求是:调压范围大,调压偏差小,动作灵敏,过流能力大,噪声小,当阀关闭时泄漏量小。

4.3.1.2　溢流阀的结构和工作原理

按调压性能和结构特征,溢流阀可分为直动式溢流阀和先导式溢流阀两种。

1) 直动式溢流阀

直动式溢流阀的性能是使作用在阀芯上的进油压力直接与作用在阀芯另一端的弹簧力相平衡。图 4 - 23所示为直动式滑阀溢流阀。在阀芯中开有径向通孔 f,并且在径向通孔 f 与阀芯下部 c 之间开有一阻尼孔 g。P 为进油口,T 为出油口。在常态下,阀芯在调压弹簧

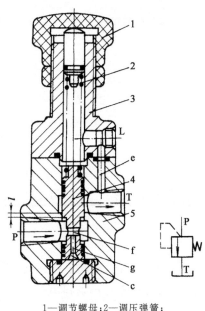

1—调节螺母；2—调压弹簧；
3—上盖；4—阀芯；5—阀体

图 4 - 23　直动式滑阀型溢流阀

的作用下处于最下端,阀芯台肩的封油长度 l 将进、出油口隔断。工作时,压力油从进油口 P 进入溢流阀,通过径向通孔 f 及阻尼孔 g 进入阀芯的下部 c,油液受压形成一个向上的液压 力 F。当进油口压力低于溢流阀调定压力时,阀芯 4 不开启,此时进油口压力主要取决于 负载。

当进口 P 处压力升高至作用在阀芯底面上液压力大于弹簧预调力时,阀芯开始向上运 动。当阀芯上移重叠量 l 时,阀口处于开启的临界状态。若压力继续升高至阀口打开,油液 从 P 口经 T 口溢流回油箱。弹簧力随着溢流阀的开口量的增大而增大,直至与液压力相平 衡。当溢流阀开始溢流时,其进油口 P 处的压力基本稳定在调定值上,从而起到溢流稳压的 作用。阻尼孔 g 用来对阀芯的动作产生阻尼,以提高阀的工作平稳性。

接下来分析溢流阀的稳压原理。当溢流阀稳定工作时,作用在阀芯上的液压力、调压弹 簧的压紧力 F_s、稳态轴向液动力 F_y、阀芯的重力 G 和摩擦力 F_f 是平衡的,作用在阀芯上力 的平衡方程为

$$pA_c = F_s + F_y + G \pm F_f \qquad (4-1)$$

式中,p 为进油口 P 处油液的压力(Pa);A_c 为阀芯 4 的有效承压面积(m^2)。

如忽略阀芯所受的液动力、重力和摩擦力,则式(4-1)可写成

$$pA_c = k(x_0 + \Delta x) \qquad (4-2)$$

式中,k 为调压弹簧刚度(N/m);x_0 为调压弹簧预压缩量(m);Δx 为阀开口量,即弹簧压缩 量的变化量(m)。

将上式(4-2)改写为

$$p = \frac{k(x_0 + \Delta x)}{A_c} = \frac{kx_0}{A_c} + \frac{k\Delta x}{A_c} \qquad (4-3)$$

当溢流阀开始溢流时(即阀口将开未开时),此时进口压力称为溢流阀的开启压力 p_k:

$$p_k = \frac{kx_0}{A_c} \qquad (4-4)$$

从式(4-3)可以看出,只要保证 $\Delta x \ll x_0$,就有

$$p = \frac{k(x_0 + \Delta x)}{A_c} \approx \frac{kx_0}{A_c} = 常数 \qquad (4-5)$$

上式就可以保证溢流阀进油口压力基本维持不变。

若调压偏差用 Δp 表示,则

$$\Delta p = \frac{k\Delta x}{A_c} \qquad (4-6)$$

当压力升高,阀芯上移,阀口开度加大,溢流量增加。若记阀口打开溢流阀阀口的开度 为 x,油液密度为 ρ,阀口流量系数为 C_d,则此时阀口的压力流量方程为

$$q = C_d \pi D x \sqrt{\frac{2}{\rho} p} \qquad (4-7)$$

综上所述,可以归纳出以下结论:

(1) 调节调压弹簧的预压缩量 x_0,可以改变溢流阀的开启压力 p_k,进而调节溢流阀的进口压力 p。即对应于一定弹簧预压缩量 x_0,阀的进口压力基本为定值,此弹簧称为调压弹簧。

(2) 溢流量 q 的变化会引起进油口的压力 p 的变化。若记溢流量为额定流量时的进油口的压力为 p_n,则有 $p_n > p_k$。溢流量 q 变化越大压力 p 的变化也越大,调节性能变差。

(3) 溢流阀弹簧腔的排油有内泄和外泄两种方式。图 4-23 中 L 为泄漏油口。弹簧腔的泄漏油经阀体上的泄油通道直接引到溢流阀的出口 T,称为内泄。内泄时若回油路有背压,则背压力作用在阀芯的上端,导致溢流阀的进口压力增大。若弹簧腔的泄漏油单独引回油箱,则为外泄方式,此时回油路的背压不会影响溢流阀的进口压力。

(4) 调压偏差与弹簧刚度成正比,压力越高所需要的弹簧刚度就越大,而故调节性能也就越差。因此,直动式溢流阀一方面为了保证 x_0 足够大以减小调压偏差,另一方面为了保证在调节时方便灵活、省力,调压弹簧的刚度一般都选择得比较小,因此直动式溢流阀只能适用于低压(压力小于 2.5 MPa)、小流量或平稳性要求不高的液压系统。

2) 先导式溢流阀

先导型溢流阀由先导阀和主阀组成。先导阀用于控制主阀阀芯两端的压差,进而控制溢流阀进口的压力。先导阀一般为小流量的锥阀式直动型溢流阀。

图 4-24 所示为先导式溢流阀。主阀阀芯的上端面积略大于下端面积。压力油从进油口 P 进入,经过阻尼孔 2,通道 a 及阻尼孔 8 后作用在先导阀阀芯 4 上。当进油口压力较低,先导阀上的液压作用力不足以克服调压弹簧 5 的作用力时,先导阀关闭,阻尼孔 2 和 8 中没有油液流过,主阀阀芯上下两腔压力相等,作用在主阀阀芯上的液压合力方向与主阀弹簧 3 作用力方向相同,使主阀阀芯关闭,油口 P 和 T 隔断,没有溢流。当进油口压力升高到作用在先导阀阀芯上的液压力大于调压弹簧作用力时,先导阀打开,小部分压力油从 P 口经阻尼

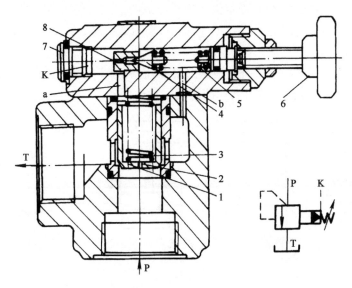

1—主阀阀芯;2、8—阻尼孔;3—主阀弹簧;4—先导阀阀芯;5—先导阀弹簧;6—调压手轮;7—螺堵

图 4-24　先导式溢流阀

孔 2、通道 a、阻尼孔 8、开启的先导阀和通道 b 流到 T 口。此流量将在阻尼孔 2 两端产生压差(压力损失)。当这个压差作用在主阀阀芯上的液压力超过主阀弹簧力、稳态液动力、摩擦力和主阀阀芯自重之和时,主阀阀芯开启,实现溢流,并维持进油压力基本稳定。使用调压手轮调节先导弹簧的预紧力,即可调节溢流阀的溢流压力。

与直动式溢流阀相比,先导式溢流阀具有以下特点:

(1) 阀的进口压力是通过与先导阀阀芯和主阀阀芯预设弹簧力进行两次比较得到的。压力值主要由先导阀调压弹簧的预压缩量确定,流经先导阀的流量很小,大部分溢流流量经主阀阀口流回油箱,主阀阀芯的弹簧只需在阀口关闭时起复位作用,其刚度可以做得较小,因而主阀阀口开度大小的变化不会导致进油口压力有较大的变化,从而提高了溢流阀控制压力的稳定性。

(2) 因流经先导阀的流量很小,一般仅为主阀额定流量的 1%。因此,先导阀阀座孔的直径就很小,即使要对高压进行调节和控制,其阀芯弹簧的刚度也不大,可改善调节特性和压力控制精度。

(3) 先导阀前腔有一远程控制口,又称遥控口。当将此口通过二位二通阀接通油箱时,主阀阀芯上腔的压力接近于零,主阀阀芯在很小的压力下即可向上移动且阀口开得最大,这时泵输出的油液在很低的压力下通过阀口流回油箱,实现卸荷作用。如果将 K 口接到另一个远程调压阀上(其结构和溢流阀的先导阀一样),并使打开远程调压阀的压力小于打开溢流阀先导阀阀芯 4 的压力,则可以实现远程控制或多级调压。

4.3.1.3 溢流阀的应用

溢流阀在液压系统中的应用十分广泛,主要用途有:

(1) 作溢流阀。溢流阀有溢流时维持阀进口亦即系统压力恒定。在图 4-25a 所示定量泵供油节流调速回路中,泵的流量大于节流阀允许通过的流量,溢流阀 1 使多余的油液流回油箱,此时泵的出口压力保持恒定。

(2) 作安全阀。在图 4-25b 所示由变量泵组成的液压系统中,用溢流阀限制系统的最高压力,防止系统过载。系统在正常工作状态下,溢流阀关闭;当系统过载时,溢流阀打开,使压力油流回油箱。

(3) 作背压阀。在图 4-25a 所示液压回路中,溢流阀 2 串联在液压缸回油路上,产生一定回油阻力,造成背压,以改善执行元件的运动平稳性。

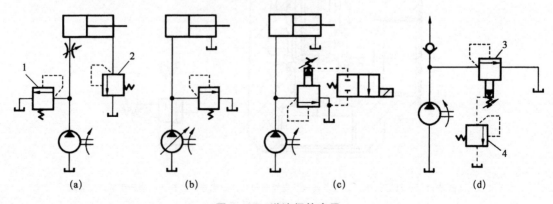

图 4-25　溢流阀的应用

（4）作卸荷阀。在图 4-25c 所示液压回路中，在溢流阀的遥控口串接一小流量的电磁阀，当电磁铁通电时，溢流阀的遥控口通油箱，此时液压泵卸荷。

（5）远程和多级调压。如图 4-25d 所示，将先导型溢流阀的外控口与一个或多个远程调压阀并联，可实现系统的远程或多级调压。

4.3.2　减压阀

减压阀是一种利用液流通过节流口产生压力损失，使其出口压力低于进口压力的压力控制阀。

4.3.2.1　减压阀的功用和要求

定值减压阀用于控制出口压力为定值，使液压传动系统中某一部分得到较供油压力低的稳定压力。定值减压阀有直动式和先导式两种结构形式。

对减压阀的主要要求是：出口压力维持恒定，不受入口压力、通过流量大小的影响。

4.3.2.2　减压阀的结构和工作原理

与溢流阀一样，减压阀也分为直动式和先导式。

1）直动式减压阀

直动式定值减压阀如图 4-26 所示。当阀芯处于原始位置时，阀芯在调压弹簧的作用下处于最下端，减压阀的进、出油口相通，即减压阀是常开的。工作时，压力油从进油口 P_1 进入，流经减压阀的阀口 a（即减压口），从出油口 P_2 流出；同时，出口压力油进入阀芯底部的油腔。阀芯上端弹簧腔内的泄漏油通过泄油口单独引回油箱。当出油口压力小于调定压力时，阀口全开，阀进出口压力相等，不起减压作用。当出口压力达到调定压力时，阀芯上移，阀口关小，阀口处阻力增大，使出口压力减小，经过短暂的动态过程，最终液压力与弹簧力处于平衡状态，减压阀进入稳定的减压状态，可以认为出口压力基本维持在某一定

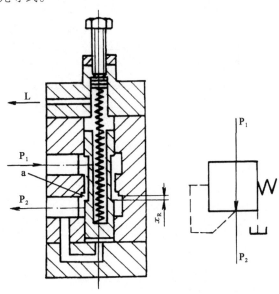

图 4-26　直动式减压阀

值（调定值）上。这时如出口压力减小，阀芯下移，阀口开大，阀口处阻力减小，压降减小，使出口压力回升到调定值。反之，如果出口压力增大，则阀芯上移，阀口关小，阀口处阻力加大，压降增大，使出口压力下降到调定值上。若忽略其他阻力，仅考虑作用在阀芯上的液压力和弹簧力相平衡的条件，此时作用在阀芯 3 上力的平衡方程为

$$p_2 A_c = k(x_0 + \Delta x) \qquad (4-8)$$

式中，p_2 为出油口油液的压力（Pa）；A_c 为阀芯的有效承压面积（m^2）；k 为弹簧刚度（N/m）；x_0 为弹簧预压缩量（m）；Δx 为减压阀阀口变化量的大小，即弹簧压缩量的变化量（m）。

因 $\Delta x \ll x_0$，则有

$$p_2 = \frac{k(x_0 + \Delta x)}{A_c} \approx \frac{kx_0}{A_c} = 常数 \qquad (4-9)$$

这就是减压阀能够维持出口压力不变的原因。

2）先导式减压阀

先导式减压阀如图 4-27 所示。它是由先导阀和主阀两部分组成,主阀阀口常开。工

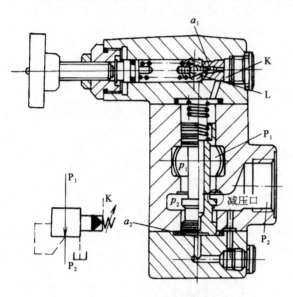

作时,压力油从进油口 P_1 进入,经减压口,从出油口 P_2 流出;同时,出口压力油进入主阀阀芯下部的油腔,然后经过阻尼孔进入主阀阀芯上部的弹簧腔和先导阀的右腔,作用于先导阀阀芯上。当出口压力 p_2 小于调定压力时,先导阀关闭,主阀阀芯上、下腔的压力相等,在主阀弹簧的作用下,主阀阀芯处于最下端,减压口全开,不起减压作用。当出口压力达到调定压力时,先导阀打开,部分出口压力油经阻尼孔、主阀阀芯上腔、先导阀阀口、泄油口回油箱。主阀阀芯上下腔之间产生压力差,当该压力差大于主阀弹簧力时,推动主阀阀芯上移,减压口的开口量减小,起减压作用,出口压力减小。当出口压力下降到

图 4-27　先导式减压阀

调定压力时,先导阀阀芯和主阀阀芯同时处于受力平衡,出口压力稳定不变。调节调压弹簧的预压缩量即可调节阀的出口压力。

从结构和工作原理角度,可以将减压阀与溢流阀的区别归纳如下:

(1)减压阀为出口压力控制,保证出口压力基本不变;溢流阀为进口压力控制,保证进口压力基本不变。

(2)在常态(非工作状态)下,减压阀进油口、出油口互通(常开式),而溢流阀进油口、出油口不通(常闭式)。

(3)减压阀的出油口一般接工作回路,而溢流阀出油口一般接油箱。

(4)减压阀的泄漏油液需经过单独油口引回油箱,属于外泄式,而溢流阀的泄漏油液通常直接经出油口引回油箱,属于内泄方式。

此外,与溢流阀相同的是,减压阀亦可以在先导阀的远程控制口接远程调压阀实现远控或多级调压。与溢流阀的入口压力由负载建立一样,减压阀的出口压力也是由负载建立的。若负载建立的压力低于减压阀的调定压力,则阀出口压力由负载决定,此时减压阀不起减压作用,进出口压力相等。对先导型减压阀来说保证出口压力恒定的条件是先导阀开启。这一点,与溢流阀类似。

3）减压阀的应用

减压阀广泛应用在系统的润滑、定位和夹紧等回路。此外,还可用于限制工作机构作用力,减小压力波动影响。需要注意的是应用减压阀必然存在压力损失,增加系统功耗,使油液发热。当分支油路压力比主油路压力低很多,且流量又很大时,不宜采用减压阀,宜采用

高、低压泵分别供油,以提高能源利用效率。

4.3.3　顺序阀

4.3.3.1　顺序阀的功用和要求

顺序阀的主要功用是利用油液压力来控制油路通断,从而实现对液压执行元件动作的先后顺序进行控制。

由于顺序阀主要作为开关元件,因此要求动作灵敏、调压偏差要小,阀关闭时,密封性要好。

4.3.3.2　顺序阀的结构和工作原理

按照结构形式和工作原理不同,顺序阀可分为直动式和先导式;根据控制压力来源不同,顺序阀可分为内控式和外控式;根据泄油方式不同,顺序阀可分为内泄式和外泄式。各种顺序阀的控制与泄油方式见表 4 - 3。

表 4 - 3　各种顺序阀的控制与泄油方式

控制与泄油方式	内控外泄	外控外泄	内控内泄	外控内泄
名　称	顺序阀	外控顺序阀	背压阀	卸荷阀
图形符号				

1) 直动式顺序阀

图 4 - 28 所示为直动式内控外泄顺序阀的工作原理。泵起动后,油源压力 p_1 克服负载使液压缸 I 运动。同时压力油流到控制活塞 6 的下方,使阀芯受到一个向上的推动作用。当进口油压较低时,阀芯在弹簧的作用下处于下部位置,这时进、出油口不通。当进口压力升高至作用在控制活塞 6 下端面积上的液压力超过弹簧预调力时,阀芯便向上运动,使进油口 P_1 和出油口 P_2 接通。油源压力经顺序阀后克服液压缸 II 的负载使活塞运动。这样利用顺序阀实现了液压缸 I 和 II 的顺序动作。

若将下阀盖 7 转动 90°或 180°,并将外控口 K 的螺堵卸去,便成为外控式。外控式顺序阀阀口的开启与否和一次油路处的进口压力没有关系,仅决定于控制压力的大小。外控顺序阀主要用于差动回路转工进回路的速度换接回路上。

如果把上阀盖 3 旋转 180°,使 d 孔对准 c 孔,那就变成内泄式。

直动式顺序阀结构简单,动作灵敏,但由于弹簧和结构设计的限制,虽可采用小直径的控制活塞,但弹簧刚度仍较大,因此调压偏差大,限制了压力的提高,所以直动式顺序阀一般适用于低压范围,当压力高于 8 MPa 时,应采用先导式顺序阀。

2) 先导式顺序阀

图 4 - 29 所示为先导式顺序阀,图示为内控式,也可变成外控式。其先导控制油必须经

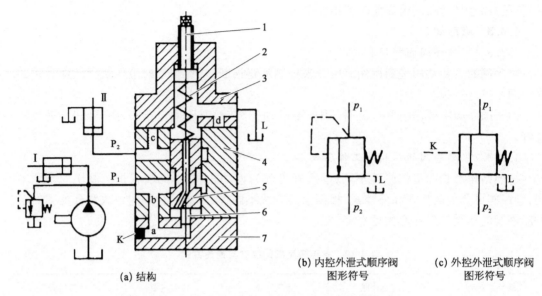

(a) 结构   (b) 内控外泄式顺序阀   (c) 外控外泄式顺序阀
                图形符号   图形符号

1—调压螺钉;2—弹簧;3—上阀盖;4—阀体;5—阀芯;6—控制活塞;7—下阀盖

图 4-28 顺序阀

L 口外泄。采用先导控制后,主阀弹簧刚度可大为减小,主阀阀芯面积则可增大,工作压力大大提高。先导式顺序阀的缺点是当阀的进口压力因负载压力增加而增大时,将使通过先导阀的流量随之增大,引起功率损失和油液发热。

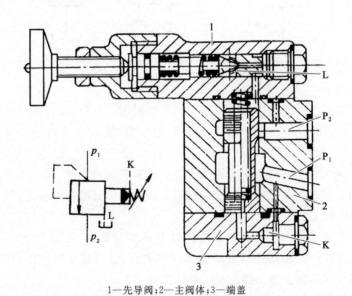

1—先导阀;2—主阀体;3—端盖

图 4-29 先导式顺序阀

顺序阀与溢流阀的主要区别如下:

(1) 溢流阀出油口连通油箱,顺序阀的出油口通常连接另一工作油路,因此顺序阀的进、出口处的油液都是压力油。

(2) 溢流阀开启后时,进油口的油液压力基本上保持在调定压力值;顺序阀开启后,油液的压力取决于负载,可随着负载的增大继续升高,而不受顺序阀调定压力的影响。

(3) 溢流阀为内泄式,而顺序阀需单独引出泄漏通道,为外泄式。

4.3.3.3　顺序阀的应用

顺序阀在液压系统中的应用主要包括:

(1) 控制多个执行元件先后顺序动作。

(2) 与单向阀组成平衡阀,保持垂直放置的液压缸不因自重而下落(见第 6 章)。

(3) 作卸荷阀。在双泵供油系统中,把外控内泄式顺序阀的出油口接回油箱实现卸荷。当执行元件快速运动时,系统所需压力较低,顺序阀关闭,两个泵同时供油;当执行元件转为慢速工进或停止运动时,系统压力升高,打开顺序阀,使大流量泵卸荷。

(4) 作背压阀。把内控顺序阀接在液压缸回油路上,产生背压,以使活塞的运动速度稳定。

4.3.4　压力继电器

压力继电器是一种将油液的压力信号转换成电信号的电液控制元件。当油液压力达到压力继电器的调定压力时,即发出电信号,以控制电磁铁、电磁离合器和继电器等元件动作,实现油路卸荷、换向、执行元件实现顺序动作或关闭电动机,使系统停止工作,起安全保护作用等。

压力继电器由压力—位移转换部件和微动开关两部分组成。按结构和工作原理分类,压力继电器可分为柱塞式、弹簧管式、膜片式和波纹管式四种,其中柱塞式压力继电器最常用。

图 4-30 为柱塞式压力继电器。当进油口 P 处的油液压力达到压力继电器的调定压力时,作用在柱塞 1 上的液压力通过顶杆 2 使微动开关 4 闭合,发出电信号。通过调节螺钉 3 改变调压弹簧的预压缩量,可以调节压力继电器动作压力的大小。

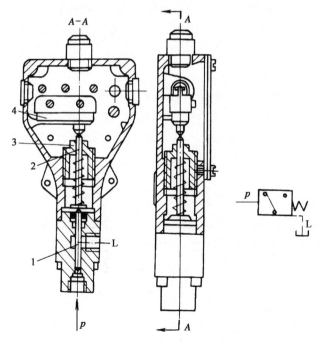

1—柱塞;2—顶杆;3—调节螺钉;4—微动开关

图 4-30　压力继电器

压力继电器在液压传动系统中的应用很广,如系统工作程序的自动换接,润滑系统发生故障时的整机自动停车,刀具移到指定位置动力滑台碰到挡铁或外负载过大时的自动退刀等,都是典型的例子。

4.4　流　量　控　制　阀

4.4.1　流量控制原理

流量控制阀是通过改变节流口通流面积的大小,来调节通过阀口的流量,从而调节执行元件的运动速度。常用的液压流量控制阀有节流阀、调速阀、溢流节流阀、分流集流阀等。

节流阀的节流口通常有薄壁小孔、短孔和细长小孔三种基本形式。由前面所学的流体力学知识可知,流经阀可变节流口的流量计算公式(流量特性方程)为

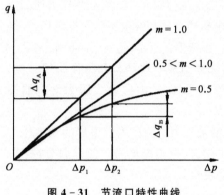

图 4-31　节流口特性曲线

$$q = KA\Delta p^m \qquad (4-10)$$

式中,K 为由节流口的结构和液体性质决定的系数,对于细长孔,$K = d^2/(32\mu l)$,对于薄壁孔和短孔, $K = C_d\sqrt{2/\rho}$;A 为可变节流口的通流面积;Δp 为节流口前后的压差;m 为由孔口的长径比决定的指数,薄壁孔 $m = 0.5$;短孔 $0.5 < m < 1$;细长孔 $m = 1$。

三种节流口的流量特性曲线如图 4-31 所示。

由式(4-10)可知,在一定压差 Δp 下,改变阀口的通流面积 A,从而改变通过阀的流量。这就是流量控制的基本原理。因此,这些孔口及缝隙称为节流口。

4.4.2　节流阀

1) 节流阀的结构和工作原理

图 4-32 所示为一种典型的节流阀,主要零件为阀芯、阀体和螺母。其节流口形式为轴向三角槽式。压力油从进油口流入,经阀芯 3 下端的三角槽,从出油口流出。旋转阀芯 3 使之做轴向移动,可改变节流口面积的大小,从而达到调节流量的目的。为了平衡阀芯上的液压径向力,轴向三角槽须对称布置,三角槽数 $n \geq 2$。

2) 节流阀的刚度

节流阀的刚性表示其抵抗负载变化的干扰、保持流量稳定的能力,即当节流阀开口面积一定时,由于阀进出口压差 Δp 的变化,会引起通过节流阀的流量发生变化。流量变化越小,节流阀的刚度越大;反之,其刚度越小。如果以 T 表示节流阀的刚度,则有

$$T = \frac{\mathrm{d}\Delta p}{\mathrm{d}q} \qquad (4-11)$$

将 $q = KA\Delta p^m$ 代入,可得

$$T = \frac{\Delta p^{1-m}}{KAm} = \cot\beta \qquad (4-12)$$

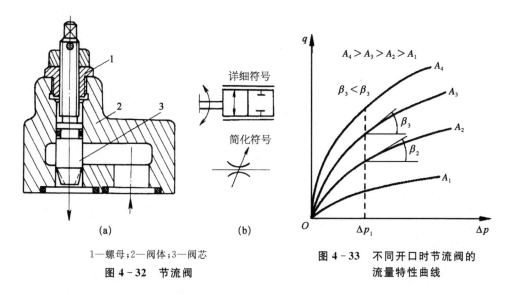

1—螺母；2—阀体；3—阀芯
图 4-32 节流阀

图 4-33 不同开口时节流阀的流量特性曲线

从同一节流阀在不同开口时流量特性曲线图 4-33 中可以发现，节流阀的刚度 T 相当于流量曲线上某点的切线和横坐标夹角 β 的余切。

由图 4-33 和式(4-12)可以得出如下结论：

(1) 指数 m 值减小可以提高节流阀的刚度，因此在实际使用中尽可能采用薄壁小孔式节流口，即 $m=0.5$ 的节流口。

(2) 同一节流阀，当阀前后压力差 Δp 相同，节流开口面积 A 小时，刚度大。但是节流阀的开口面积不宜过小，否则执行部件容易出现爬行现象。

(3) 同一节流阀，在节流开口面积 A 一定时，阀进出口压力差 Δp 越小，刚度越低。为了保证节流阀具有足够的刚度，节流阀前后压力差应大于节流阀所允许的最低压力差 $\Delta p_{\min}$，节流阀才能正常工作，且压力差越大流量稳定性越好。但是压力差 Δp 增大时，将引起压力损失的增加，系统效率降低。

3) 节流阀的应用

节流阀在液压系统中主要与定量泵、溢流阀和执行元件等组成节流调速系统。调节其开口，便可调节执行元件运动速度的大小。节流阀也可在试验系统中用于加载等。

节流阀的优点是结构简单、价格低廉和调节方便；缺点是当负载发生变化时引起的压力差变化，会使流量发生变化，所以节流阀一般用于负载变化不大或者对速度稳定性要求不高的场合。

4.4.3　调速阀

节流阀因刚性差，通过节流阀阀口的流量受阀口前后压力差的变化而波动，所以不能保持执行元件运动的稳定性。当工作负载变化较大且对调速稳定性要求较高时，通常对节流阀进行补偿，即采取措施使节流阀前后压差在负载变化时始终保持不变。

节流阀的压力补偿有两种方式：一种是将定差减压阀与节流阀串联起来，构成调速阀；另一种是将定差溢流阀与节流阀并联起来，构成旁通式调速阀。这两种阀利用流量的变化所引起的油路压力的变化，通过阀芯的负反馈动作，来自动调节节流部分的压差，使其基本保持不变。

4.4.3.1　调速阀概述

1) 调速阀的结构和工作原理

图 4-34 所示为调速阀进行调速的工作原理。调速阀的进口(即液压泵的出口)压力 p_1

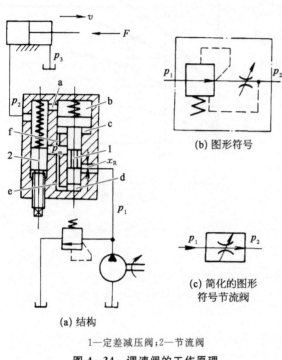

1—定差减压阀；2—节流阀

图 4-34　调速阀的工作原理

由溢流阀调定，基本上保持恒定。调速阀出口处的压力 p_2 由液压缸负载 F 决定。油液先经减压阀产生一次压降，将压力降为 p_m。利用减压阀阀芯的自动调节作用，使节流阀前后压差 $\Delta p = p_m - p_2$ 基本上保持不变。

减压阀阀芯上端的油腔 b 通过通道 a 和节流阀后的油腔相通，压力为 p_2，而其肩部油腔 c 和下端油腔 d，通过通道 f 和 e 与节流阀前的油腔相通，压力为 p_m。当负载 F 增大时，p_2 升高，于是作用在减压阀阀芯上端的液压力增加，阀芯下移，减压阀的开口增大，压降减小，p_m 也升高，结果使节流阀前后的压差 $\Delta p = p_m - p_2$ 基本保持不变；反之亦然。这样就使通过调速阀的流量恒定不变，活塞运动的速度稳定，不受负载变化的影响。

上述调速阀是先减压后节流型的结构。调速阀也可以是先节流后减压型的，两者的工作原理和作用情况基本上相同。

2) 稳态特性

若忽略减压阀阀芯液动力、重力和摩擦力等因素，仅考虑阀芯的弹簧力 F_s、液压力 p_m 和 p_2 的作用，当定差减压阀阀芯处于某一平衡位置时，则有

$$p_m A_1 + p_m A_2 = p_2 A + F_s \tag{4-13}$$

式中，A_1、A_2、A 分别为 d、c、b 腔内压力油作用于定差式减压阀阀芯的有效面积，且 $A_1 + A_2 = A$，则有

$$\Delta p = p_m - p_2 = \frac{F_s}{A} = \frac{k(x_c + x_R)}{A} \tag{4-14}$$

式中，x_c、x_R 分别为定差减压阀弹簧的初始压缩量和定差减压阀阀芯的位移。由于定差减压阀弹簧刚度系数 k 较低，且工作过程中定差减压阀阀芯位移 x_R 很小，所以有

$$\Delta p = p_m - p_2 \approx \frac{k x_c}{A} \tag{4-15}$$

即节流阀两端压力差 $\Delta p = p_m - p_2$ 也基本保持不变，从而保证了通过节流阀的流量稳定。

图 4-35 为节流阀与调速阀的流量特性曲线。由图可知,节流阀的流量随压力差变化较大,而调速阀在压力差大于 Δp_{min} 后,流量基本上保持恒定。当压力差小于 Δp_{min} 时,由于定差减压阀阀芯被弹簧推至最下端位置,阀口全开,减压阀失去了压力补偿作用,故这时调速阀的性能与节流阀相同。要保证调速阀正常工作,至少要求有 0.4~0.5 MPa 以上的压力差。

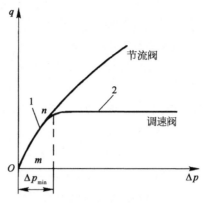

1—无压力补偿;2—有压力补偿
图 4-35 节流阀和调速阀的流量特性曲线

3) 应用

调速阀在液压系统中的应用和节流阀类似,它适用于执行元件负载变化大而运动速度要求稳定的系统中,也可用于容积-节流调速用回路中。

调速阀在连接时,可接在执行元件的进油路上,也可接在执行元件的回油路上,或接在执行元件的旁油路上。

4.4.3.2 旁通式调速阀

对于旁通式调速阀,当负载压力变化时,由于定差溢流阀的补偿作用使节流阀两端压差保持恒定。如图 4-36 所示,进口处高压油 p_1,一部分通过节流阀 4 的阀口由出油口处流出,压力降到 p_2,进入液压缸 1 克服负载 F 以速度 v 运动;另一部分通过溢流阀 3 的阀口溢流回油箱。溢流阀上端的油腔与节流阀后的压力油 p_2 相通;溢流阀下端的油腔与节流阀前的压力油 p_1 相通。若忽略减压阀阀芯液动力、重力和摩擦力等因素,仅考虑阀芯的弹簧力 F_s、液压力 p_1 和 p_2 的作用,溢流阀阀芯的受力平衡方程为

$$p_1 A_1 + p_1 A_2 = p_2 A + k(x_0 + x_c + x_R) \tag{4-16}$$

式中,k_s 为溢流阀弹簧的刚度系数;x_0 为溢流阀阀芯在底部限位时的弹簧预压缩量;x_c 为溢流阀开启($x_R=0$)时阀芯的位移量;x_R 为溢流阀开口量;p_1、p_2、A_1、A_2、A 如图 4-48 所示。

上式中阀芯面积 $A_1 + A_2 = A$,设计时使 $x_R \ll x_0 + x_c$,则有

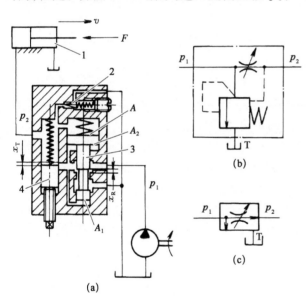

1—液压缸;2—安全阀;3—溢流阀;4—节流阀
图 4-36 旁通式调速阀

$$\Delta p = p_1 - p_2 \approx \frac{k(x_0 + x_c)}{A} \tag{4-17}$$

即节流阀节流口前后的压力差 $\Delta p = p_1 - p_2$ 基本保持恒定。

在稳态工况下,当外负载 F 增大使压力 p_2 上升时,溢流阀上端的油腔压力随之上升,溢流阀阀芯下移,溢流阀阀口关小,进口压力 p_1 上升,溢流阀阀芯建立新的力平衡。节流阀口两端的压力差 $\Delta p = p_1 - p_2$ 仍然不变;反之,当负载 F 减小时,p_2 下降,但 p_1 也下降,使节流阀口两端的压力差 $\Delta p = p_1 - p_2$、通过节流阀的流量和负载的运动速度也保持不变。

图 4-36 中 2 为安全阀。当负载压力 p_2 超过其调定压力时,安全阀将开启,流过安全阀的流量在节流阀口 x_T 处的压差增大,使溢流阀阀芯克服弹簧力向上运动,溢流阀口 x_R 开大,泵通过溢流阀口的溢流加大,进口压力 p_1 得到限制。

4.4.3.3 溢流节流阀与调速阀的比较

(1)调速阀较溢流节流阀应用范围广。溢流节流阀只能安装在节流调速回路的进油路上组成进油路节流调速回路,而调速阀则可安装在执行元件的进油路、回油路和旁油路上组成进油路、回油路、旁油路节流调速回路。

(2)使用溢流节流阀的系统效率较高。对于溢流节流阀,它是通过泵的供油压力随负载压力的变化来使流量基本上保持恒定的,因此系统能量损失小。对于调速阀,液压泵的供油压力都是由溢流阀保持不变,存在溢流和节流损失,系统发热量大,功耗大。

(3)溢流节流阀较调速阀流量稳定性差。溢流节流阀中溢流阀的承载大,弹簧刚度较大,当负载变化时,节流口两端的压差变化较大;在调速阀中,减压阀的弹簧刚度较小,节流阀两端压差变化小,流量稳定性好。

(4)旁通式调速阀本身具有溢流和安全功能,进口处不必单独设置溢流阀。

4.4.4 同步阀

在液压传动系统中,由一个液压泵同时向几个结构尺寸相同的执行元件供油,要求不论外负载如何变化,所驱动执行元件能够保持相同的运动速度,即速度同步,这种用来保证多个执行元件速度同步的流量控制阀,又称速度同步阀,简称同步阀。

同步阀分为分流阀、集流阀和分流集流阀三种不同控制类型,它们均是利用负载压力反馈的原理来补偿因负载变化引起流量变化,但只能控制流量的分配,不能控制流量的大小。其中,分流阀安装在执行元件的进油路上,保证进入执行元件的流量完全相等;集流阀安装在执行元件的回油路上,保证执行元件回油流量完全相等。分流阀和集流阀只能保证执行元件单方向运动同步,要求执行元件双向同步时则须采用分流集流阀。同步阀图形符号如图 4-37 所示。

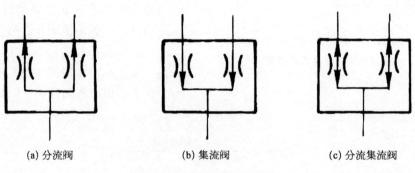

(a) 分流阀　　　　　　　(b) 集流阀　　　　　　　(c) 分流集流阀

图 4-37　同步阀图形符号

1）分流阀

如图 4-38 所示为分流阀原理图。它是由两个结构尺寸完全相同的薄刃型固定节流孔 1 和 2、阀体 5、阀芯 6 和两个对中弹簧 7 等主要零件组成。阀芯的中间台肩将阀分成完全对称的左、右两部分。位于左边的油腔 a 通过阀芯上的轴向小孔与阀芯右端弹簧腔相通,位于右边的油腔 b 通过阀芯上的另一轴向小孔与阀芯左端弹簧腔相通。装配时,阀芯 6 在对中弹簧 7 的作用下处于中间位置,此时阀芯两端台肩与阀体沉割槽组成的两个可变节流口 3、4 完全相等。若分流阀进口处的油液压力为 p_0、流量为 q_0,进入分流阀后油液分成两路,通过两个通流截面积相等的固定节流孔 1、2,分别进入油腔 a 和 b(压力分别为 p_1 和 p_2),然后经可变节流口 3 和 4 至出油口(压力分别为 p_3 和 p_4),进入两个几何尺寸完全相同的执行元件。当两个执行元件的外负载相等时,两出口压力 $p_3 = p_4$,由于分流阀内两流道的结构和尺寸完全对称,所以油腔 a 和油腔 b 中的压力相等,即 $p_1 = p_2$,则油液流经固定节流孔 1 和 2 前后的压力差 Δp_1 和 Δp_2 相等,即 $q_1 = q_2 = q_0 / 2$,两执行元件同步。

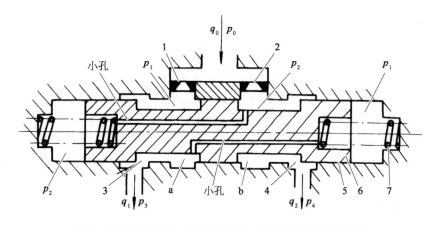

1、2—固定节流孔;3、4—可变节流口;5—阀体;6—阀芯;7—弹簧

图 4-38　分流阀

当两个执行元件的负载不相等,假设 $p_4 > p_3$ 时,在 p_4 增大的瞬时,p_3 不变,阀芯 6 来不及运动而处于中间位置,根据流量公式,压力差 $(p_0 - p_4) < (p_0 - p_3)$ 势必导致输出流量 $q_2 < q_1$。输出流量的偏差一方面使执行元件的速度出现不同步,另一方面又使固定节流孔 2 的压力损失小于固定节流孔 1 的压力损失,即 $p_2 > p_1$。因 p_1 和 p_2 被分别反馈到阀芯 3 的右端和左端,所以作用在阀芯 3 左侧的力大于右侧的力,推动阀芯 3 右移,可变节流口 3 的过流面积减小,节流作用增强,使 q_1 减小、p_1 增大,可变节流口 4 过流面积增大,节流作用减弱,使 q_2 增大、p_2 减小,直至 $q_1 = q_2$,$p_1 = p_2$,阀芯受力重新平衡,停留在一个新的平衡位置上,保证了通向两个执行元件的流量相等,使两个执行元件速度同步。

2）分流集流阀

图 4-39 所示为挂钩式分流集流阀的阀芯分成左、右两段,中间由挂钩连接。在初始状态时,阀芯 6、9 在对中弹簧 5、10 的作用下处于中间平衡位置。在集流工况时,由于 p_0 小于 p_1 和 p_2,故两阀芯处于互相压紧状态。若两执行元件的负载相等(即 $p_3 = p_4$),两个阀芯停留在中间位置。若两执行元件的负载不相等,设负载压力 $p_4 > p_3$,则 $p_4 - p_0 > p_3 - p_0$,导致 $p_2 > p_1$,$q_2 > q_1$,阀芯左移,使可变节流口 1 增大,可变节流口 4 减小,使 p_1 增加,p_2 下

降,直至 $p_1 = p_2$, $q_1 = q_2$,两个阀芯停止运动。因此,集流工况时流量 q_1 和 q_2 也不受进口压力 p_3 和 p_4 变化的影响。

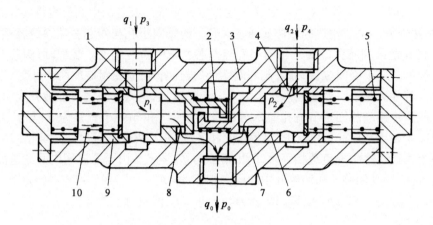

1、4—可变节流口;2—缓冲弹簧;3—阀体;5、10—对中弹簧;6、9—挂钩阀芯;7、8—固定节流孔

图 4 - 39　分流集流阀(作集流阀用)

在分流集流阀作分流阀用时,因阀芯两端压力 p_1 和 p_2 低于中间进油口的压力 p_0,挂钩阀芯被推开,其工作原理完全与图 4 - 38 所示分流阀相同。

综上所述,无论是分流阀还是集流阀,保证两油口流量不受出口压力(或进口压力)变化的影响,始终保证相等是依靠阀芯的位移改变可变节流口的开口面积进行压力补偿的。显然,阀芯的位移将使对中弹簧力的大小发生变化,即使是微小的变化也会使阀芯两端的压力 p_1 与 p_2 出现偏差,而两个固定阻尼孔也是很难完全相同的。因此,由分流阀和分流集流阀所控制的同步回路仍然存在约 $2\% \sim 5\%$ 的误差。

4.5　伺　服　阀

伺服阀是一种通过改变输入信号,连续、成比例地控制流量和压力的液压阀。根据输入信号方式不同,又分为电液伺服阀和机液伺服阀。根据输出和反馈的液压参数不同,电液伺服阀分为流量伺服阀和压力伺服阀两大类。

4.5.1　电液伺服阀

电液伺服阀既是电液转换元件,又是功率放大元件,它将小功率的电信号输入转换为大功率的液压能(压力和流量)输出,实现对执行元件的位移、速度、加速度及力的控制。

电液伺服阀通常由电气-机械转换装置、液压放大器和反馈(平衡)机构三部分组成:

(1) 电气-机械转换装置用来将输入的电信号转换为转角或直线位移输出,输出转角的装置称为力矩马达,输出直线位移的装置称为力马达。

(2) 液压放大器接受小功率的电气-机械转换装置输入的转角或直线位移信号,对大功率的压力油进行调节和分配,实现控制功率的转换和放大。

(3) 反馈和平衡机构使电液伺服阀输出的流量或压力获得与输入电信号成比例的特性。

常用的电液伺服阀分为滑阀式伺服阀、喷嘴-挡板电液伺服阀和射流管式电液伺服阀三种。

伺服阀控制精度高,响应速度快,特别是电液伺服系统充分利用了电信号传递处理的灵活性,容易实现远距离控制、计算机控制和自动控制,因此在航空、航天、军事装备、舰船、冶金等领域中得到了广泛应用,常用来实现位置、速度、加速度和力的控制。其缺点是加工工艺复杂、加工精度要求高、成本高,对油液污染敏感维护保养困难,因此在一般工业领域中应用较少。

4.5.1.1 电液伺服阀的工作原理

喷嘴-挡板电液伺服阀为最典型最普遍的电液伺服阀,在此着重介绍喷嘴-挡板电液伺服阀的工作原理,如图 4-40 所示。

U 型衔铁 7 和挡板 2 连为一体,称为衔铁挡板组件,它由固定在阀体 9 上的弹簧管 3 支撑。挡板下端反馈杆 10 的末端球头插入滑阀阀芯 11 的凹槽,传递滑阀阀芯对力矩马达的力反馈,为该阀的检测反馈装置。永久磁铁 5 与导磁体 6、8 形成一个固定磁场。

当线圈 4 内无控制电流时,导磁体 6、8 和衔铁 7 间四个间隙中的磁通相等且方向相同。衔铁挡板组件受力平衡处于中位,两喷嘴与挡板的间隙相等,因此喷嘴前压力即滑阀阀芯两端压力相等,滑阀阀芯处于中位,阀芯两端台肩将阀口关闭,油液不能进入 A 口或 B 口。进入伺服阀的压力油经过滤器 13、两个对称的节流孔 12 和左右喷嘴 1 流回油箱。

当线圈 4 中有控制电流时,线圈中产生控制磁通,控制磁通和固定磁通相互作用,使衔铁一组对角方向气隙中的磁通增加,另一组对角方向气隙中的磁通减小,于是衔铁 7 在磁力作用下克服弹簧管 3 的弹性反作用力而做回转运动,偏转一个角度,并偏转到磁力所产生的转矩与弹性反作用力所产生的反转矩平衡时为止。同时,挡板 2 随衔铁 7 的偏转发生挠曲,导致其与两个喷嘴 1 间的间隙不等。间隙减小一侧的喷嘴腔的压力升高,间隙增大一侧的喷嘴腔的压力降低,这两腔压差作用在滑阀的两端面上,使滑阀产生位移,阀口开启,P 口与 B 口或 A 口通,A 口或 B 口与 T 口通。当滑阀阀芯移动时,通过反馈杆 10 的反馈作用在衔铁挡板组件上产生力矩,形成力反馈。

当滑阀阀芯移到某一位置,滑阀阀芯通过反馈杆作用在挡板上的力矩、喷嘴液流压力作用在挡板上的力矩以及弹簧管的反力矩之和等于力矩马达产生的回转力矩时,衔铁组件和滑阀阀芯处于受力平衡状态,滑阀稳定在一定的阀口开度下工作。

输入的电流越大,力矩马达产生的回转力矩也越大,阀芯位移即阀口开度也就越大,在一定的阀口压差下,阀的通流量也越大,即阀的通流量与输入电流近似成正比。当输入电流反向时,滑阀阀芯反向移动,输出流量也反向。由于滑阀阀芯的最终工作位置是通过挡板弹性反作用力的反馈作用达到平衡的,因此称为力反馈式。此外,电磁伺服阀还有位置反馈、电反馈、负载流量反馈、负载压力反馈等。

综上所述,图 4-40a 的上部即电磁部分为电气-机械转换装置,其作用是把输入电流转变成转矩,使衔铁偏转,所以一般称它为力矩马达。图 4-40a 的下半部分的喷嘴-挡板阀是用微小的电信号借助于挡板间隙的改变使滑阀移动,它是一个液压放大器。滑阀在移动后接通传递动力的主回路,因而也是一个液压放大器。前者称为第一放大级或前置放大级,后者称为第二放大级或功率放大级。电液伺服阀按其放大级数多少和每级具体结构的不同又有多种形式。图 4-40 所示为由喷嘴-挡板阀和滑阀组成的两组放大器,它是电液伺服阀中最典型、最普遍的形式之一。

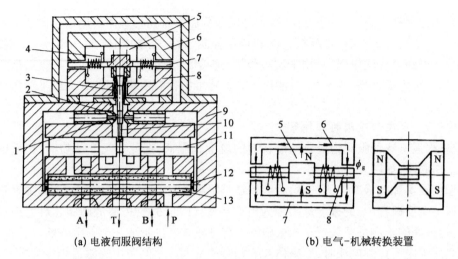

(a) 电液伺服阀结构　　　　　　　　　　(b) 电气-机械转换装置

1—喷嘴;2—挡板;3—弹簧管;4—线圈;5—永久磁铁;6、8—导磁体;7—衔铁;9—阀体;
10—反馈杆;11—滑阀阀芯;12—节流孔;13—过滤器

图4-40　喷嘴-挡板电液伺服阀

4.5.1.2　液压放大器的结构形式

电液伺服阀液压放大器的常用形式有滑阀、射流管阀和喷嘴-挡板阀三种。

1) 滑阀

根据滑阀上控制边数(起控制作用的阀口数)的不同,有单边、双边和四边滑阀控制式三种类型(图4-41)。

单边滑阀的工作原理如图4-41a所示,它有一个控制边。控制边的开口量 x_s 控制着液压缸无杆腔的油液压力和流量,从而控制液压缸运动的速度和方向。来自液压泵的压力油力 p_p 进入单杆液压缸的有杆腔,通过活塞上小孔进入无杆腔,压力由 p_p 力降为 p_2,再通过滑阀唯一的节流边流回液压油箱。当液压缸不承受外负载时, $p_p A_1 = p_2 A_2$。当阀芯根据输入信号向右移动时,开口量 x_s 减小,无杆腔压力 p_2 增大,于是 $p_2 A_2 > p_p A_1$,缸体向右移动。因为缸体和阀体连接成一个整体,故阀体右移又使开口量 x_s 增大(负反馈),直至平衡。

双边滑阀的工作原理如图4-41b所示。它有两个控制边。压力油 p_p 一路直接进入液压缸有杆腔,另一路经滑阀左控制边的开口 x_{s1} 和液压缸无杆腔相通,并经滑阀右控制边的开口 x_{s2} 流回液压油箱。当滑阀阀芯向左移动时, x_{s1} 减小, x_{s2} 增大,液压缸无杆腔压力 p_2 减小,两腔受力不平衡,缸体向左移动;反之缸体向右移动。双边滑阀的调节灵敏度、工作精度比单边滑阀的高。

四边滑阀的工作原理如图4-41c所示。它有四个控制边,开口 x_{s1} 和 x_{s2} 分别控制进入液压缸左右油腔的压力油,开口 x_{s3} 和 x_{s4} 分别控制液压缸左右油腔通向液压油箱的回油。当滑阀阀芯向左移动时,液压缸左腔的进油开口 x_{s1} 减小,回油开口 x_{s3} 增大,使 p_1 迅速减小;与此同时,液压缸右腔的进油开口 x_{s2} 增大,回油开口 x_{s4} 减小,使 p_2 迅速增大,这样就使活塞迅速左移。因为活塞和阀体连接成一个整体,故阀体左移又使开口量 x_{s1} 增大(负反馈),直至平衡。与双边滑阀相比,四边滑阀同时控制液压缸两腔的压力和流量,故调

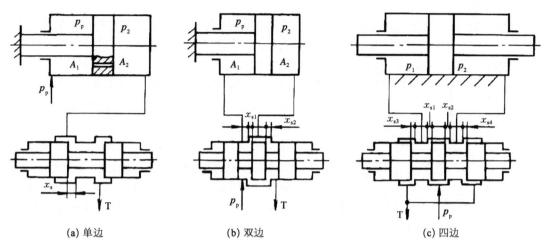

(a) 单边　　　　　　　　(b) 双边　　　　　　　　(c) 四边

图 4 - 41　单边双边和四边滑阀

节灵敏度和工作精度都很高。

由上述可见,单边、双边和四边滑阀的控制作用是相同的。单边式和双边式只用以控制单杆的液压缸;四边式既可以控制单杆液压缸,又可以控制双杆的液压缸。控制边数多时控制质量好,但结构工艺性差。一般说来,四边式控制用于精度和稳定性要求较高的系统;单边式、双边式控制则用于一般精度的系统。滑阀式伺服阀装配精度要求较高,价格也较贵,对油液的污染也较敏感。

2) 射流管阀

图 4 - 42 所示为射流管装置的工作原理。它由射流管 3、接受板 2 和液压缸 1 组成。射流管 3 可绕垂直于图面的轴线左右摆动一个不大的角度。接受板 2 上有两个并列着的接受孔道 a 和 b,它们把射流管 3 端部锥形喷嘴中射出的压力油分别通向液压缸 1 左右两腔。当射流管 3 处于两个接受孔道的中间位置时,两个接受孔道内油液的压力相等,液压缸 1 不动;如有输入信号使射流管 3 向左偏转一个很小的角度时,两个接受孔道内的压力不相等,液压缸 1 左腔压力大于右腔压力,液压缸 1 便左移,直到跟着液压缸 1 移动的接受板 2 使射流孔又处于两接受孔道的中间位置时为止;反之亦然。可见,采用这种伺服元件时,液压缸运动的方向取决于输入信号的方向,运动的速度取决于输入信号的大小。

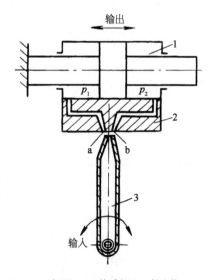

1—液压缸;2—接受板;3—射流管

图 4 - 42　射流管装置的工作原理

射流管阀的优点是:结构简单,元件加工精度要求低;射流管出口处面积大,抗污染能力强;无径向不平衡力,不会出现"卡住"现象,工作可靠。它的缺点是:射流管运动部分惯性较大,工作性能较差;射流能量损失大,零位无功损耗大,效率低;高压时易引起振动且沿射流管有较大的轴向力。因此,射流管主要用于多级伺服阀的第一级。

3) 喷嘴-挡板阀

图 4-43 为单喷嘴-挡板阀的工作原理图,它由喷油嘴 3、挡板 2 和液压缸 1 组成。压力

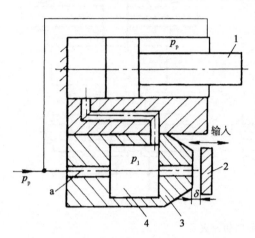

油 p_p 一部分进入液压缸 1 的有杆腔,另一部分液压油经过固定节流孔 a 进入中间油腔 4。进入油腔 4 的压力油一部分进入液压缸 1 的无杆腔,另一部分经喷嘴和挡板之间的间隙流回油箱。因此油腔 4 和液压缸无杆腔的压力 p_1 主要由间隙 δ 的节流阻力来建立。当输入信号使挡板 2 左右移动时,喷嘴和挡板间的间隙 δ 就会变化,喷嘴-挡板阀的节流阻力就会变化,导致油腔 4 和液压缸无杆腔的压力 p_1 变化,从而使液压缸产生相应的运动。

1—液压缸;2—挡板;3—喷嘴;4—中间油腔

图 4-43 喷嘴-挡板阀的工作原理

双喷嘴-挡板阀的工作原理与单喷嘴-挡板阀相似。喷嘴-挡板阀的优点是:结构简单,运动部分惯性小,反应快,精度和灵敏度高;加工要求不高;无径向不平衡力,不会出现"卡死"现象,

故工作可靠。缺点是无工损耗大,间隙 δ 很小时抗污染能力差。

4.5.2 机液伺服阀

机液伺服阀的输入信号为手动或机动的位移。图 4-44 为轴向柱塞泵的手动伺服变量机构的结构图,主要零件有伺服阀阀芯 1、伺服阀阀套 2 和变量活塞 5 等。伺服阀为双边控制形式。泵的出口压力油经泵体上的通道,变量机构下方的单向阀进入变量活塞的下腔,然后经活塞上的通道 b 引到伺服阀的阀口 a。在图示位置,伺服阀的两个油口 a 和 e 都封闭,变量活塞上腔为密闭容积。在变量活塞下腔压力油的作用下,上腔油液形成相应的压力使活塞受力平衡(因活塞上、下两腔面积比为 2∶1,所以上腔压力为下腔压力的 1/2)。此时,泵的斜盘倾角等于零、排量为零。

若用力向下推压控制杆带动伺服阀阀芯向下移动,则阀口 a 开启,变量活塞下腔压力油经阀口 a 通到上腔,上腔压力增大,变量活塞向下移动,通过球形销带动斜盘摆动,使斜盘倾角增大。由于伺服阀阀套与变量活塞刚性地连成一体,因此在活塞下移的同时反馈作用给伺服阀阀套,当活塞的位移量等于控制杆的位移量时,阀口 a 关闭,切断油路,活塞停止下移,活塞重新受力平衡,使斜盘 2 保持在一个方向向上的倾角位置上。若反向提拉控制杆,则伺服阀阀口 e 开启,变量活塞上腔油液经变量活塞上的通道 f、阀口 e 流到液压油箱。于是上腔压力下降,变量活塞跟随控制杆向上位移,当变量活塞的位移量与控制杆的位移量相等时,阀口 e 封闭,活塞上移停止并重

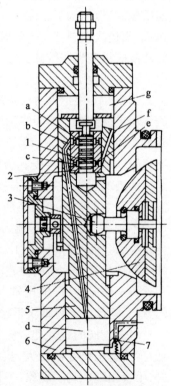

1—伺服阀阀芯;2—伺服阀阀套;
3—球形销;4—斜盘;5—变量活塞;
6—壳体;7—单向阀

**图 4-44 轴向柱塞泵手动
伺服变量机构**

新受力平衡,使斜盘 2 保持在一个方向向下的倾角位置上。

由上述可知,输入给控制杆一个位移信号,变量活塞将跟随产生一个同方向的位移,轴向柱塞泵的斜盘摆动为某一角度,泵输出一定的排量。排量大小与控制杆位移信号成比例。由于操纵控制杆所需的力不大,所以改变带负载工作的液压泵的排量也很方便。

4.6　电液比例阀

电液比例阀简称比例阀,它是一种把输入的电信号按比例地转换成力或位移,从而实现对压力、流量或方向等参数连续控制的一种液压阀,其性能介于普通控制阀和电液伺服阀之间。比例阀种类很多,几乎所有种类、功能的普通液压阀都有相应种类和功能的电液比例阀。电液比例阀按控制功能可以分为比例压力阀、比例流量阀、比例方向阀和比例复合阀(如比例压力流量复合阀);按液压放大级的级数可以分为直动式和先导式;按阀内级间参数是否有反馈可以分为不带反馈型和带反馈型,带反馈型又分为流量反馈、位移反馈和力反馈。

4.6.1　比例压力阀

1) 直动式比例压力阀

用比例电磁铁取代压力阀的手调弹簧力控制机构便可得到比例压力阀。

图 4-45 所示比例压力阀采用普通力输出型比例电磁铁 1,其衔铁可直接作用于锥阀 3 进行压力控制。图 4-46 所示为位移反馈型比例电磁铁,必须借助弹簧转换为力后才能作用于锥阀 5 进行压力控制。后者由于有位移反馈闭环控制,可抑制电磁铁内的摩擦等扰动,因而控制精度高,但是复杂性和价格也随之增加。这两种比例压力阀,可用作小流量时的直动式溢流阀,也可用作先导式溢流阀和先导式减压阀中的先导阀,组成先导式比例溢流阀和先导式比例减压阀。

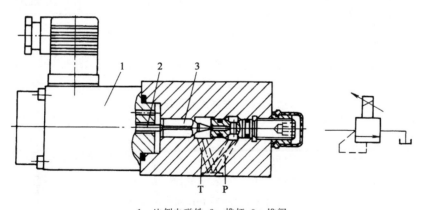

1—比例电磁铁;2—推杆;3—锥阀
图 4-45　普通比例电磁铁控制

2) 先导式比例压力阀

图 4-47 所示为先导式比例压力阀,两种阀的先导阀阀芯 4 均为有直径差的滑阀,大、

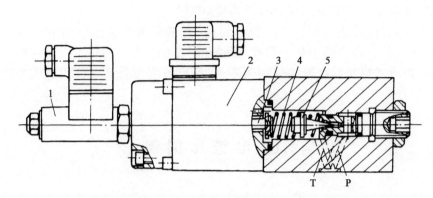

1—位移传感器;2—比例电磁铁;3—推杆;4—调压弹簧;5—锥阀

图 4-46 带移反馈比例电磁铁控制

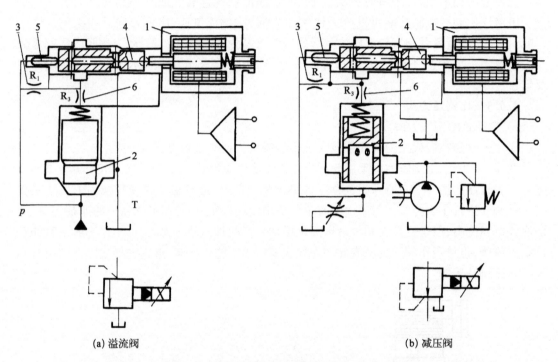

(a) 溢流阀   (b) 减压阀

1—比例电磁铁;2—主阀阀芯;3—固定节流孔;4—先导阀阀芯;5—压力反馈推杆;6—固定节流孔

图 4-47 先导式比例压力阀

小端面积差与压力反馈推杆 5 面积相等。图 4-47a 所示为直接检测式的电液比例溢流阀，它的先导阀为滑阀结构，溢流阀的进口处压力油 p 被直接引到先导滑阀反馈推杆 5 的左端（作用面积为 A_0），然后经过固定阻尼 R_1 到先导滑阀阀芯 4 的左端（作用面积为 A_1），进入先导滑阀阀口和主阀上腔，主阀上腔的压力油再引到先导滑阀的右端（作用面积为 A_2）。在主阀阀芯 2 处于稳定受力平衡状态时，先导阀阀口与主阀上腔之间的动压反馈阻尼 R_3 不起作用，因此作用在先导滑阀阀芯两端的压力相等。设计时取 $A_1 - A_0 = A_2$，于是作用在先导滑阀上的液压力 $F = pA_0$。当液压力 F 与比例电磁铁吸力 F_E 相等时，先导滑阀阀芯受力平衡，阀芯稳定在某一位置，先导滑阀开口一定，先导滑阀前腔压力即主阀上腔压力 p_1 为一定值($p_1 < p$),主阀阀芯在上下两腔压力 p_1 和 p 及弹簧力、液动力的共同作用下处于受力平衡,主阀开口一定,保证溢流阀的进口压力 p 与电磁吸力成正比,调节输入的电流大小,即可调节阀的进口压力。

若溢流阀的进口压力 p 因外界干扰突然升高,先导滑阀阀芯受力平衡被破坏,阀芯右移、阀口增大,使先导阀前腔压力 p_1 减小,即主阀上腔压力减小,于是主阀阀芯受力平衡亦被破坏,阀芯上移,开大阀口,使升高了的进口压力下降,当进口压力 p 恢复到设定值时,先导滑阀阀芯和主阀阀芯重新回到受力平衡位置,阀在新的稳态下工作。

因为这种比例溢流阀的被控进口压力直接与比例电磁铁的电磁吸力相比较,而比例电磁铁的电磁吸力只与输入电流大小有关,与铁芯(阀芯)位移无关。对比普通溢流阀不仅控制进口压力需要在主阀阀芯上进行第二次比较,而且弹簧力还会因阀芯位移而波动,这种比例溢流阀的压力流量特性要好很多。

图 4-47 中阻尼 R_3 在阀处于稳态时没有流量通过,主阀上腔压力与先导阀前腔压力相等。当阀处于动态即主阀阀芯向上或向下运动时,阻尼 R_3 使主阀上腔压力高于或低于先导阀前腔压力,这一瞬态压力差不仅对主阀阀芯直接起动压反馈作用(阻碍主阀阀芯运动),而且反馈作用到先导滑阀的两端,通过先导滑阀的位移控制压力的变化进一步对主阀阀芯的运动起动压反馈作用。因此,阀的动态稳定性好,超调量小。

图 4-47b 所示为直接检测式的电液比例减压阀,与直接检测式的电液比例溢流阀类似,因而不再赘述。

电液比例阀可很方便地实现多级调压,因此在多级调压回路中,使用比例阀可大大简化回路,使系统简洁紧凑,效率提高。

4.6.2　比例流量阀

比例流量阀包括比例节流阀、比例调速阀和比例旁通式调速阀等。也有直动式和先导式之分。普通电液比例流量阀是将本章第 4 节所介绍的流量阀的手调部分改换为比例电磁铁而成。在此,仅介绍一种新型的内含流量-力反馈的比例流量阀。

图 4-48a 所示为内含流量-力反馈的电液比例流量阀。其工作原理是:阀的进油口 A 与恒压油源相连接,出油口 B 与执行元件的负载腔连接。当比例电磁铁 1 中无电流通过时,先导阀 2 节流口 a 关闭,流量传感器 3 阀口在复位弹簧 6 的作用下关闭,主调节器 4 的节流口在复位弹簧 7 和左右面积压差作用下关闭。当比例电磁铁 1 通电时,先导阀 2 节流口 a 开启,控制油从 A 口经液阻 R_1、R_2、先导阀节流口 a 到达流量传感器 3 的底面,克服复位弹簧 6 和 5 的作用力使流量传感器 3 的节流口 b 开启。当液阻 R_1 中有油液通过时,所产生的压降使主调节器 4 的节流口 c 开启,油液经主调节器 4 的节流口 c 和流量传感器 3 的节流口 b 流向出油口 B,进入执行元件的负载腔。由于流量传感器特殊设计的阀口的补偿作用,使通过主调节器 4 的流量与其流量传感器的位移之间呈线性关系。流量传感器的位移经复位弹簧 5 作用于先导阀 2,在比例电磁铁上形成反馈。这样就形成了流量-力反馈的闭环控制,若忽略先导阀的液动力、摩擦力和自重等因素的影响,并假定稳态时比例电磁铁的电磁力与复位弹簧 5 的弹簧力相平衡,这时所输入的控制电流就能与通过阀的流量成正比,这样就实现了流量的比例控制。

当该阀 A、B 口的压差发生变化时,由于主调节器和流量传感器的流量转换为流量传感器阀芯位移,经复位弹簧 5 对先导阀的力反馈的闭环作用,因此改变先导阀节流口 b 的大

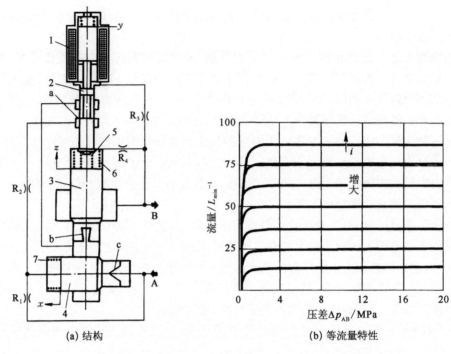

(a) 结构   (b) 等流量特性

1—比例电磁铁;2—先导阀;3—流量传感器;4—主调节器;5、6、7—复位弹簧

图 4-48　内含流量-力反馈的比例流量阀

小;又因为先导阀与 R_1、R_2 所组成的液阻网络对主调节器节流面积的自动调节作用,所以可使通过阀的流量保持恒定。图 4-48b 所示为该阀的流量特性曲线。

4.6.3　比例方向阀

电液比例方向阀能按其输入电信号的正负及幅值大小,同时实现液流的流动方向及流量的控制,因此又称电液比例方向节流阀。电液比例方向阀也有直动式和先导式之分,并各有开环控制和阀芯位移反馈闭环控制两大类。有的比例方向阀还用定差减压阀或定差溢流阀对其阀口进行压差补偿,构成比例方向流量阀。

图 4-49 所示为一先导式开环控制的比例方向(节流)阀,其先导阀及主阀均为四边滑阀。该阀的先导阀为一双向控制的直动式比例减压阀,其外供油口为 X,回油口为 Y。比例电磁铁未通电时,先导阀阀芯 4 在左右两对中弹簧(图中未画出)作用下处于中位,四阀口均关闭。假定比例电磁铁 A 通电,先导阀阀芯左移,使其两个凸肩的右边的阀口开启,先导压力油从 X 口经先导阀阀芯的阀口和左固定液阻 5 作用在主阀阀芯 8 左端面,压缩主阀对中弹簧 10 使主阀阀芯右移,主阀油口 P-B 及 A-T 开启,主阀阀芯右端面的油经右固定液阻和先导阀阀芯的阀口进入先导阀回油口 Y;同时进入先导阀阀芯的压力油,又经阀芯的径向孔作用于阀芯的轴向孔,而其油压则形成对减压阀控制压力的反馈。若忽略先导阀和主阀的液动力、摩擦力、阀芯质量和弹簧力等的影响,先导式减压阀的控制压力与电磁力成正比,进而又与主阀阀芯位移成正比。同理也可分析比例电磁铁 B 通电时的情况。这样通过改变输入比例电磁铁的电流便可控制主阀阀芯的位移。图中两固定液阻仅起动态阻尼作用,目的是提高阀的稳定性。

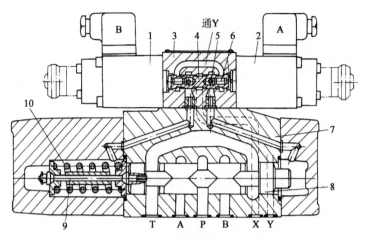

1、2—比例电磁铁；3—先导阀体；4—先导阀阀芯；5—固定液阻；6—反馈活塞；
7—主阀体；8—主阀阀芯；9—弹簧座；10—主阀对中弹簧

图 4 - 49　比例方向（节流）阀

4.7　电液数字控制阀

用数字信息直接控制阀口的开启和关闭，从而实现液流压力、流量、方向控制的液压控制阀，称为电液数字控制阀，简称数字阀。数字阀可直接与计算机接口，不需要 D/A 转换器。数字阀与伺服阀和比例阀相比，其结构简单、工艺性好、价格低廉、抗污染能力强、工作稳定可靠、功耗小。在计算机实时控制的电液系统中，已部分取代了比例阀或伺服阀，为计算机在液压领域的应用开拓了一个新的途径。

从流体控制的角度看，电液数字控制阀可分为连续流体控制和脉冲流体控制，两者的驱动阀和控制阀的电路不同。用步进电动机驱动的增量式数字阀输出连续流体，用高速开关电磁铁驱动的数字阀输出脉冲流体。产生脉冲流体的方法有脉冲宽度调制（pulse width modulation, PWM；简称"脉宽调制"）控制法、脉冲编码调制（pulse code modulation, PCM）控制法、脉冲频率调制（pulse frequency modulation, PFM）控制法、脉冲振幅调制（pulse amplitude modulation, PAM）控制法及脉冲数调制（PNM）控制法等。

4.7.1　增量式电液数字控制阀

增量式电液数字控制阀采用步进电动机作为电-机械转换器，通过步进电动机，在脉冲数调制（PNM）信号的基础上，使每个采样周期的脉冲数在前一采样周期的脉冲数基础上增加或减少一些脉冲数，以达到需要的幅值，因而称为增量法，采用这种方法控制的阀称为增量式数字阀。

增量式电液数字控制阀的电液系统如图 4 - 50 所示。计算机根据控制要求发出脉冲序列，经驱动电源放大，使步进电动机按信号动作。步进电动机每得到一个脉冲便按照控制信号给定的方向旋转一个步距角，然后再通过机械转换器（丝杠-螺母副、齿轮-齿条或凸轮机构）将步进电动机的转角 $\Delta\theta$ 转换为直线位移 Δx，从而带动阀芯或挡板等移动，开启阀口。

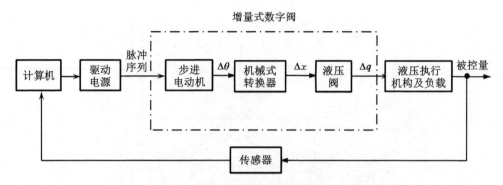

图 4 - 50　增量式数字控制阀控制的电液系统

步进电动机转过一定步数,使阀口获得一相应开度,从而实现流量控制。

　　增量式数字阀有数字流量、数字压力和数字方向流量阀等系列产品。控制方式也有直动式和先导式两种。数字流量阀和数字方向流量阀也可采用定差减压阀或定差溢流阀进行压力补偿。步进电动机直接驱动的增量式数字节流阀如图 4 - 51 所示。计算机发出脉冲信号,经驱动放大器放大,驱动步进电动机 4 旋转,通过滚珠丝杠 3 将转角转化为直线位移,带动阀芯 2 运动,开启阀口。该阀有两个节流口,节流口 7 为非全圆周开口,节流口 8 为全圆周开口。阀芯 2 向右移动时,首先开启非全圆周开口节流口 7,此时阀开口较小,流量相应较小;阀芯继续向右移动,打开全圆周开口节流口 8,两节流口同时通油,流量增大,最大流量可达 3 600 L/min。这种节流开口大小分两段调节,可改善小流量时的调节性能。

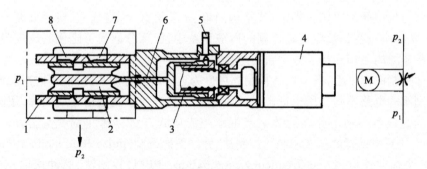

1—阀套;2—阀芯;3—滚珠丝杠;4—步进电动机;5—零位传感器;6—连杆;7、8—节流口

图 4 - 51　步进电动机直接驱动的数字节流阀

　　该阀属于开环控制,但装有单独的零位移传感器。在每个控制周期结束时,零位传感器 5 控制阀芯 2 回到零位。这样可保证每个控制周期都在相同位置开始,使阀的重复精度提高。该阀具有温度补偿功能。当温度上升时使油的黏度变小,阀套 1、阀芯 2 及连杆 6 不同方向的热膨胀使阀的开口变小,从而可维持流量的稳定。

4.7.2　脉宽调制式数字阀

　　脉宽调制(PWM)信号是具有恒定频率、不同开启时间比率的信号。用脉宽信号对连续信号进行调制,可将图 4 - 52a 中的连续信号调制成图 4 - 52b 中的脉宽信号。如调制的量是流量,则每个采样周期的平均流量 $\bar{q} = q_n t_p / T$ 就与连续信号处的流量相对应。脉宽调制

(PWM)式电液数字控制阀的控制信号是一系列幅值
相等而在每一周期内宽度不等的脉冲信号,以每个脉
冲开启时间的长短来控制流量或压力,因此输出的是
一种脉冲流体。在控制过程中,液压阀只有与脉冲信
号相对应的快速切换开和关两种状态,所以脉宽调制
式数字阀又称脉宽调制式高速开关数字阀,简称高速
开关数字阀。

脉宽调制(PWM)式数字阀电液控制系统如图
4-53所示。计算机产生脉宽调制的脉冲序列,经功
率放大后驱动快速开关数字阀,控制流量、压力使执
行元件克服负载运动。在闭环系统中,由传感器检测
的输出信号反馈到计算机中形成闭环控制。

高速开关数字阀有二位二通和二位三通两种,两
者均有常开和常闭两类。按照阀芯结构可分为滑阀
式、球阀式、锥阀式和喷嘴-挡板阀。该阀的电-机械
转换器可采用力矩马达、高速开关电磁铁、动圈、磁致
伸缩元件、压电晶体元件等组成。为了提高工作压力

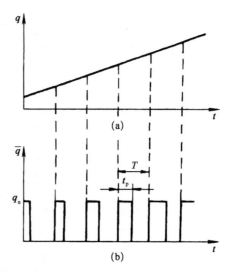

q_n—额定流量;t_p—有效脉宽;$\overline{q}$—每采样周期平均流量

图 4-52　信号的脉宽调制

(a) 连续流体控制;(b) 脉冲流体控制

和减少泄漏高速开关数字阀一般采用球阀或锥阀结构,也有采用喷嘴-挡板阀结构的。

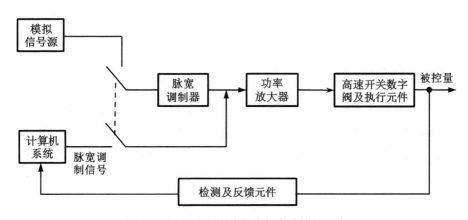

图 4-53　脉宽调制式数字阀电液控制系统

图 4-54 所示球阀型二位三通高速开关数字阀,由两个先导级二位三通球阀 4、7 和两
个功率级二位三通球阀 5、6 组成。根据线圈 1 通电方式的不同,衔铁 2 可以顺时针或逆时
针摆动。当脉冲信号使力矩马达通电时,若衔铁 2 顺时针偏转,则右推杆 3 使先导级球阀 4
向下运动,关闭压力油口 P,接通油腔 L_2 和回油口 T,功率级球阀 5 在压力油的作用下向上
运动,接通压力油口 P 和工作油口 A。同时,先导级球阀 7 在压力油的作用下向上运动,接
通压力油口 P 和油腔 L_1,功率级球阀 6 在压力油的作用下向下运动,断开压力油口 P 和回
油口 T。反之,当力矩马达通电使衔铁 2 作逆时针偏转时,情况刚好相反,工作油口 A 与回
油口 T 相通。这种阀的工作压力可达 20 MPa,额定流量 1.2 L/min,最短切换时间为
0.8 ms。

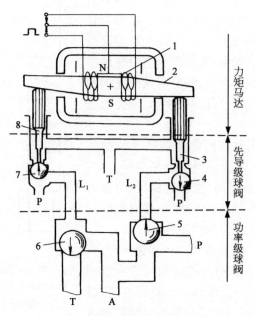

1—线圈；2—衔铁；3—右推杆；4、7—先导级球阀；
5、6—功率级球阀；8—左推杆

图 4-54　球阀型二位三通高速开关阀

 习题与思考题

1. 图 4-55 所示液压缸，$A_1=30\ cm^2$，$A_2=12\ cm^2$，$F=30\,000\ N$，液控单向阀用作闭锁以防止液压缸下滑，阀的控制活塞面积 A_K 是阀芯承压面积 A 的 3 倍。若摩擦力、弹簧力均忽略不计，试计算：需要多大的控制压力才能开启液控单向阀？开启前液压缸中最高压力为多少？

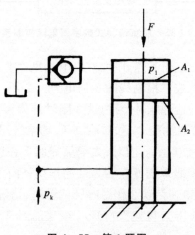

图 4-55　第 1 题图

2. 什么是液控单向阀？内泄式与外泄式液控单向阀有何不同？为什么液控单向阀阀芯不工作时,应使控制压力油通回油箱？

3. 三位换向阀的哪些中位机能能满足下表所列特性,请在相应位置打"√":

中位机能	特性				
	O	P	M	Y	H
系统保压					
系统卸荷					
换向精度高					
启动平稳					
浮动					

4. 用一个三位四通电磁阀来控制单杆活塞缸的往返运动,如果要求活塞能平稳地停在任意位置且液压泵保持高压,可供选择的中位机能有哪些？

5. 图 4-56 所示回路是否具有换向和卸荷功能,为什么？如何改动便可兼有两种功能？

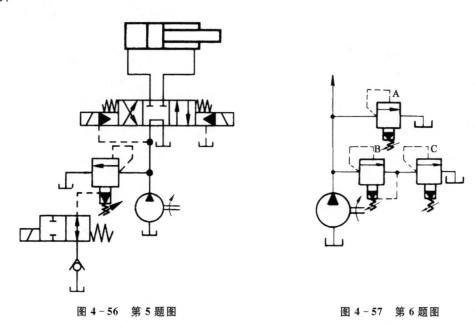

图 4-56　第 5 题图　　　　　　　图 4-57　第 6 题图

6. 图 4-57 所示系统中溢流阀的调整压力分别为 $p_A = 3\,\mathrm{MPa}$, $p_B = 1.4\,\mathrm{MPa}$, $p_C = 2\,\mathrm{MPa}$。试求当系统外负载为无穷大时,液压泵的出口压力为多少？如将溢流阀 B 的遥控口堵住,液压泵的出口压力又为多少？

7. 图 4-58 所示两系统中溢流阀的调整压力分别为 $p_A = 4\,\mathrm{MPa}$, $p_B = 3\,\mathrm{MPa}$, $p_C = 2\,\mathrm{MPa}$,当系统外负载为无穷大时,液压泵的出口压力各为多少？对图 4-58a 的系统,请说明溢流量是如何分配的。

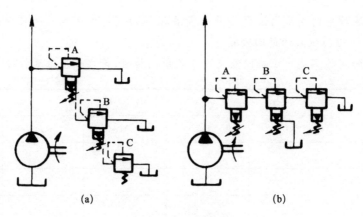

图 4-58　第 7 题图

8. 图 4-59 所示溢流阀的调定压力为 5 MPa,当按图示方法进行使用时,试求压力表 A 在下列情况下的读数:(1) 1YA 得电时;(2) 1YA 失电系统负载压力高于溢流阀调压时;(3) 1YA 失电,系统负载压力低于溢流阀调压时。

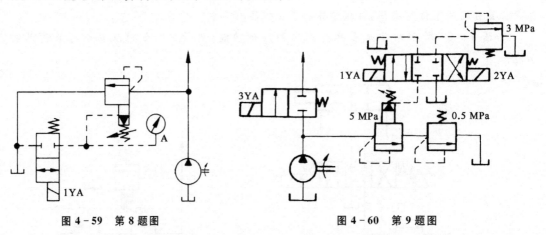

图 4-59　第 8 题图　　　　　　　　　图 4-60　第 9 题图

9. 试确定图 4-60 所示回路在下列情况下液压泵的出口压力:(1) 全部电磁铁断电;(2) 电磁铁 2YA 通电,1YA 断电;(3) 电磁铁 2YA 断电,1YA 通电。

10. 图 4-61 所示两减压阀调定压力不等,分别为 p_{J1} 和 p_{J2}。随着负载压力的增加,请问图(a)和图(b)所示两种连接方式中液压缸的左腔压力决定于哪个减压阀?

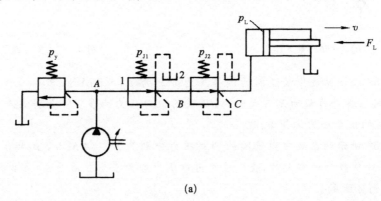

(a)

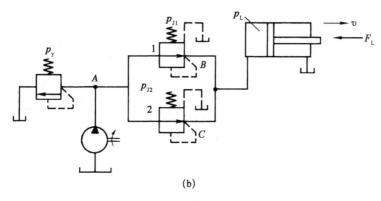

图 4-61 第 10 题图

11. 图 4-62 所示系统溢流阀的调定压力为 5 MPa,减压阀的调定压力为 2.5 MPa。试分析下列各工况,并说明减压阀阀口处于什么状态:(1) 当液压泵出口压力等于溢流阀调定压力时,夹紧缸使工件夹紧后,A、C 点压力各为多少?(2) 当液压泵出口压力由于工作缸快进,压力降到 1.5 MPa 时(工件仍处于夹紧状态),A、C 点压力各为多少?(3) 夹紧缸在夹紧工件前做空载运动时,A、B、C 点压力各为多少?

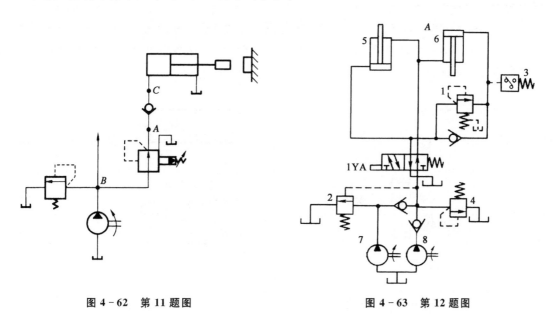

图 4-62 第 11 题图　　　　　　　　　　**图 4-63 第 12 题图**

12. 图 4-63 所示为一定位夹紧系统。(1) 请问 1、2、3、4 各为什么阀?各起什么作用?(2) 说明系统的工作过程。(3) 如果定位压力为 2 MPa,夹紧缸 6 无杆腔面积 $A=0.02\ \text{m}^2$,夹紧力为 50 kN,1、2、3、4 各阀的调整压力为多少?

13. 图 4-64 中溢流阀的调压为 5 MPa,减压阀的调压为 3 MPa,液压缸运动时的负载压力为 1 MPa。忽略各种损失,试分析当液压缸运动过程中与运动到终点后,A、B 两点压力分别是多少?如果减压阀阀外泄油口堵死,运动到终点后,A、B 两点压力分别又是多少?

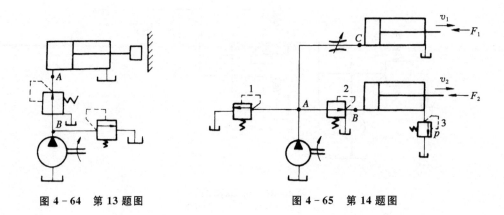

图 4-64 第 13 题图   图 4-65 第 14 题图

14. 图 4-65 所示减压回路中,已知液压缸无杆腔、有杆腔的面积分别为 $100\ cm^2$、$50\ cm^2$,最大负载 $F_1 = 14\ 000\ N$、$F_2 = 4\ 250\ N$,背压 $p = 0.15\ MPa$,节流阀的压差 $\Delta p = 0.2\ MPa$,求:(1) A、B、C 各点压力(忽略管路阻力);(2)液压泵和液压阀 1、2、3 应选多大的额定压力?(3)若两缸的进给速度分别为 $v_1 = 3.5\ cm/s$,$v_2 = 4\ cm/s$,液压泵和各液压阀的额定流量应选多大?

15. 如图 4-66 所示回路,顺序阀和溢流阀串联,调整压力分别为 p_X 和 p_Y,当系统外负载为无穷大时,试问:(1)液压泵的出口压力为多少?(2)若把两阀的位置互换,液压泵的出口压力又为多少?

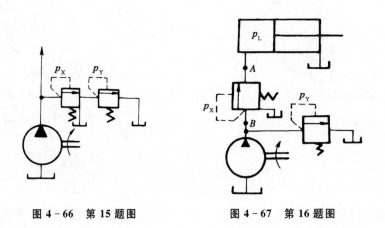

图 4-66 第 15 题图   图 4-67 第 16 题图

16. 图 4-67 所示回路,顺序阀的调整压力 $p_X = 3\ MPa$,溢流阀的调整压力 $p_Y = 5\ MPa$,试问在下列情况下 A、B 点的压力:(1)液压缸运动时,负载压力 $p_L = 4\ MPa$ 时;(2)如负载压力 p_L 变为 $1\ MPa$ 时;(3)活塞运动到右端时。

17. 图 4-68a、b 回路参数相同,液压缸无杆腔面积 $A = 50\ cm^2$,负载 $F_L = 10\ 000\ N$,各液压阀的调定压力如图所示,试分别确定两回路在活塞运动时和活塞运动到终端停止时 A、B 两处的压力。

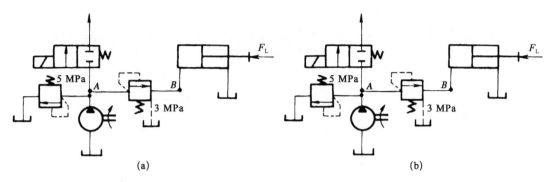

图 4-68　第 17 题图

18. 有一节流阀,当阀口前后压差 $\Delta p = 0.3\,\mathrm{MPa}$ 时,阀的开口面积 $A = 0.1 \times 10^{-4}\,\mathrm{m}^2$,通过阀的流量 $q = 10\,\mathrm{L/min}$,试求:

(1) 若开口面积 A 不变,但阀前后压差 $\Delta p = 0.5\,\mathrm{MPa}$,通过阀的流量 q 等于多少? (2) 若阀前后压差 Δp 不变,但开口面积减为 $A_2 = 0.05 \times 10^{-4}\,\mathrm{m}^2$,通过阀的流量 q 等于多少?

19. 图 4-69 所示系统,液压缸的有效面积 $A_1 = A_2 = 100\,\mathrm{cm}^2$,液压缸 I 负载 $F_L = 35\,000\,\mathrm{N}$,液压缸 II 运动时负载为零,不计摩擦阻力、惯性力和管路损失,溢流阀、顺序阀和减压阀的调定压力分别为 $4\,\mathrm{MPa}$、$3\,\mathrm{MPa}$ 和 $2\,\mathrm{MPa}$,试求下列三种工况下 A、B 和 C 处的压力:(1) 液压泵起动后,两换向阀处于中位;(2) 1YA 通电,液压缸 I 运动时和到终端停止时;(3) 1YA 断电,2YA 通电,液压缸 II 运动时和碰到固定挡块停止运动时。

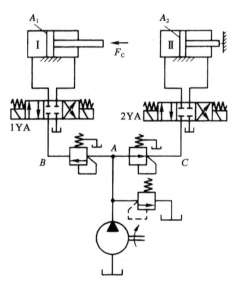

图 4-69　第 19 题图

20. 如图 4-70 所示八种回路,已知:液压泵流量 $q_p = 10\,\mathrm{L/min}$,液压缸无杆腔面积 $A_1 = 50\,\mathrm{cm}^2$,有杆腔面积 $A_2 = 25\,\mathrm{cm}^2$,溢流阀调定压力 $p_Y = 2.4\,\mathrm{MPa}$,负载 F_L 及节流阀通流面积 A_T,且均已标在图上。试分别计算各回路中活塞的运动速度和液压泵的工作压力。(设 $C_d = 0.62$, $\rho = 870\,\mathrm{kg/m}^3$)

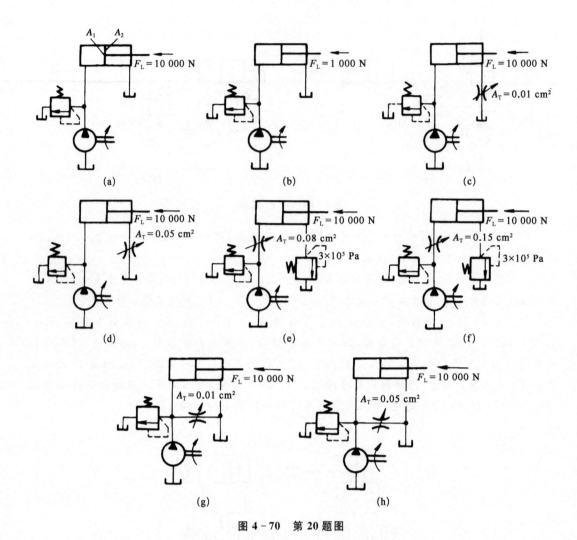

图 4 - 70   第 20 题图

第5章 液压辅助装置

本章学习目标

(1) 知识目标：了解各种液压辅助元件的类型、功能及应用场合，掌握各种辅助元件的图形符号。

(2) 能力目标：能识别液压系统原理图中的各种辅助元件，并分析其作用。

液压系统中的辅助元件，是指除液压动力元件、执行元件和控制元件以外的其他各类组成元件，如油箱、蓄能器、滤油器(过滤器)、热交换器、密封装置、油管与管接头等。除油箱通常需要自行设计外，其余皆为标准件。它们虽然只起辅助作用，但使用数量多、分布很广，对液压系统的性能、效率、温升、噪声和寿命等的影响极大。

5.1 蓄 能 器

蓄能器是液压系统中一种储存和释放压力能的元件。它还可以用作短时供油或吸收系统的冲击和振动。

5.1.1 蓄能器的类型和结构

蓄能器结构形式有多种，按储存能量的方式不同，可分为重力式、弹簧式和充气式三种。其中充气式应用最广。

1) 重力式蓄能器

重力式蓄能器如图5-1所示。它是利用重物的位置变化来储存和释放能量的。重物1通过活塞2作用于液压油3上，使之产生压力。当储存能量时，油液从孔a经单向阀进入蓄能器内，通过柱塞推动重物上升；当释放能量时，柱塞同重物一起下降，油液从b孔输出。这种蓄能器的特点是压力稳定，结构简单。但容量小，体积大，灵敏度不高，易产生泄漏。目前，重力式蓄能器只供蓄能用，温度适用范围为 $-50 \sim 120\ ℃$、最高工作压力45 MPa，常用于大型固定设备蓄能。

2) 弹簧式蓄能器

弹簧式蓄能器如图5-2所示。它是利用弹簧的伸缩来储存和释放能量的。弹簧1和压力油3之间由活

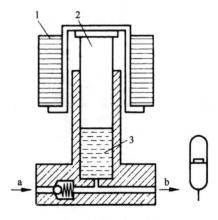

1—重物；2—柱塞；3—液压油

图5-1 重力式蓄能器

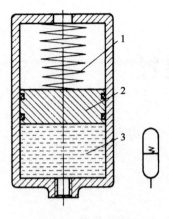

1—弹簧；2—活塞；3—液压油

图 5-2　弹簧式蓄能器

塞 2 隔开。弹簧 1 的力通过活塞 2 作用于液压油 3 上,液压油 3 的压力取决于弹簧 1 刚度、压缩量和活塞的面积。由于弹簧伸缩时弹簧力会发生变化,所形成的油压也会发生变化。为减少这种变化,一般弹簧的刚度不能太大,弹簧的行程也不能过大,从而限定了这种蓄能器的工作压力。这种蓄能器的特点是结构简单,反应灵敏,一般用于小容量、温度适用范围为 $-50 \sim 120\ ℃$、最大压力 $p \leqslant 1.2$ MPa 的低压回路缓冲之用,不适合高压或高频的工作场合。

　　3）充气式蓄能器

　　充气式蓄能器是利用气体的压缩和膨胀来储存、释放压力能。为了安全起见,所充气体一般为惰性气体或氮气。充气式蓄能器根据气和油隔离的方式,又可分为气囊式、活塞式、气瓶式和隔膜式几种。

　　(1) 气囊式蓄能器。图 5-3 所示蓄能器,目前应用最为广泛。它主要由充气阀 1、壳体 2、气囊 3 和限位阀 4 组成。壳体的上部有一个容纳充气阀的开口,液体和气体用耐油橡胶制成的气囊分隔开,气囊 3 内充有一定压力的氮气,固定在壳体 2 的上部。壳体 2 下端的限位阀 4 是一个弹簧加载的菌型阀,它能使油液进出蓄能器时气囊不会被挤出油口。进入蓄能器的压力油液压缩气囊而蓄能,当油液压力降低时,气囊膨胀而释放能量。这种蓄能器的特点是结构紧凑、重量轻、气囊惯性小、反应灵敏、安装方便和易维护,但气囊和壳体制造都较困难。气囊式蓄能器最大容量 150 L,温度适用范围为 $-10 \sim 120\ ℃$,最高工作压力 32 MPa。

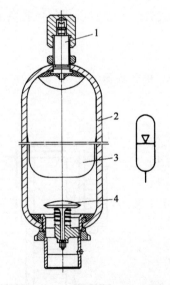

1—充气阀；2—壳体；3—气囊；4—限位阀

图 5-3　气囊式蓄能器

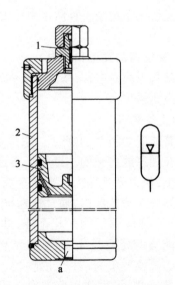

1—充气阀；2—缸筒；3—活塞

图 5-4　活塞式蓄能器

　　(2) 活塞式蓄能器。其结构和工作原理如图 5-4 所示。它是通过缸筒 2 内浮动的活塞 3 将气体与油液隔开。活塞 3 的上部充有压缩气体,活塞 3 的凹部面向充气阀 1,以增加气室的容积,下部为压力油,气体由充气阀 3 充入,压力油经下面的油孔 a 充入。活塞随下部压力油的储存和释放在缸筒 2 内上下滑动。为了防止活塞上下两腔互通而使气液混合,在活塞上装有 O 形密封圈。这种蓄能器的特点是结构简单,寿命长,安装和维修方便,但由于活塞惯性大,活塞和缸壁之间有摩擦,反应不够灵敏,容易产生内泄,并有压力损失,因此对密封要求较高。适用于储存能量或在中、高压系统中吸收压力脉动。活塞式蓄能器最大容量为 100 L,温度适用范围为 -50~120 ℃,最高工作压力一般为 20 MPa。

（3）气瓶式蓄能器。其结构和工作原理如图 5-5 所示。气体 1 和油液 2 在蓄能器中是直接接触的。它的特点是容量大、轮廓尺寸小、惯性小和反应灵敏,但气体易混入油液中,影响系统的稳定性,只适用于大流量的中、低压系统。气瓶式蓄能器最大容量为 200 L,温度适用范围为 -10~70 ℃,最高工作压力一般为 5 MPa。

（4）隔膜式蓄能器。隔膜式蓄能器的工作原理与气囊式蓄能器基本相同,如图 5-6 所示。耐油橡胶隔膜把油和气分开。其优点是容器为球形,重量与体积之比最小。缺点是容量很小(一般为 0.95~11.4 L),只适用于吸收冲击,在航空机械中应用广泛。

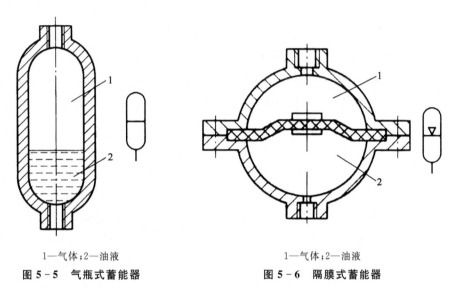

1—气体;2—油液　　　　　　1—气体;2—油液
图 5-5　气瓶式蓄能器　　　　图 5-6　隔膜式蓄能器

5.1.2　蓄能器的功用

（1）作辅助动力源。当液压系统在工作循环中的不同阶段需要的流量变化很大时,常采用蓄能器和一个流量较小的泵组成油源。在系统不需要大量油液时,蓄能器把液压泵输出多余的压力油储存起来,当系统需要大量油液时,蓄能器将储存的压力油释放出来与液压泵一起向系统供油,来实现动作循环。以蓄能器作为辅助动力源,可以减小液压泵的容量,从而减小了电动机的功率消耗,降低了系统的温升。

（2）维持系统压力。某些液压系统的执行元件需长时间保持某一工作状态,如夹紧工件或举顶重物时,为节省动力消耗,要求液压泵停机或卸荷。此时可在执行元件的进口处并联蓄能器,利用蓄能补偿泄漏并在一段时间内维持系统的压力,以保证执行元件的工作可靠性。

（3）吸收液压冲击。当液压泵突然启停、液压阀突然关闭或换向、执行元件突然运动或停止时,系统产生压力冲击。这类液压冲击大多发生于瞬间,液压传动系统的安全阀来不及开启,因此常常造成系统中的仪表、密封损坏或管道破裂。若在冲击源的前端管路上安装蓄能器,则可以吸收或缓和这种压力冲击。

　　(4) 吸收脉动,降低噪声。当液压系统采用齿轮泵和柱塞泵时,因其瞬时流量脉动将导致系统的压力脉动,从而引起振动和噪声。此时可在液压泵的出口安装蓄能器吸收脉动、降低噪声,减少因振动而损坏管道、仪表和管接头等元件。

　　(5) 作紧急动力源。某些液压系统要求在液压泵发生故障或失去动力时,执行元件应能继续完成必要的动作以紧急避险、保证安全。为此可在系统中设置适当容量的蓄能器作为紧急动力源,避免事故的发生。

5.1.3　蓄能器的参数计算

　　蓄能器的容量是选用蓄能器的主要指标之一,其大小与用途有关。不同的蓄能器其容量的计算方法不同。在实际工作中广泛应用的蓄能器多为气囊式蓄能器。下面以气囊式蓄能器为例讨论蓄能器容量的计算。

　　1) 作辅助动力源时的容量计算

　　气囊式蓄能器储存和释放能量的过程如图 5-7 所示。其中,图 5-7a 所示为充气状态,图 5-7b 所示为蓄能状态,图 5-7c 所示为释放能量状态。蓄能器储存和释放压力油的容量与气囊中气体体积的变化量有关,而气体状态的变化遵循玻意耳定律,即

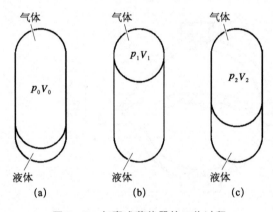

$$p_0 V_0^n = p_1 V_1^n = p_2 V_2^n = 常数 \quad (5-1)$$

式中,p_0 为气囊最大充气压力(绝对压力)(MPa);V_0 为气囊充气容积,m^3。未蓄能时,气囊充满壳体内腔,即蓄能器的总容积;p_1 为蓄能器储油结束时的压力(MPa);V_1 为气囊被压缩后相应于 p_1 时的气体体积(m^3);p_2 为即蓄能器向系统供油结束时的压力(MPa);V_2 为气体膨胀后相应于 p_2 时的气体体积(m^3);n 为气体条件变化指数。当蓄能器用

图 5-7　气囊式蓄能器的工作过程

来补偿泄漏、维持系统的压力时,它释放能量过程是缓慢的,可视为气体在等温条件下工作,$n=1$;当蓄能器瞬时提供大量油液时,释放能量是迅速的,可视为气体在绝热条件下工作,$n=1.4$;在实际工作过程中,气体状态的变化在绝热和等温过程之间,$1<n<1.4$。

　　体积差 $\Delta V = V_2 - V_1$ 为蓄能器向系统释放的油液容积,代入式(5-1),便可求得蓄能器容量

$$V_0 = \left(\frac{p_2}{p_0}\right)^{\frac{1}{n}} V_2 = \left(\frac{p_2}{p_0}\right)^{\frac{1}{n}} (V_1 + \Delta V) = \left(\frac{p_2}{p_0}\right)^{\frac{1}{n}} \left[\left(\frac{p_0}{p_1}\right)^{\frac{1}{n}} V_0 + \Delta V\right] \quad (5-2)$$

即

$$V_0 = \frac{\Delta V \left(\frac{p_2}{p_0}\right)^{\frac{1}{n}}}{1 - \left(\frac{p_2}{p_1}\right)^{\frac{1}{n}}} \quad (5-3)$$

若已知 V_0,也可反过来求出蓄能器的供油容积为

$$\Delta V = p_0^{\frac{1}{n}} V_0 \left[\left(\frac{1}{p_2} \right)^{\frac{1}{n}} - \left(\frac{1}{p_1} \right)^{\frac{1}{n}} \right] \tag{5-4}$$

充气压力 p_0 值理论上可与 p_2 值相等,但实际工作中为了保证蓄能器最低工作压力为 p_2 时仍有一定的补偿泄漏的能力,应使 $p_0 < p_2$。一般对薄膜式蓄能器取 $p_0 \geqslant 0.25 p_2$,波纹型气囊取 $p_0 = (0.6 \sim 0.65) p_2$,气瓶式蓄能器取 $p_0 = (0.8 \sim 0.85) p_2$,或 $0.9 p_2 > p_0 > 0.25 p_1$。蓄能器的总容积 V_0 在实际选用时要比计算值大 5% 为好。

2)用于吸收振动和冲击时的蓄能器容积计算

用于吸收振动和冲击的蓄能器容积与管路布置、液体流态、阻尼情况和泄漏大小等因素有关,一般按经验公式计算蓄能器的容积,即

$$V_0 = \frac{0.004 q p_2 (0.0164 L - t)}{p_2 - p_1} \tag{5-5}$$

式中,q 为阀口关闭前管道内的流量(L/min);p_2 为允许的最大冲击压力(MPa),一般 $p_2 \approx 1.5 p_1$;p_1 为阀口关闭前的压力,即系统的最低压力(MPa);L 为产生冲击的管道长度(m);t 为阀门由开到关闭所持续时间(s),瞬时关闭时 $t = 0$。

3)用于吸收压力脉动时蓄能器容积的计算

通常采用以下经验公式来计算:

$$V_0 = \frac{V_i}{0.6k} \tag{5-6}$$

式中,V 为液压泵的排量(L/r);i 为流量变化率,$i = \dfrac{\Delta V}{V}$,ΔV 为超过平均排量的排出量(L);k 为压力脉动率,$k = \dfrac{\Delta p}{p}$,其中,Δp 为压力脉动幅值,p 为液压泵出口平均压力。

5.1.4 蓄能器的安装和使用

(1)气囊式蓄能器应垂直安放,油口向下,倾斜安装或水平安装会使蓄能器的气囊与壳体磨损,从而影响蓄能器的使用寿命。

(2)重力式蓄能器的重物应均匀安置,活塞运动的极限位置应设位置指示器。

(3)用于吸收压力冲击和消除压力脉动的蓄能器应尽可能安装在振源附近,做保压时应尽可能地安装在接近有关的执行元件处。

(4)安装在管路中的蓄能器必须用支架或支撑板加以固定。

(5)蓄能器与管路之间应安装截止阀,供充气和检修时使用。

(6)蓄能器与液压泵之间应安装单向阀,以防止液压泵停车或卸荷时,蓄能器内储存的压力油倒流而使液压泵反转。

5.2　过　滤　器

在液压系统中,由于系统内的形成或系统外的侵入,因此液压油中难免会存在污染物,这些污染物的颗粒不仅会加速液压元件的磨损,而且会堵塞阀件的小孔、卡住阀芯、划伤密封件,从而使液压阀失灵,系统发生故障。因此,必须对液压油中的杂质和污染物的颗粒进行清理。目前,控制液压油洁净程度的最有效方法就是采用过滤器。过滤器的主要功能就是对液压油进行过滤,控制油液的洁净程度。

5.2.1　过滤器的典型结构及特点

按照过滤机理,过滤器可分为机械过滤器和磁性过滤器两类。前者是使液压油通过滤芯的孔隙时将污染物的颗粒阻挡在滤芯的一侧;后者是用磁性滤芯将所通过的液压油内铁磁颗粒吸附在滤芯上。在一般液压系统中常使用机械过滤器,在要求较高的系统中可将上述两类过滤器联合使用。

1) 网式过滤器

网式过滤器如图 5-8 所示。它主要由上端盖 1、下端盖 4 之间连接开有若干孔的筒形塑料骨架 3(或金属骨架)组成,在骨架外包裹一层或几层过滤网 2。过滤器工作时,液压油从过滤器外通过过滤网进入过滤器内部,再从上端盖管口处进入系统。其过滤精度取决于铜网层数和网孔大小。标准产品的过滤精度只有 $80~\mu m$、$100~\mu m$ 和 $180~\mu m$ 三种,压力损失小于 $0.01~MPa$,最大流量可达 $630~L/min$。网式过滤器的特点是结构简单,通油能力强,压力损失小,清洗方便,但是过滤精度低,一般安装在液压泵的吸油口处用以保护液压泵。

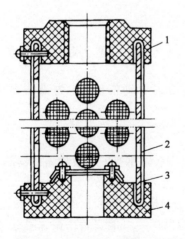 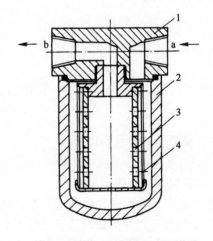

1—上端盖;2—过滤网;3—骨架;4—下端盖　　　1—端盖;2—壳体;3—骨架;4—金属绕线

　　　　图 5-8　网式过滤器　　　　　　　　图 5-9　线隙式过滤器

2) 线隙式过滤器

线隙式过滤器如图 5-9 所示。它由端盖 1、壳体 2、带孔眼的筒形骨架 3 和绕在骨架外部的金属绕线 4 组成。工作时,油液从孔 a 进入过滤器内,经线间的间隙、骨架上的孔眼进入滤芯中再由孔 b 流出。这种过滤器利用金属绕线间的间隙过滤,过滤精度取决于间隙的大小。过滤精度有 30 μm、50 μm、80 μm 和 100 μm 四种精度等级。线隙式过滤器分为吸油管用和回油管用两种。用于吸油管道时，其过滤精度为 50～100 μm，通过额定流量时压力损失小于 0.02 MPa；用于压力管道时，过滤精度为 30～80 μm，压力损失小于 0.06 MPa。这种过滤器的优点是结构简单，通油性能好，过滤精度较高，应用较普遍；缺点是不易清洗，滤芯强度低，多用于中、低压系统。

3）纸芯式过滤器

纸芯式过滤器（图 5-10）与线隙式过滤器的区别只在于用纸质滤芯代替了线隙式滤芯。把厚度为 0.25～0.7 mm 的平纹或波纹的酚醛树脂或木浆的微孔滤纸，环绕在带孔的镀锡铁皮骨架上，制成滤纸芯 2。为了增加滤纸的过滤面积，纸芯一般都做成折叠式。工作时，油液从孔 a 经滤芯外面再经滤纸进入滤芯内，然后从孔道 b 流出。这种过滤器有过滤精度有 5 μm、10 μm、20 μm 等规格，压力损失为 0.01～0.04 MPa，可在高压 38 MPa 下工作。纸芯式过滤器的优点是过滤精度高，可安装在伺服阀或调速阀入口前；缺点是堵塞后无法清洗，必须定期更换滤芯，强度低。一般用于需要精过滤场合。发信装置 4 能指示出滤芯 2 堵塞的情况，当堵塞超过规定状态时发信装置便发出报警信号。报警方法是通过电气装置发出音响信号或灯光，或切断液压传动系统的电气控制回路使液压传动系统停止工作。

图 5-11 所示为发信装置的工作原理图。过滤器进、出油口的液压工作介质分别与阀芯 4 左、右两腔相连通，作用在阀芯 4 上的压力差 $\Delta p = p_1 - p_2$ 与弹簧 5 作用在阀芯 4 上的力相平衡。当滤芯通流能力较好时，Δp 很小，阀芯 4 在弹簧力的作用下处于左端，指针 2 指在刻度左端，随着污染物逐渐堵塞滤芯，Δp 逐渐增大，阀芯 4 带动指针 2 逐渐右移，指示出过滤器 3 滤芯堵塞的情况。根据指示情况确定是否应更换滤芯。如将指针更换为电气触点开关就成为发信装置。

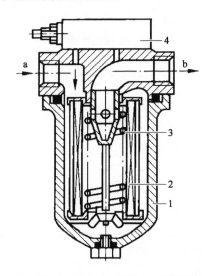

1—壳体；2—滤芯；3—弹簧；4—发信装置
图 5-10　纸芯式过滤器

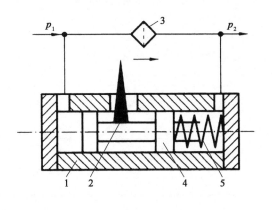

1—阀体；2—指针；3—过滤器；4—阀芯；5—弹簧
图 5-11　发信装置的工作原理图

4）烧结式过滤器

烧结式过滤器如图 5-12 所示。此过滤器由端盖 1、壳体 2 和滤芯 3 组成，滤芯由颗粒状铜粉烧结而成。工作时，压力油从 a 孔进入，经铜颗粒之间的微孔进入滤芯内部，从 b 孔流出。这种过滤器的过滤精度与滤芯上铜颗粒之间的微孔尺寸有关,选择不同颗粒的粉末,制成厚度不同的滤芯,就可获得不同的过滤精度。烧结式过滤器的过滤精度为 $10\sim100\ \mu m$ 之间,压力损失为 $0.03\sim0.2\ MPa$。这种过滤器的优点是强度大,滤芯能承受高压、高温,可制成杯状、管状、板状等不同形状,制造简单,过滤精度高;缺点是难清洗,金属颗粒容易脱落,常用于需要精过滤的压力管道中。

　　5) 磁性过滤器

　　磁性过滤器如图 5-13 所示。磁性过滤器是利用永久磁铁来吸附油液中的铁屑和带磁性的磨料。它常与其他形式的滤芯一起制成复合式过滤器,对金属加工机床的液压系统特别适用。

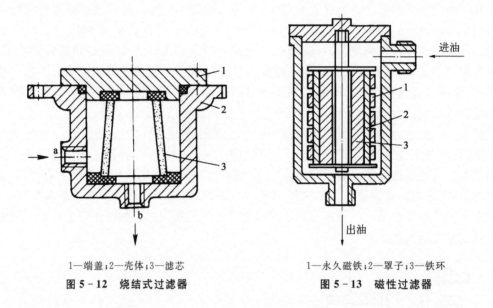

1—端盖;2—壳体;3—滤芯　　　　　　　1—永久磁铁;2—罩子;3—铁环
图 5-12　烧结式过滤器　　　　　　**图 5-13　磁性过滤器**

　　过滤器除了上述几种基本形式外,还有其他的形式,目前一种微孔塑料过滤器已开始被应用。过滤器图形符号如图 5-14 所示。

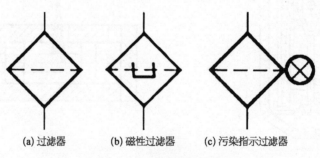

(a) 过滤器　　　　(b) 磁性过滤器　　　　(c) 污染指示过滤器
图 5-14　过滤器图形符号

5.2.2　过滤器的基本性能参数

　　过滤精度是过滤器的主要指标。绝对过滤精度是指通过滤芯滤除的最大硬球状污染颗粒的尺寸,对滤芯来说,是指滤芯材料的最大间隙或通孔尺寸,以 μm 表示,主要取决于系统的压力。一般要求系统的过滤精度要小于运动副间隙的一半。其推荐值见表 5-1。

表 5 - 1　过滤器过滤精度推荐值

系统类别	润滑系统	一般液压传动系统			伺服系统	特殊要求系统
压力/MPa	0～2.5	≤7	7～35	≤35	≤21	≤35
过滤精度/μm	≤100	≤50	≤25	≤10	≤5	≤1

5.2.3　过滤器的选用

选用过滤器时,主要考虑以下几方面:

(1) 要满足液压系统的技术要求,系统的工作压力是选择过滤器精度的主要依据之一。

(2) 能在较长时间内保持足够的通流能力(即过滤能力),并且压力降要小。

(3) 滤芯具有足够的强度,不因液压的作用而损坏。

(4) 滤芯抗腐蚀性能好,且能在规定的温度和使用寿命内正常工作。

(5) 滤芯清洗或更换简便。

5.2.4　过滤器的安装

过滤器的安装是根据液压传动系统的需要而确定的,过滤器在液压传动系统中的安装方式有下列几种:

(1) 安装在液压泵的吸油口处(图 5 - 15a 中过滤器)。在液压泵的吸油口处安装过滤器,可以保护系统中的所有元件。为了减少吸油阻力,防止产生气穴现象,要求过滤器有较大的通流能力,压力损失不得超过 0.02 MPa。过滤器过滤精度不可太高,常选用网式或线隙式过滤器。

(2) 安装在液压泵的出油口处(图 5 - 15b 中过滤器)。过滤器安装在液压泵的出油口

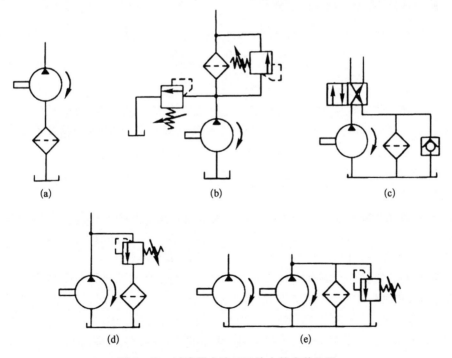

图 5 - 15　过滤器在液压系统中的安装位置

处,可以有效地保护除泵以外的其他液压元件。一般采用精度高的过滤器。但由于过滤器是在高压下工作,滤芯需要有较高的强度,以能承受液压传动系统的工作压力和冲击压力,压力降不应超过 0.35 MPa。为了防止过滤器堵塞而引起液压泵过载或过滤器损坏,常在过滤器旁设置一堵塞指示器或旁路阀加以保护。

(3) 安装在回油路上(图 5 - 15c 中过滤器)。过滤器安装在系统的回油路上,可以把液压元件磨损后生成的金属屑和橡胶颗粒过滤掉,以保证油箱内液压油的清洁,对液压传动系统起间接保护作用。由于回油压力低,可采用滤芯强度低的过滤器,其压降对系统影响不大。一般与过滤器并连安装一单向阀起旁通作用,当过滤器堵塞达到一定压力值时,单向阀打开。

(4) 安装在支路上(图 5 - 15d 中过滤器)。过滤器主要安装在溢流阀的回油路上,这种方式不会在主油路中造成压力损失,过滤器的流量可以小于泵的流量,这样比较经济合理,但不能过滤全部油液。这种过滤方式称为局部过滤。局部过滤的方法有很多种,如节流过滤、溢流过滤等。

(5) 单独过滤系统(图 5 - 15e 中过滤器)。用一个专用的液压泵和过滤器组成一个独立于液压系统之外的过滤回路。它可以连续清除油液中的杂质,从而保证系统清洁,常用于高压、大流量连续运行的液压传动系统,此时可选用过滤精度更高的复合式过滤器。

为了在液压系统中获得更好的过滤效果,上述这几种安装方式经常综合使用。特别是在一些重要元件(如伺服阀、精密节流阀等)的前面单独安装一个专用的精密过滤器来确保它们的正常工作。

在使用过滤器时还应注意,一般过滤器只能单向使用,即进出油口不可反用。因此,过滤器不要安装在液流方向可能变换的油路上。必要时可将单向阀和过滤器进行组合,以保证双向过滤,也可以直接选用双向过滤器。

5.3　油　　箱

油箱的主要功能是储存液压系统所需的油液,散发油液中的热量,分离油液中的气体及沉淀污物。另外对中小型液压系统,为了使液压系统结构紧凑,往往以油箱顶板作为泵和一些控制元件的安装平台。

5.3.1　油箱的分类及典型结构

1) 油箱的分类

油箱可分为开式结构和闭式结构两种: 开式结构油箱中的油液具有与大气相通的自由液面,应用最为广泛,多用于各种固定设备;闭式结构的油箱中的油液与大气是隔绝的,常用于行走设备、水下作业机械、飞行器或海拔较高地区的液压系统中。

开式结构的油箱又分为整体式和分离式。整体式油箱是利用机械设备机身内腔的空腔部分作为油箱(例如压铸机、注塑机等)。其特点是结构紧凑,易于回收泄漏油,但增加了主机的复杂件,维修不便,散热条件不好,对主机的精度及性能有所影响。分离式油箱因单独设置一个供油泵站,所以布置灵活、维修方便,从而减少了油箱发热和液压油箱的振动对主机工作精度的影响,但须增加占地面积,常用于组合机床、自动线及精密设备。

2）油箱的典型结构

图 5-16 所示为开放式结构分离式油
箱的结构简图。箱体一般用 2.5～5 mm
的薄钢板焊接而成,表面涂有耐油涂料;油
箱内部用两个隔板 7 和 9,将液压泵的吸油
管 1 与回油管 4 分离开,以阻挡沉淀杂物
及回油管产生的泡沫;油箱顶部的安装板
5 用较厚的钢板制造,用以安装电动机、液
压泵、集成块等部件。在安装板上装有过
滤网 2、防尘盖 3,用以注油时过滤,并防止
异物落入油箱。防尘盖侧面开有小孔与大
气相通,油箱侧面装有液位计 6 用以显示
油量,油箱底部装有排油阀 8 用以换油时
排油和排污。

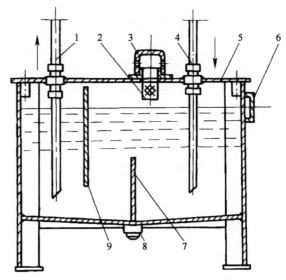

1—吸油管（注油器）;2—过滤网;3—防尘盖（泄油管）;
4—回油管;5—安装板;6—液位计;7—下隔板;8—排油阀;
9—上隔板

图 5-16 油箱结构简图

闭式油箱与开式油箱的不同之处在于
油箱是整个封闭的,顶部有一充气管,可送
入 0.05～0.07 MPa 过滤纯净的压缩空气。
空气或直接与油液接触,或被输入蓄能器
的气囊内不与油液接触。这种油箱的优点是液压泵的吸油条件好,但它要求系统中的回油
管、泄油管承受背压。由于油箱本身还须配置安全阀、电接点压力表等元件以稳定充气压
力,因此它只在特殊场合下使用。

5.3.2 油箱的设计要点

油箱属于非标准件,在实际情况下常根据需要自行设计。油箱设计时主要考虑油箱的
容积、结构和散热等问题。

1）油箱的有效容积

油箱的有效容积(油面高度为油箱高度 80％时的容积)应根据液压系统发热、散热平衡
的原则来计算,但这只是在系统负载较大、长期连续工作时才有必要进行,一般只需按液压
泵的额定流量 q_p 估计确定:

$$V = Kq_p \tag{5-7}$$

式中,V 为油箱有效容积(L);q_p 为液压泵的额定流量(L/min);K 为容积系数(min),与压
力有关,低压系统的 $K = 2～4$ min,中压系统的 $K = 5～7$ min,高压系统的 $K = 10～12$ min。

2）油箱的结构

对于大型或单件制造的油箱,常采用钢板直接焊接或内衬角钢作为骨架与钢板焊接,一般
钢板厚度 $\delta = 1.5～6$ mm。对于小型且批量生产的油箱,常采用铸铁铸造或铝合金,油箱要有
足够的强度和高度。如果电动机、液压泵和液压阀的集成装置固定在油箱盖上,则箱盖的钢板
厚度 $\delta = 8～12$ mm,且箱盖与箱体间应垫上橡胶垫以防尘和减振。箱盖与箱体通过螺栓紧固。

为了更好地通风散热,油箱底角高度应在 150 mm 以上。油箱底部做成适当斜度,并在
最低处设置放油塞。此外,为了搬运或吊装的方便,油箱应设计有吊耳。

3）吸油、回油和泄油管的设置

吸油管与回油管尽量相距远些。在吸油管入口处,绝大多数是安装网式过滤器,过滤器距油箱底应不小于 20 mm。吸油管离油箱边的距离应至少是吸油管内径的 3 倍,以使吸油通畅。回油管管端必须侵入最低油面以下,以避免回油时将空气带入油液中,距液压油箱底面的距离也至少是回油管内径的 2 倍,管端切成 45°斜口,并朝向箱体壁面,以利于散热。泄油管流量一般较小,为了防止泄油阻力,泄油管应设置在油面以上。

4）隔板的设置

设置隔板的目的是将吸油、回油隔开,增加油液循环的距离,提高散热效果,并使油液有足够的时间分离气泡,沉淀污染物。隔板一般为 1～2 个,高度最好为箱内最低油面高度的 2/3。

5）空气滤清器与油位计的设置

空气滤清器的作用是滤除空气中的灰尘杂质,兼作注油口,根据液压泵输出油量的大小来选择其容量,它一般布置在盖上靠近油箱的边缘处。油位计一般安装在油箱侧壁,其窗口尺寸应能观察到最高与最低油位。

6）防污密封

油箱盖板和窗口连接处均需加密封垫,各进、出油管通过的孔都需要装有密封垫。

7）油箱的组装与清洗

油箱内壁表面要做专门处理。为了防止油箱内壁涂层脱落,新油箱内壁要经喷丸、酸洗和表面清洗,然后可涂一层耐油清漆,最后再安装其他组件。

根据需要也可在合适的位置安装温度计、热交换器等附加装置。

5.4　热　交　换　器

液压系统在工作时,液压油的温度应保持在 15～65 ℃之间。油温过高将使油液氧化,黏度下降,油液泄漏增加,密封材料老化;油温过低,黏度过大,设备启动困难,压力损失增大并引起过大的振动。

因受各种因素的限制,有时靠油箱本身的自然调节无法满足油温的需要,而要借助外界设施以满足设备油温的要求。热交换器就是最常用的温控设施。热交换器分为冷却器和加热器两类。

5.4.1　冷却器

根据冷却介质不同,冷却器有风冷式、冷媒式和水冷式三种。风冷式利用自然通风来冷却,常用在行走设备上。冷媒式是利用冷媒介质如氟利昂在压缩机中做绝热压缩,散热器放热,蒸发器吸热的原理,把热油的热量带走,使油冷却,此种方式冷却效果最好,但价格昂贵,常用于精密机床等设备上。水冷式是一般液压系统常用的冷却方式。

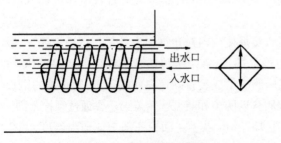

图 5 - 17　蛇形管冷却器

图 5 - 17 所示为常用的蛇形管式水冷

却器,将蛇形管安装在油箱内,冷却水从管内流过,带走油液内产生的热量。这种冷却器结构简单、成本低,但热交换效率低、水耗大。

液压系统中用得较多的冷却器是强制对流式多管冷却器(图 5-18)。油液从进油口 5 流入,从出油口 3 流出;冷却水从进水口 6 流入,通过图 5-18 中多根水管后由出水口 1 流出。油液在水管外部流动时,因设置了隔板 4,使得热油循环路线加长,热交换效果增加。

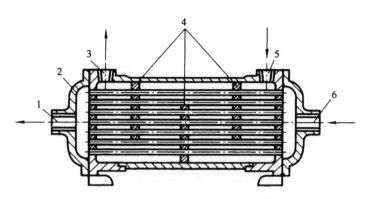

1—出水口;2—端盖;3—出油口;4—隔板;5—进油口;6—进水口

图 5-18　强制对流式多管冷却器

近来出现了一种翅片管式冷却器,其水管外面增加了许多横向或纵向的散热翅片,这显著扩大了散热面积和热交换效果。图 5-19 所示为翅片管式冷却器的一种形式,它是在圆管或椭圆管外嵌套上许多径向翅片,其散热面积可达光滑管的 8~10 倍,从而极大地提高了散热效率。椭圆管的散热效果一般比圆管更好。

冷却器一般应安放在回油管或低压管路上,如溢流阀的出口、系统的主回流路上或单独的冷却系统中。冷却器的压力损失一般为 0.01~0.1 MPa。图 5-20 所示为冷却器安装位置的例子。液压泵输出的压力油直接进入系统,已发热的回油和溢流阀溢出的油一起经冷却器 1 冷却后回到油箱。单向阀 2 用以保护冷却器,截止阀 3 用于当不需要冷却器时打开,提供通道。

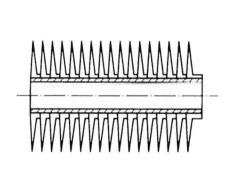
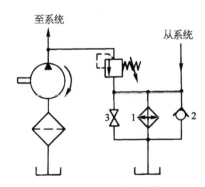

1—冷却器;2—单向阀;3—截止阀

图 5-19　翅片管式冷却器　　　　**图 5-20　冷却器的安装位置**

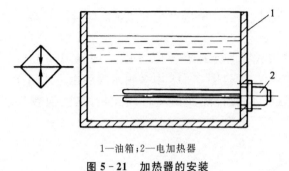

1—油箱；2—电加热器

图 5-21　加热器的安装

5.4.2　加热器

油液的加热方法有电加热、蒸气加热和热水加热等。最常见的是电加热，因为电加热结构简单、控制方便，可以设定所需温度，温控误差较小。但电加热器的加热管直接与液压油接触，易造成箱体内油温不均匀，有时会加速油质老化，因此，可设置多个加热器，且控制加热温度不宜过高。图 5-21 所示为加热器的应用，加热器 2 安装在油箱

1 的箱体壁上，用法兰连接。

5.5　油管和管接头

管道及管接头的主要功能是连接液压元件和输送液压工作介质，其应有足够的强度和良好的密封性，压力损失要小，且装拆要方便。

5.5.1　油管

1）油管的种类

液压系统中，常用的油管有钢管、铜管、橡胶软管、尼龙管、塑料管等。在选用时，主要是考虑管道的安装位置、工作条件和工作压力等因素。

（1）钢管。有无缝钢管和焊接钢管两种。前者一般用于高压系统，后者用于中低压系统。钢管的特点是：承压能力强、耐油、耐高温、强度高、工作可靠、价格低廉，但装配和弯曲较困难。目前在各种液压设备中，钢管应用最为广泛。

（2）铜管。有紫铜管和黄铜管。紫铜管易弯曲，但承压能力低（$p \leqslant 6.5 \sim 10$ MPa），抗冲击和振动能力差，价格昂贵，易使油液氧化，常用于液压装置难装配的地方。黄铜管承压能力高（$p \leqslant 25$ MPa），但不如紫铜管易弯曲。

（3）橡胶管。分高压和低压两种。高压软管由夹有几层钢丝编织网的耐油橡胶制成，钢丝网的层数越多，油管的耐压能力越高；高压软管的价格比较高，常用于高压管路。低压软管的编织网为帆布或棉线，一般用于低压的回油管路。橡胶软管安装连接方便，适用于连接两个相对运动部件。

（4）尼龙管。为一种乳白色半透明的新型管材，承压能力与材料有关（$p \leqslant 2.5$ MPa，一般最大不超过 8 MPa）。尼龙管的特点是可观察油液流动情况，价格低廉，加热后可随意弯曲，安装方便，但寿命短，多用于低压系统替代铜管使用。

（5）塑料管。价格低，安装方便，但承压能力低，易老化。只适用于压力低于 0.5 MPa 的回油管或泄油管。

2）油管尺寸确定

油管尺寸的确定主要是指确定油管的内径 d 和壁厚 δ。

（1）根据液压系统的流量和压力，油管的内径 d 的计算公式为

$$d = \sqrt{\frac{4q}{\pi v}} \tag{5-8}$$

式中，q 为管内流量(m^3/s)；v 为管内油液的流速(m/s)，推荐值：吸油管取 $0.5 \sim 1.5\ m/s$，压油管取 $2.5 \sim 5\ m/s$，回油管取 $1.5 \sim 2\ m/s$，控制油管取 $2 \sim 3\ m/s$，短管及局部收缩处取 $5 \sim 7\ m/s$，橡胶管应小于 $4\ m/s$。

（2）油管壁厚 δ 的确定与工作压力和油管材料有关，金属管壁厚的计算公式为

$$\delta = \frac{pd}{2[\sigma]} \tag{5-9}$$

式中，p 为管内油液最高工作压力(Pa)；d 为管道内径(m)；$[\sigma]$ 为管道材料的许用应力(Pa)。

对于钢管，$[\sigma] = \sigma_b / n$。σ_b 为管道材料的抗拉强度，Pa。$[\sigma]$ 与钢号有关，可在各种手册中查得。对于铜管，取许用应力 $[\sigma] \leqslant 25\ MPa$。$n$ 为安全系数，$p < 7\ MPa$ 时 $n = 8$，$7\ MPa < p \leqslant 17.5\ MPa$ 时，$n = 6$，$p > 17.5\ MPa$ 时 $n = 4$。

计算出油管内径和壁厚后，应查阅有关手册将其圆整为标准系列值。

对于橡胶软管，如果是高压软管，在已知工作压力和计算出内径 d 的情况下，可按标准选用。另外，在使用中要注意系统的工作压力不得超过软管的工作压力，因系统中存在冲击力，最高冲击压力不能超过软管的试验压力（软管的试验压力为工作压力的 1.25 倍）。

3）管道的安装

（1）管道安装最好横平竖直，转弯少，长度尽量短。在装配时，对于悬伸较长时要设置管夹固定。管道须拐弯时，可用弯接头连接直管，也可在弯管机上弯曲成形，管道弯曲半径要足够大。

（2）尽量避免交叉，平行管道间距要大于 100 mm，以防止发生接触振动。

（3）对于直线安装的软管，长度要有 30% 左右的余量；对于弯曲安装的软管，弯曲半径要大于软管外径的 9 倍，弯曲处到管接头的距离最少等于外径的 6 倍，以防发生受拉、振动，以及适应油温变化的影响。

5.5.2　管接头

管接头是连接油管与液压元件或阀板的可拆卸的连接件。管接头应满足于拆装方便、密封性好、连接牢固、外形尺寸小、压降小和工艺性好等要求。

常用的管接头种类很多，按接头与阀体或阀板的连接方式分类，有螺纹式、法兰式等；按接头的通路分类，有直通式、角通式、三通和四通式；按油管与接头的连接方式分类，有扩口式、焊接式、卡套式、扣压式、可拆卸式、快换式和伸缩式等。下面仅对后一种分类做介绍。

（1）扩口式管接头。图 5-22a 所示为扩口式管接头，它是利用油管 1 管端的扩口在卡套 2 的压紧下进行密封的。这种管接头结构简单，适用于薄壁钢管、铜管、塑料管和尼龙管等低压管道的连接。

（2）焊接式管接头。图 5-22b 所示为焊接式管接头，油管与接头内芯 3 焊接而成，接头内芯的球面与接头体锥孔面紧密相连，具有结构简单、耐压性强和密封性好等优点。其缺点

是焊接较麻烦,因而适用于高压厚壁钢管的连接。

（3）卡套式管接头。图5-22c为卡套式管接头,它利用弹性极好的卡套2卡住油管1进行密封。其特点是结构简单、安装方便,油管外壁尺寸精度要求较高。卡套式管接头适用于高压冷拔无缝钢管连接。

（4）扣压式管接头。图5-22d所示为扣压式管接头,这种管接头由接头外套4和接头芯子5组成。此接头适用于软管连接。

（5）可拆卸式管接头。图5-22e所示为可拆卸式管接头。此接头的结构是将外套4和接头芯子5做成六角形,便于经常拆卸软管,适用于高压小直径软管连接。

（6）快换接头。图5-22f所示为快换接头,此接头便于快速拆装油管。其原理为:当卡箍11向左移动时,钢珠10从插嘴9的环槽中向外退出,插嘴不再被卡住,可以迅速从插座6中抽出。此时管塞7和8在各自的弹簧力作用下将两个管口关闭,使油管内的油液不会流失。这种管接头适用于需要经常拆卸的软管连接。

（7）伸缩管接头。图5-22g所示为伸缩管接头,这种管接头由内管12、外管13组成。内管可以在外管内自由滑动并用密封圈密封。内管外径必须经过精密加工。这种管接头适用于连接件有相对运动的管道的连接。

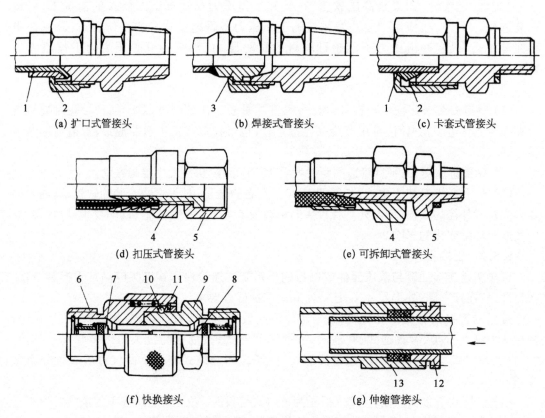

(a) 扩口式管接头　(b) 焊接式管接头　(c) 卡套式管接头
(d) 扣压式管接头　(e) 可拆卸式管接头
(f) 快换接头　(g) 伸缩管接头

1—油管;2—卡套;3—接头内芯;4—接头外套;5—接头芯子;6—插座;7、8—管塞;
9—插嘴;10—钢珠;11—卡箍;12—内管;13—外管

图 5-22　常用管接头

习题与思考题

1. 蓄能器有哪些功用?

2. 常用的过滤器有哪些类型,各有什么特点?

3. 常用的管接头有哪些,分别如何使用?

第6章　液压基本回路

本章学习目标

（1）知识目标：了解液压基本回路的组成、分类及特点，掌握各种基本回路的工作原理。

（2）能力目标：能读懂液压基本回路，并反推其可能的应用场合。

任何设备的液压系统都由一些液压基本回路所组成，所谓液压基本回路是指能够实现某种规定功能的液压元件组合。

根据液压回路在液压系统中的功用，液压基本回路可分为：压力控制回路，控制整个系统或局部油路的工作压力；速度控制回路，控制和调节执行元件的运动速度；方向控制回路，控制执行元件运动方向的变换和锁停；多执行元件控制回路，控制多个执行元件之间的工作循环。

本章将讨论设备中常见的一些液压基本回路。熟悉和掌握这些回路的组成、工作原理及应用场合，是分析、设计和使用液压系统的基础。

6.1　压力控制回路

压力控制回路是采用压力控制阀控制整个液压系统或局部油路的工作压力，以满足执行元件对力或扭矩的要求。压力控制回路包括调压、卸荷、减压、增压、平衡、保压和泄压等回路。

6.1.1　调压回路

调压回路的功能是调定或限制液压系统的最大工作压力，或使执行机构在工作过程的不同阶段实现多级压力转换。实现调压功能的主要液压元件是溢流阀。

1）调定和限定压力回路

由定量液压泵和节流阀组成的液压回路中，溢流阀安装在液压泵的出口处，用于调定回路的压力。如图 6-1a 所示，通过调节节流阀的开度，控制进入液压缸的油液流量，从而控制液压缸的运动速度。液压泵的输出压力由溢流阀调定，工作时溢流阀始终开启。

若此回路中无节流阀，如图 6-1b 所示，在液压缸运动到行程终点或出现超载时溢流阀开启，作为安全阀使用，限定回路的工作压力。此外，在进口节流调速回路中，将溢流阀安装在回油路上增加背压，作为背压阀使用，使液压缸启动平稳，如图 6-1c 所示。

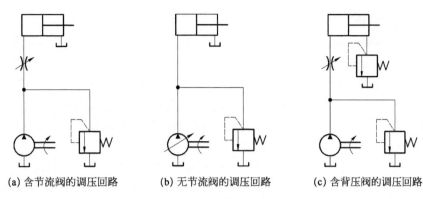

(a) 含节流阀的调压回路　　　(b) 无节流阀的调压回路　　　(c) 含背压阀的调压回路

图 6 - 1　调定和限定压力回路

2) 远程调压回路

某些液压系统需要进行远程遥控调压,如图 6 - 2a 所示回路。节流阀 1 控制调节液压缸运动速度时,先导式溢流阀 2 始终开启溢流,回路工作压力由溢流阀 2 调定。若系统中无节流阀 1,溢流阀 2 会被用作安全阀,当液压缸工作压力达到或超过溢流阀 2 调定压力时,溢流阀 2 开启,起到安全保护的作用。如果在先导式溢流阀 2 的遥控口上接一个远程调压阀 3,则回路压力可由调压阀 3 远程调节控制。在调压时,溢流阀 2 的调定压力必须大于远程调压阀 3 的调定压力。

3) 多级调压回路

如果液压回路在工作中需要多级调压,可以采用换向阀和溢流阀的组合来实现压力调节。如图 6 - 2b 所示,溢流阀 1 的遥控口通过三位四通换向阀 2 连接到具有不同调定压力的远程调压阀 3 和 4。当换向阀 2 处于左位时,回路压力由阀 3 调定;当换向阀 2 处于右位时,回路压力由阀 4 调定;当换向阀 2 处于中位时,回路的最大压力由溢流阀 1 调定。

4) 无级调压回路

如图 6 - 2c 所示调压回路为比例压力调节回路,通过电-液比例溢流阀进行无级调压。根据执行机构工作过程中各阶段的不同要求,可以调节比例溢流阀 1 的电流,从而达到调节回路工作压力的目的。

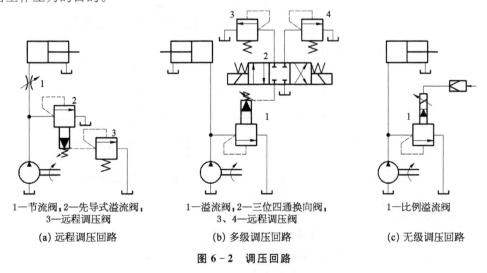

1—节流阀;2—先导式溢流阀;　　　1—溢流阀;2—三位四通换向阀;　　　1—比例溢流阀
3—远程调压阀　　　　　　　　　3、4—远程调压阀

(a) 远程调压回路　　　　　　(b) 多级调压回路　　　　　　(c) 无级调压回路

图 6 - 2　调压回路

6.1.2　卸荷回路

卸荷回路是当液压系统的执行元件短时间不工作时,使液压泵在非常小的输出功率下运转的回路。卸荷回路避免了液压泵的频繁启停,减少了功率损失。泵的输出功率等于压力和流量的乘积,因此有两种卸荷方法:一种是将液压泵的出口直接连接回油箱,泵在零压力或接近零压力的情况下工作,这种方法称为压力卸荷;另一种方法是使液压泵在零流量或接近零流量的情况下工作,这种方法称为流量卸荷,仅适用于变量泵。

1) 采用换向阀中位机能的卸荷回路

M 型、H 型和 K 型换向阀的 P 口和 T 口相通接油箱,因此回路可以借助换向阀的中位

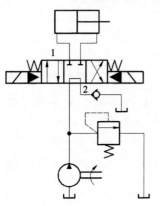

机能来实现定量泵降压卸荷。如图 6-3 所示采用电液换向阀 1 的卸荷回路,回路中安装背压阀(单向阀 2),使保持较低(0.3 MPa 左右)的压力,以便卸荷结束后操纵控制液动元件。

2) 采用先导式溢流阀的卸荷回路

如图 6-4 所示为采用电磁换向阀控制先导式溢流阀的卸荷回路,当电磁阀 3 通电时,先导式溢流阀 2 的遥控口通过二位二通电磁阀 3 接回油箱,液压泵 1 输出的油液以很低的压力流经溢流阀 2 回油箱,实现卸荷。设置阻尼孔 b 防止卸荷、升压过程回路产生压力冲击。

3) 采用限压式变量泵的卸荷回路

限压式变量泵的卸荷回路为零流量卸荷,如图 6-5 所示,当液压缸 4 的活塞运动到行程终点或换向阀 3 处于中位时,液压泵 1 的压力升高,流量减小,当泵 1 的压力接近压力限定螺钉调定的极限值时,泵的流量减小,此时液压泵 1 输出的流量只补充液

1—电液换向阀;2—单向阀

图 6-3　采用换向阀中位机能的卸荷回路

压缸 4 或换向阀 3 的泄漏,回路开始保压卸载。系统中的溢流阀 2 作为安全阀使用,以防止液压泵 1 的压力补偿装置的零漂和动作滞缓导致压力异常。

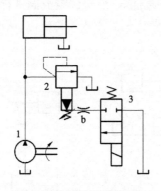

1—液压泵;2—先导式溢流阀;
3—二位三通电磁阀;b—阻尼孔

图 6-4　采用先导式溢流阀的卸荷回路

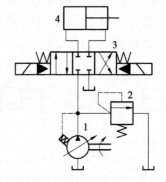

1—液压泵;2—溢流阀;3—换向阀;
4—液压缸

图 6-5　采用限压式变量泵的卸荷回路

6.1.3　减压回路

减压回路的功能是使液压系统中某一支路具有低于系统压力调定值的稳定工作压力。减压回路常用于机床液压系统的工件夹紧、导轨润滑和控制油路。

如图6-6a所示将定值减压阀串联在所需低压的支路上,使该支路的压力低于系统压力。若主油路压力低于减压阀2的调定值时,回路中的单向阀3用于防止液压缸4的压力受到主油路干扰,起短时间隔离保压的作用。

图6-6b所示为两级减压回路。在先导式减压阀2的遥控口上接入远程调压阀5,当二位二通换向阀4在处于左位时,液压缸3的压力由减压阀2调定;当换向阀4得电处于右位时,液压缸3的压力由远程调压阀5调定。减压阀2的调定压力必须大于调压阀5的调定压力。液压泵的最高工作压力由溢流阀1调定。

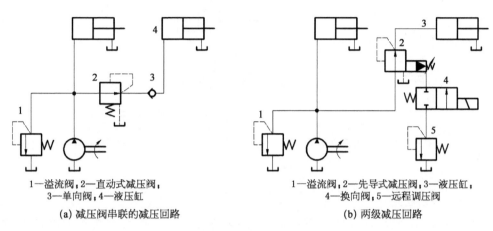

1—溢流阀,2—直动式减压阀,
3—单向阀,4—液压缸

(a) 减压阀串联的减压回路

1—溢流阀,2—先导式减压阀,3—液压缸
4—换向阀,5—远程调压阀

(b) 两级减压回路

图6-6　减压回路

减压回路可以采用两级或多级减压,也可以采用比例减压阀来实现无级减压。为了使减压回路稳定工作,减压阀最低调定压力应不小于0.5 MPa,最高调定压力应至少比系统压力低0.5 MPa。由于减压阀工作时存在阀口的压力损失,以及泄漏口泄漏造成的容积损失,因此这种减压回路不宜用在压力降或流量较大的场合。

6.1.4　增压回路

增压回路是使液压系统中某一支路获得压力高于系统压力的回路。利用增压回路,液压系统可以采用压力较低的液压泵,甚至压缩空气动力源来获得较高压力的压力油。增压回路中实现油液压力放大的主要元件是增压器(增压缸),其增压比是大小活塞的面积之比。

1) 采用单作用增压器的增压回路

图6-7a所示是使用单作用增压器的增压回路。当换向阀3处于左位时,液压泵向增压器2的大活塞左腔供油,压力为P_1,增压器2小活塞右腔压力油进入工作缸4,此时增压器2输出压力为$P_2 = P_1 A_1 / A_2$。当换向阀3处于右位时,增压器2返回,此时在大气压的作用下高位油箱1经单向阀向小活塞右腔补油。该回路主要适用于作用力大、行程小和作业时间短的场合,如制动器、离合器等间断增压场合。

2) 采用双作用增压器的增压回路

图6-7b所示为采用双作用增压缸的增压回路。当换向阀3处于右位时,工作缸4向左运动遇到较大负载时系统压力升高,油液经顺序阀2进入双作用增压器1,增压器活塞无论向左或向右运动,都可以输出高压油,只要换向阀9不断切换,增压器1就不断往复运动,高压油会连续经单向阀7、8进入液压缸4的右腔,此时单向阀5、6有效地隔开了增压器1

的高低压油路。当换向阀 3 处于左位时,液压缸 4 向右运动时增压回路不起作用。双作用增压器能连续输出高压油,其适用于增压行程要求较长的场合。

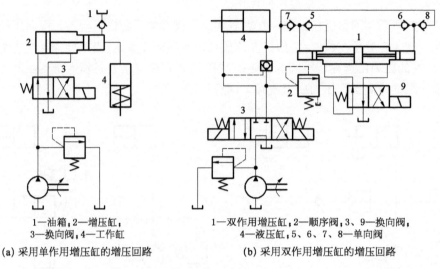

　　1—油箱;2—增压缸;　　　　　1—双作用增压缸;2—顺序阀;3、9—换向阀;
　　3—换向阀;4—工作缸　　　　　　　4—液压缸;5、6、7、8—单向阀
　(a) 采用单作用增压缸的增压回路　　　(b) 采用双作用增压缸的增压回路

图 6-7　增压回路

6.1.5　平衡回路

　　平衡回路是指在液压执行元件的回油路上保持一定的背压值,以平衡重力负载,使执行元件不会因自重而失控自行下落。

　1) 采用单向顺序阀的平衡回路

　　图 6-8 所示采用单向顺序阀的平衡回路。调节顺序阀 2,使其开启压力与液压缸下腔作用面积的乘积稍大于垂直运动部件的重力。换向阀 1 处于左位,活塞 3 下降时,由于回油路上存在一定背压支撑重力负载,活塞将平稳下落;换向阀 1 处于中位,活塞 3 停止运动。此处的顺序阀 2 又被称作平衡阀。在这种平衡回路中,顺序阀调整压力调定后,如果工作负载变小,系统的功率损失将增加。此外,由于滑阀结构的顺序阀和换向阀存在泄漏,活塞不可能长时间停在任意位置,故这种采用单向顺序阀的平衡回路适用于工作负载固定且活塞闭锁要求不高的场合。

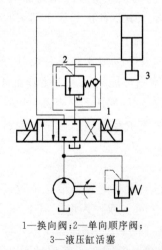 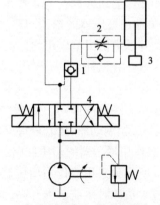

　1—换向阀;2—单向顺序阀;　　　　1—液控单向阀;2—单向节流阀;
　　3—液压缸活塞　　　　　　　　　　3—液压缸活塞;4—换向阀
图 6-8　采用单向顺序阀的平衡回路　**图 6-9　采用液控单向阀的平衡回路**

2）采用液控单向阀的平衡回路

如图 6-9 所示采用液控单向阀的平衡回路。由于液控单向阀是锥面密封,因此其泄漏小、锁紧性能好,活塞能够较长时间停止不动。换向阀 4 处于左位时,在回油路上串联单向节流阀 2,用于保证活塞 3 下行运动时的平稳。假如回油路上没有单向节流阀 2,活塞下行时液控单向阀 1 被进油路上的控制油打开,回油腔没有背压,运动部件则因自重而加速下降,会造成液压缸上腔供油不足,液控单向阀 1 因控制油路失压而关闭。阀 1 关闭后控制油路又建立起压力,阀 1 将再次被打开。液控单向阀 1 时开时闭,活塞 3 在向下运动过程中产生振动和冲击。

3）采用远控平衡阀的平衡回路

如图 6-10 所示采用远控平衡阀的平衡回路。远控平衡阀 2 是一种特殊结构的外控顺序阀,它不仅具有很好的密封性能,能起到长时间起到锁闭定位作用,而且阀口的大小能自动适应不同载荷对背压的要求,从而保证了活塞 3 下降速度的稳定性不受载荷变化的影响。这种远控平衡阀又称限速锁。

6.1.6 保压回路

保压回路的功能是当液压系统中的执行元件停止工作或工件变形引起的位移很小时,保持系统压力基本不变。保压包括泵保压和执行元件保压,当液压系统工作时,保持泵出口压力为溢流阀限定压力,为泵保压;当执行元件停止运动时,要维持工作腔具有一定的工作压力,为执行元件保压。保压性能的两个主要指标为保压时间和压力稳定性。

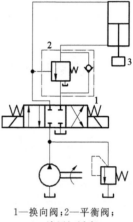

1—换向阀;2—平衡阀;
3—液压缸活塞

**图 6-10 采用远控平衡
阀的平衡回路**

1）采用单向阀或液控单向阀的保压回路

采用密封性能较好的单向阀和液控单向阀来进行保压,如图 6-11 所示在液压缸无杆腔油路上接入一个液控单向阀 3,利用阀座的密封性能来实现保压。阀座磨损和油液污染会降低保压性能,因此这种回路适用于保压稳定性要求不高、保压时间短的场合。

2）采用自动补油的保压回路

如图 6-11 所示为采用液控单向阀 3、电接触式压力表 4 的自动补油保压回路。换向阀 2 处于右位,活塞 5 下降加压,当回路压力上升到电接触式压力表 4 触点调定的最高压力时,压力表 4 发出电信号,换向阀 2 切换成中位,液压泵卸荷,此时液压缸由液控单向阀 3 保压;由于元件存在泄漏,因此当回路压力下降到压力表 4 触点调定的最低压力时,换向阀 2 处于右位,液压泵 1 自动向液压缸 5 供油,使压力再次升高。这种自动补油回路利用了液控单向阀结构简单并具有一定保压性能的优点,避免了启动液压泵保压消耗功率的缺点,其保压时间长,压力稳定性较高。

3）采用辅助液压泵的保压回路

如图 6-12 所示在回路中增设一台辅助液压泵 6,为采用

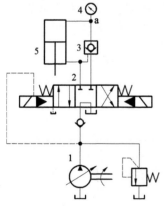

1—液压泵;2—换向阀;
3—液控单向阀;4—压力表;
5—液压缸

**图 6-11 采用液控单向阀的
保压回路**

辅助液压泵的保压回路。当液压缸加压完毕要求保压时,由压力继电器3发信号,使2YA断电,换向阀2处于中位,3YA通电,换向阀8处于右位,液压泵1卸荷,辅助液压泵6向液压缸供油,以保持回路(a点)压力稳定。由于辅助液压泵6只需补充回路的泄漏,因此可以选择小流量高压泵,功率损耗小。溢流阀7的稳压性能决定着辅助液压泵6向回路供油的压力稳定性。

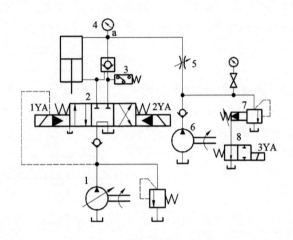

1、6—液压泵;2、8—换向阀;3—压力继电器;
4—压力表;5—节流阀;7—溢流阀

图6-12 采用辅助液压泵的保压回路

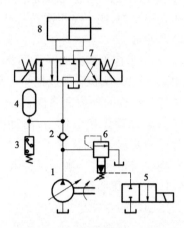

1—液压泵;2—单向阀;3—压力继电器;
4—蓄能器;5、7—换向阀;6—溢流阀;
8—液压缸

图6-13 采用蓄能器的保压回路

4)采用蓄能器的保压回路

如图6-13所示为在回路中用蓄能器4向回路供油的保压回路。当换向阀7处于左位时,液压缸8向右运动作用在工件上,回路压力升高,当回路压力达到压力继电器3的设定压力时,继电器3发出信号,阀5打开,液压泵1卸荷,单向阀2自动关闭,液压缸工作腔的压力由蓄能器维持。当液压缸8压力不足时,继电器3控制阀5断电,液压油重新进入液压缸8。保压时长取决于蓄能器的性能,调节继电器可以调节液压缸工作腔的压力大小。

6.1.7 泄压回路

泄压回路的功能在于缓慢释放执行元件高压腔中的压力,以避免泄压过快而引起剧烈的冲击和振动。

1)延缓换向阀切换时间的泄压回路

采用带阻尼器的中位滑阀机能为H型或Y型的电液换向阀控制液压缸的换向。当液压缸保压完毕需要反向回程时,由于阻尼器的作用,使换向阀在中位停留时液压缸高压腔通过油箱泄压后再换向回程,换向阀延迟了换向过程。这种回路适用于压力较低、油液压缩量较小的系统。

图6-12所示保压回路也是泄压回路,其延缓了换向阀2的切换时间,在液压缸泄压后再开始反向回程。换向阀2停在中位,主泵1卸荷,二位二通阀8断电,辅助泵6也通过溢流阀7卸荷,于是液压缸上腔压力油通过节流阀5和溢流阀7回油箱而泄压。节流阀5在

泄压时起缓冲作用。泄压时间由时间继电器(不是压力继电器
3)控制,经过一定时间延迟,换向阀 2 才开始换向,活塞回程。

2) 采用顺序阀控制的泄压回路

如图 6-14 所示是顺序阀控制的泄压回路,在保压完毕
后换向阀 2 处于左位时,液压泵 1 输出的油液进入液压缸下
腔,此时液压缸上腔压力油没有泄压,压力油将顺序阀 3 打
开,液压泵 1 进入液压缸下腔的油液经顺序阀 3 和节流阀 5
回油箱,由于节流阀的作用,回油压力(可调至 2 MPa 左右)
虽不足以使活塞回程,但能顶开液控单向阀 4 的卸载阀芯,
使油液缸上腔泄压,当其上腔压力降低到顺序阀 3 的调定压
力时(2～4 MPa),顺序阀 3 关闭,切断了泵的低压循环(卸
荷),此时液压泵 1 压力上升,打开液控单向阀 4 的主阀阀
芯,活塞开始回程。

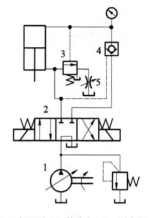

1—液压泵;2—换向阀;3—顺序阀;
4—液控单向阀;5—节流阀

图 6-14　采用顺序阀控制的泄压回路

6.2　速度控制回路

液压系统中的速度控制主要是讨论液压系统中执行元件的速度调节和变换的问题,包
括调速回路、快速运动和速度换接回路。

6.2.1　调速回路

在常见的液压传动装置中,执行元件主要是液压缸和液压马达,其工作速度与输入流量
及其几何参数有关。若不考虑油液压缩性和泄漏情况,则有:

液压缸的速度为

$$v = q/A$$

液压马达的速度为

$$n = q/V_m$$

式中,q 为输入液压缸或液压马达的流量;A 为液压缸的有效作用面积;V_m 为液压马达的
排量。

由上述公式可知,调节液压缸或液压马达的工作速度,一是改变输入执行元件的流量,
二是改变执行元件的几何参数。对于确定的液压缸,通常无法改变其有效作用面积 A,一般
只能通过改变输入液压缸的流量来调速。对于变量液压马达,既可以通过改变输入流量来
调速,也可以通过改变马达排量来调速。

改变输入执行元件的流量,根据液压泵是否变量可分为定量泵节流调速回路和变量泵
容积调速回路。

6.2.1.1　节流调速回路

由定量泵供油,通过流量控制阀调节输入或输出执行元件的流量实现调速的回路称为
节流调速回路,这种调速回路由定量泵、执行元件、流量控制阀(节流阀、调速阀等)和溢流阀
等组成,其中流量控制阀起流量调节作用,溢流阀起压力补偿或安全作用。根据流量控制阀

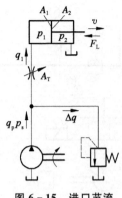

图 6-15　进口节流调速回路

在回路中安装位置的不同,定量泵节流调速回路包括进口节流调速回路、出口节流调速回路和旁路节流调速回路等形式。

1) 进口节流调速回路

进口节流调速回路是将节流阀串联在液压泵和液压缸之间,以控制进入液压缸的流量而达到调速的目的,如图 6-15 所示,定量泵多余的油液通过溢流阀回油箱。

(1) 速度负载特性。如图 6-15 所示进口节流调速回路中,设 q_p 为泵的输出流量,p_s 为泵的出口压力即溢流阀调定压力,q_1 为经过节流阀进入液压缸的流量,Δq 为溢流阀的溢流量,p_1 和 p_2 为液压缸无杆腔和有杆腔的压力,因为是有杆腔通油箱,所以 $p_2=0$,A_1 和 A_2 为液压缸两腔的活塞作用面积,A_T 为节流阀的通流面积,K_L 为节流阀阀口的液阻系数,F_L 为负载力。于是得到方程组:

液压缸活塞运动速度为

$$v=\frac{q_1}{A_1} \tag{6-1}$$

流经节流阀的流量为

$$q_1=K_LA_T\sqrt{\Delta p}=K_LA_T\sqrt{p_s-p_1} \tag{6-2}$$

液压缸活塞的受力平衡方程为

$$p_1A_1=p_2A_2+F_L \tag{6-3}$$

由于 $p_2=0$,因此 $p_1=F_L/A_1=p_L$,p_L 为克服负载所需的压力,称为负载压力。将 p_1 代入式(6-2)可得

$$q_1=K_LA_T\left(p_s-\frac{F_L}{A_1}\right)^{1/2}=\frac{K_LA_T}{A_1^{1/2}}(p_sA_1-F_L)^{1/2} \tag{6-4}$$

$$v=\frac{q_1}{A_1}=\frac{K_LA_T}{A_1^{3/2}}(p_sA_1-F_L)^{1/2} \tag{6-5}$$

活塞运动速度 v 与负载 F_L 的变化特性称为速度负载特性或机械特性,式(6-5)即为进口节流调速回路的速度负载特性方程。以活塞运动速度 v 为纵坐标,负载 F_L 为横坐标,若将不同节流阀的通流面积 A_T 带入式(6-5),可得到一组抛物线,称为进口节流调速回路的速度负载特性曲线,如图 6-16 所示。

从式(6-5)可以看出,液压缸的运动速度 v,主要与节流阀的通流面积 A_T、液压泵的工作压力 p_s 和负载 F_L 有关,而调节 A_T 就能实现无级调速。

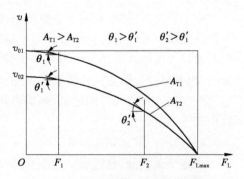

图 6-16　进口节流调速回路速度负载特性曲线

当 A_T 和 p_s 一定时，负载 F_L 增加，活塞运动速度 v 减小；当负载 F_L 增大到 $F_{Lmax} = p_s A_1$ 时，活塞停止运动；反之，负载 F_L 减小，活塞运动速度 v 增大，当负载 F_L 为零时，活塞速度为空载速度。

速度随不同负载变化的程度，表现在速度负载特性曲线上就是斜率不同，用速度刚度 T 来评定，其定义为

$$T = -\frac{\partial F}{\partial v} = -\frac{1}{\tan \theta} \qquad (6-6)$$

速度刚度表示在负载变化时，回路阻抗速度变化的能力。由式(6-5)和式(6-6)可得

$$T = -\frac{\partial F_L}{\partial v} = \frac{2A_1^{3/2}}{K_L A_T}(p_s A_1 - F_L)^{1/2} = \frac{2(p_s A_1 - F_L)}{v} \qquad (6-7)$$

由式(6-7)得到，当节流阀通流面积 A_T 一定时，负载 F_L 越小，速度刚度 T 越大；当负载 F_L 一定时，活塞运动速度 v 越低，速度刚度 T 越大。增大 p_s 和 A_1 可以提高速度刚度 T。速度刚度大，表明回路在该速度受负载波动的影响小，即速度稳定性好。需要注意的是，式中负号表示 F_L 与 v 的变化方向是相反的。这种回路的调速范围较大，$R_c \approx 100$。

（2）功率特性。

液压泵输出功率

$$P_p = p_s q_p = \mathrm{const}$$

液压缸输出的有效功率

$$P_1 = F_L v = F_L \frac{q_L}{A_1} = p_L q_L$$

式中，q_L 为负载流量，即进入液压缸的流量 q_1。

回路的功率损失

$$\Delta P = P_p - P_1 = p_s q_p - p_L q_L = p_s(q_L + \Delta q) - (p_s - \Delta p)q_L = p_s \Delta q + \Delta p q_L$$

$$\qquad (6-8)$$

式中，Δq 为溢流阀溢流量，$\Delta q = q_p - q_1$；Δp 为节流阀进、出口压差，$\Delta p = p_s - p_1$。

由式(6-8)得出，回路的功率损失由溢流损失 $p_s \Delta q$ 和节流损失 $\Delta p q_L$ 两部分组成。

2）出口节流调速回路

如图 6-17 所示，出口节流调速回路是将节流阀安装在液压缸与油箱之间，由节流阀控制与调节液压缸的流量，从而调节液压缸活塞的运动速度。出口节流调速回路的速度负载特性和功率特性，其分析过程类似进口节流调速回路。

总之，进口和出口节流调速回路结构简单、经济实惠，但效率较低，适于负载变化小、低速和低功率的场合使用。其主要存在以下性

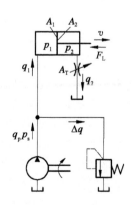

图 6-17　出口节流调速回路

能差异：

（1）承受负值负载的能力。所谓负值负载就是作用力方向和执行元件运动方向相同的负载。出口节流调速回路因节流阀的作用，使液压缸的回油腔存在一定背压，在承受负值负载时能阻止执行元件前冲。若要进口节流调速回路承受负值负载，必须在回油路上增加背压阀，因此得提高液压泵的供油压力，这样将会导致功率消耗增大。

（2）运动的平稳性。由于出口节流调速回路的回油路上始终存在背压，可防止空气从回油路倒吸，因此其在低速运动时不爬行，高速运动时不颤振，运动的平稳性较好。而在不加背压阀时，进口节流调速回路则不具备这一优势。

（3）节流温升对泄漏的影响。油液通过节流阀会温度升高，进口节流调速回路温升的油液使液压缸的泄漏增加，而出口节流调速回路油液直接回油箱经冷，对回路泄漏影响较小。

（4）信号取值方法。进口节流调速回路的进油腔压力随负载而变化，当工作部件承受负载停止运动后，其压力为溢流阀调定压力，取此压力作为指令信号。而出口节流调速回路的回油腔压力随负载而变化，当工作部件承受负载停止运动后，回油腔压力下降至零，取零压作为指令信号。

（5）启动冲击。进口节流调速回路，启动液压泵时关小节流阀可避免启动冲击；出口节流调速回路，在停机时间较长时液压缸回油腔的油液会泄漏回油箱，重启液压泵时不能立即建立背压，因而工作机构会出现短暂的前冲现象。

3）旁路节流调速回路

旁路节流调速回路是将节流阀安装在与液压缸并联的支路上，如图 6 - 18 所示。定量泵输出的流量 q_p 分为两部分，一部分 Δq 经节流阀溢回油箱，另一部分 q_1 进入液压缸使活塞运动。通过调节节流阀的通流面积，即可调节进入液压缸的流量，从而实现调速。由于部分油液经节流阀溢回油箱，因此回路工作时溢流阀处于关闭状态，溢流阀作为安全阀使用。溢流阀调定压力为最大负载压力的 1.1～1.2 倍。液压泵的供油压力取决于负载。

旁路节流调速回路只有节流损失，而无溢流损失，主油路内没有节流损失和发热现象，故旁路节流调速回路一般用于功率较大且对速度稳定性要求不高的场合。

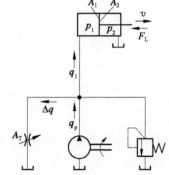

图 6 - 18　旁路节流调速回路

6.2.1.2　容积调速回路

容积调速回路是指通过改变液压泵或液压马达的排量，来实现调节执行元件运动速度的回路，其主要优点是没有节流损失和溢流损失，发热小、效率高，适用于高速、大功率的回路。按照油液的循环方式，容积调速回路分为开式和闭式两种。开式回路的液压泵从油箱吸油后输入执行元件，执行元件排出的油液返回油箱，故能对油液进行有效的冷却，但油箱体积大，油液易被污染。闭式回路的液压泵从执行元件的回油腔处吸油，然后输入执行元件的进油腔，回路结构紧凑，油液不易被污染，但油液冷却性差，需要设置辅助补油、冷却装置。

按照动力元件和执行元件是否变量，容积调速回路分为变量泵-定量执行元件、定量泵-变量执行元件和变量泵-变量执行元件三类。

1) 变量泵-定量执行元件的容积调速回路

图 6-19 所示为变量泵和定量执行元件的容积调速回路,是通过改变变量泵的排量进行调速。其中图 6-19a 所示开式回路的执行元件为液压缸 3,图 6-19b 所示闭式回路执行元件为液压马达 5,设置补油泵 1 用于补偿液压泵 3、马达 5 及管路的泄漏、降低回路温升,补油泵 1 的供油压力由溢流阀 2 调定,溢流阀 4 作为安全阀使用。

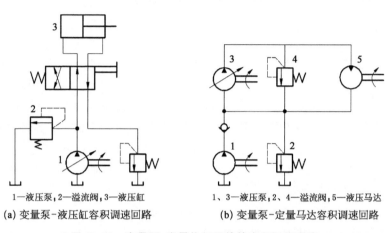

1—液压泵,2—溢流阀,3—液压缸　　　　1、3—液压泵,2、4—溢流阀,5—液压马达

(a) 变量泵-液压缸容积调速回路　　　　(b) 变量泵-定量马达容积调速回路

图 6-19　变量泵-定量执行元件的容积调速回路

在变量泵-定量马达容积调速回路中,液压泵的转速 n_p、液压马达的排量 V_m 是定值,所以改变变量泵的排量 V_p 可以成比例地调节液压马达的转速 n_m 和输出功率 p_m。由于马达的输出转矩 T_m 和回路工作压力 Δp 都取决于负载转矩,若负载转矩恒定,则液压马达输出转矩恒定,因此这种回路被称为恒转矩调速回路。这种回路的调速范围为 $R_c \approx 40$,适用于中小型工程机械装置。

2) 定量泵-变量执行元件的容积调速回路

液压缸通常无法改变排量,因此只讨论定量泵-变量马达调速回路,如图 6-20 所示。定量液压泵 3 输出流量不变,通过改变变量马达的排量 V_m 来改变液压马达的输出转速 n_m,液压马达的转速 n_m 与其排量 V_m 成反比,液压马达的输出转矩 T_m 与其排量 V_m 成正比;当负载转矩恒定时,回路的工作压力 p 和液压马达输出功率 p_m 都不因调速而发生变化,所以这种回路又称恒功率调速回路。这种回路的调速范围为 $R_c \leqslant 40$,适用于小功率的机械装置。

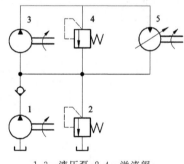

1、3—液压泵;2、4—溢流阀;
5—液压马达

**图 6-20　定量泵-变量马达
容积调速回路**

3) 变量泵-变量执行元件的容积调速回路

液压缸通常无法改变排量,只讨论变量泵-变量马达容积调速回路,如图 6-21 所示双向变量泵-双向变量马达调速回路。

单向阀 5、6 用于辅助泵 2 双向补油,而单向阀 7、8 使溢流阀 3 起双向过载保护作用。由于液压泵和液压马达的排量均可改变,因此增大了调速范围,一般液压系统都要求启动时低转速和大转矩,工作时高转速和小转矩,该回路符合要求。

启动时,先将马达排量调至最大值 V_{mmax},使马达输出最大转矩,当液压马达的排量 V_p

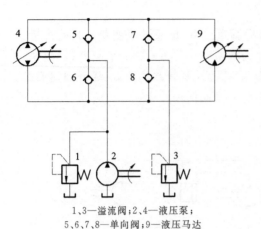

1、3—溢流阀；2、4—液压泵；
5、6、7、8—单向阀；9—液压马达

图 6-21　变量泵-变量马达容积调速回路

由小调大，直到最大值 V_{pmax}，此时马达转速随之升高，输出功率也线性增加，因马达排量最大，获得最大输出转矩，则马达处于恒转矩状态。工作时，液压泵的排量为 V_{pmax}，马达的排量 V_m 由大调小，液压马达的转速继续升高，而输出转矩随之降低，液压马达的最大输出功率恒定不变，则马达处于恒功率状态。这种回路的调速范围 R_c 等于变量泵的调速范围与变量马达调速范围的乘积，适用于港口、矿山大功率的重型机械装置。

6.2.1.3　容积节流调速回路

容积节流调速回路的工作原理是采用压力补偿变量泵供油，用流量控制阀调节进、出液压缸的流量来控制运动速度，并使变量泵的输出流量自动适应液压缸所需的负载流量。这种调速回路没有溢流损失，效率高，速度稳定性好。常见的容积节流调速回路有限压式和变压式两种。

1）采用限压式变量泵和调速阀的容积节流调速回路

图 6-22 所示为使用限压式变量泵和调速阀的容积节流调速回路。限压式变量泵 1 的压力油经调速阀 2 进入液压缸无杆腔，回油经背压溢流阀 3 回油箱，由调速阀 2 调节液压缸的运动速度 v。工作时变量泵的输出流量 q_p 自动适应负载流量 q_1，使两者几乎相等。若调节调速阀关小节流阀阀口的瞬间，进入缸的流量 q_1 减小，而此时泵的输出流量 q_p 还未改变，就有 $q_p > q_1$，导致泵出口压力 p_p 增大，该压力反馈使得限压式变量泵的输出流量会自动减少，直至 $q_p \approx q_1$；反之，增大节流阀阀口开度动适应。由此可见，调速阀既可以作为液压缸的调速元件，又可以作为反馈元件，将通过调速阀的流量转换成压力信号反馈到液压泵的变量机构，使泵的输出流量自动和阀口开度适应，没有溢流损失。

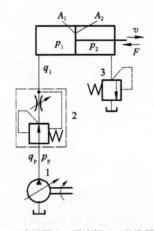

1—液压泵；2—调速阀；3—溢流阀
**图 6-22　限压式变量泵和
调速阀的容积节
流调速回路**

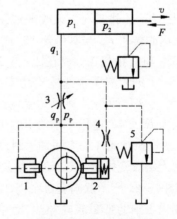

1—柱塞；2—活塞；3—节流阀；
4—阻尼；5—溢流阀
**图 6-23　差压式变量泵和节流
阀的调速回路**

2）采用差压式变量泵和节流阀的容积节流调速回路

这种回路采用差压式变量泵供油,通过节流阀调节液压缸的流量,不仅使变量泵的输出流量与液压缸所需流量自相适应,而且使液压泵的工作压力自动跟随负载压力变化。

回路的工作原理如图 6 - 23 所示,柱塞 1 与活塞 2 作用面积相等,溢流阀 5 为安全阀,节流阀 3 两侧的压力反馈到变量泵的柱塞 1 和活塞 2 上。为了防止定子移动过快引起振荡,设置阻尼 4。改变节流阀 3 的开度可以控制进入液压缸的流量 q_1,使泵的输出流量 q_p 自动与液压缸所需流量 q_1 相适应。若 $q_p > q_1$,泵的供油压力 p_p 上升,泵的定子在反馈压力的作用下右移,偏心距减小,泵的流量减小至 $q_p \approx q_1$;反之,若 $q_p < q_1$,定子左移,偏心距增大,泵的流量增大至 $q_p \approx q_1$。回路中节流阀 3 两端的压差 $\Delta p = p_p - p_1$ 基本由活塞 2 的弹簧力 F_1 来确定,因此输入液压缸的流量不受负载变化的影响。

差压式变量泵和节流阀的调速回路中,节流阀既调节液压缸的流量,又反馈控制液压泵的流量,液压泵的出口压力等于负载压力与节流阀前后的压力差的总和,因此泵的流量和压力均能适应负载的变化,此回路可称为功率适应调速回路或负载敏感调速回路,适用于负载变化较大的场合。

6.2.2 快速运动和速度换接回路

6.2.2.1 快速运动回路

快速运动回路的功能是减小执行元件运动时间、获得最大运动速度和提高液压回路的工作效率。常用差动缸、双泵供油、充液增速和蓄能器等来实现。

1）差动缸连接的快速运动回路

如图 6 - 24 所示差动连接的快速运动回路,是利用换向阀机能实现的。当中位机能为 P 型的换向阀处于中位时,液压泵输出的油液和液压缸有杆腔的油液一起进入液压缸无杆腔,使液压缸快速向右运动。差动连接快速运动回路结构简单,应用广泛,但在选择控制阀和管路时应考虑差动连接时的合成流量。

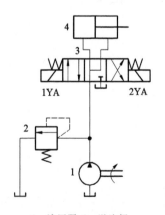

1—液压泵;2—溢流阀;
3—换向阀;4—液压缸

图 6 - 24 差动缸连接的快速运动回路

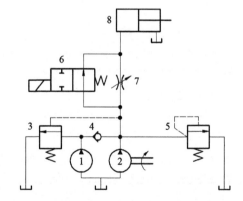

1、2—液压泵;3—顺序阀;4—单向阀;
5—溢流阀;6—换向阀;7—节流阀;8—液压缸

图 6 - 25 采用双泵供油快速运动回路

2）采用双泵供油的快速运动回路

如图 6 - 25 所示,回路的动力源为低压大流量泵 1 和高压小流量泵 2 组成的双泵,可以是两台独立单泵,也可以是双联泵。外控顺序阀 3 设定双泵供油时回路的最大工作压力,溢流阀 5 设定小流量泵 2 供油时回路的最大工作压力。当换向阀 6 处于图示位置,回路压力低于顺序阀 3 调定压力时,双泵同时向系统供油,活塞快速向右运动。当电磁铁得电换向阀 6 处于左位,或回路压力达到、超过顺序阀 3 的调定压力时,单向阀 4 关闭,大流量泵 1 通过顺序阀 3 卸荷,只有小流量泵 2 向回路供油,活塞则变为慢速运动。这种双泵供油回路适用于执行元件快进和工进速度相差较大的场合。

3) 采用蓄能器的快速运动回路

图 6-26 所示为采用蓄能器的快速运动回路。液压缸停止工作时,换向阀 5 处于中位,液压泵 1 经单向阀 3 向蓄能器 4 充液,蓄能器的压力升高到卸荷阀 2 设定压力后,液压泵 1 卸荷。当换向阀 5 处于左位时,蓄能器 4 和液压泵 1 同时向液压缸 6 供油,液压缸向右快速运动。对某些需要快速启动的液压设备,常用蓄能器和定量泵共同组成的油源为回路供油。

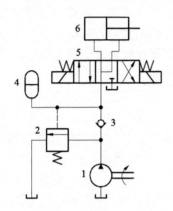 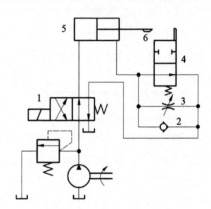

1—液压泵;2—卸荷阀;3—单向阀;
4—蓄能器;5—换向阀;6—液压缸

图 6-26 采用蓄能器的快速运动回路

1—换向阀;2—单向阀;3—节流阀;
4—行程阀;5—液压缸;6—挡块

图 6-27 采用行程阀的快-慢速换接回路

6.2.2.2 速度换接回路

速度换接回路的功能在于使执行元件在一个工作循环中实现不同速度的切换,常见的包括快-慢速的换接和二次慢速之间的换接。

1) 快-慢速换接回路

图 6-27 所示为采用行程阀的快-慢速换接回路。换向阀 1 处于图示位置时,液压缸 5 活塞杆快速向右伸出;当活塞杆的挡块 6 压下行程阀 4 时,行程阀 4 关闭,液压缸 5 右腔油液经过节流阀 3 流回油箱,因此活塞转为慢速运动。当换向阀 1 通电处于左位时,液压泵输出的压力油经单向阀 2 进入液压缸的右腔,活塞杆快速返回。

这种回路快-慢速的换接过程平稳,换接点的位置准确,其缺点是行程阀 4 不能在任意位置布放,管路安装复杂。若将行程阀 4 改为电磁阀,用挡块触发电气行程开关来控制换向,也可实现快-慢速的换接。这样虽然安装灵活方便,但换接时速度急剧变化,其平稳性及换向精度相对较差。

2) 二次工进速度的换接回路

图 6-28 所示为采用两个调速阀组合的二次工进速度的换接回路。图 6-28a 中的两个调速阀 2 和 3 并联时,通过切换换向阀 4 实现速度换接。换向阀 4 处于左位时,液压缸 5 的

速度由调速阀 2 调节,换向阀 4 处于右位时,液压缸 5 的速度由调速阀 3 调节。当其中一个调速阀 A 接入回路工作时,另一个无油液通过的调速阀 B,其内部的定差减压阀处于最大开口位置,在开始速度换接时,调速阀 B 接入回路的瞬间有大量油液通过,工作部件会产生突然前冲现象,因此这种回路不宜用于同一工作中的二次速度换接,而只适用于速度预先换接的场合。

图 6-28b 中的两个调速阀 2 和 3 串联,换向阀 4 在图示位置时,液压缸 5 的速度由调速阀 2 控制(速度大)。当阀换向阀 4 切换至右位时,液压缸 5 的速度由调速阀 3 控制,因调速阀 2 一直处于工作状态,所以调速阀 3 的开口必须小于调速阀 2 才有效,换接后速度小于换接前的速度(速度小)。这种回路换接限制了进入调速阀 3 的流量,速度换接平稳性较好。

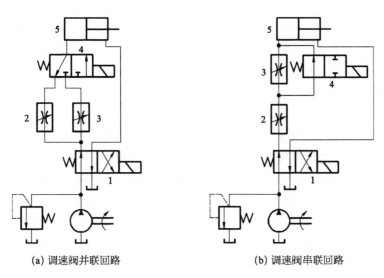

(a) 调速阀并联回路　　　　　　　(b) 调速阀串联回路

1、4—换向阀;2、3—调速阀;5—液压缸

图 6-28　二次工进速度的换接回路

6.3　方向控制回路

通过控制进入执行元件液流的通、断或变向,实现液压执行元件的启动、停止或改变运动方向的回路称为方向控制回路。常见的方向控制回路有换向回路、锁紧回路和制动回路。

6.3.1　换向回路

1) 采用换向阀的换向回路

回路中采用二位四通、二位五通、三位四通或三位五通换向阀都可以使执行元件换向。二位换向阀只能使执行元件正、反两个方向运动;三位换向阀有不同中位滑阀机能,可使液压回路获得不同的性能;五通换向阀有两个回油口,可以设置不同的背压以获得不同的速度。

如图 6-29a 所示利用重力或弹簧回程的液压缸,可以用二位三通阀换向;如图 6-29b 所示,二位三通阀还可以使差动缸连接实现换向。

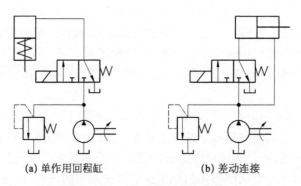

(a) 单作用回程缸　　　　(b) 差动连接

图 6-29　单作用缸的换向回路

　　采用电-磁换向阀,换向最方便,但电磁阀动作迅速,换向有冲击。交流电磁铁一般不宜频繁切换,以免烧坏线圈。而采用电-液换向阀,通过调节单向节流阀(阻尼器)来控制其中液动阀芯的换向速度,换向冲击小,但应尽量减少频繁切换。

　　采用机动阀换向时,通过工作机构的挡块和杠杆直接使阀换向,这样既省去了电磁换向阀换向的行程开关、继电器等环节,又可以频繁切换,但机动阀必须安装在工作机构附近。当工作机构速度很低时,挡块推动杠杆带动换向阀阀芯移至中间位置时,工作机构可能因失去动力而停止运动,出现换向死点;当工作机构运动速度较高时,挡块推动杠杆带动换向阀阀芯移动过快,出现换向冲击现象。因此,对于需要频繁的、连续的往复运动,且对换向过程又有很多要求的工作机构(如磨床工作台),常用机动滑阀作导阀控制液动换向阀实现换向。

　　图 6-30 所示为采用机-液换向阀的换向回路。按照工作台制动原理不同,机液换向阀的换向回路分为时间控制制动式(图 6-30a)和行程控制制动式(图 6-30b)两种。主要区别在于前者的主油路仅受主换向阀 2 控制,而后者的主油路还受先导阀 1 控制,先导阀阀芯上的制动锥可逐渐将液压缸的回油通道关小,使工作台实现预制动。当节流器 M_1、M_2 的开口调定后,不论工作台原来的速度如何变化,前者工作台制动的时间基本不变,而后者工作台预先制动的行程基本不变。时间控制制动式换向回路主要用于工作部件运动速度大、换向

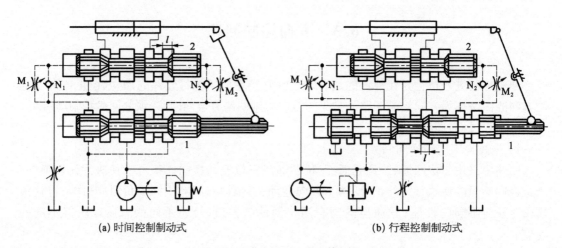

(a) 时间控制制动式　　　　　　　　(b) 行程控制制动式

M1、M2—节流阀;N1、N2—单向阀

图 6-30　采用机-液换向阀的换向回路

频率高和换向精度要求不高的场合,如平面磨床液压系统。行程控制制动式换向回路宜用于工作部件运动速度不大,但换向精度要求较高的场合,如内、外圆磨床液压系统。

　　2) 采用双向变量泵的换向回路

　　在闭式回路中,双向变量泵控制油液方向实现液压缸(马达)的换向,如图 6-31 所示。液压缸 5 活塞向右运动时,缸的进油流量大于排油流量,双向变量泵 1 吸油侧流量不足,可通过辅助泵 2 经单向阀 3 来补充;液压缸 5 活塞向左运动时,改变双向变量泵 1 的供油方向,缸的排油流量大于进油流量,此时泵 1 吸油侧多余的油液,通过换向阀 4 右位和溢流阀 6 排回油箱。溢流阀 6 和 8 既保证活塞向左和向右运动时,变量泵 1 吸油侧有一定的吸入压力,又可使活塞运动平稳;溢流阀 7 作为安全阀使用。这种回路适用于压力较高、流量较大的场合。

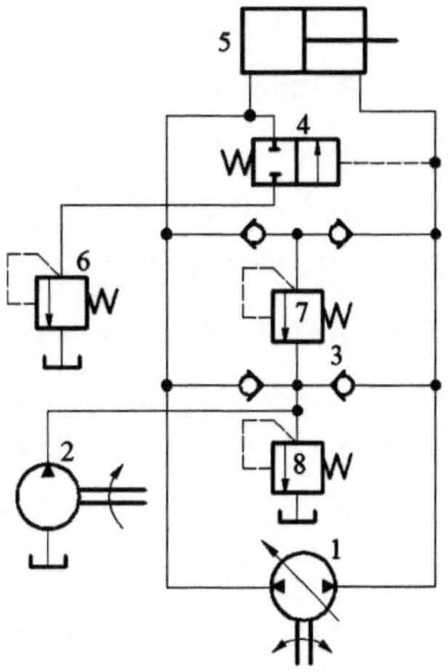

1—变量泵;2—辅助泵;
3—单向阀;4—换向阀;
5—液压缸;6、7、8—溢流阀

图 6-31　采用双向变量泵的换向回路

6.3.2　锁紧回路

　　锁紧回路是使液压缸活塞在任意位置停止,且不发生窜动。三位换向阀的中位 O 型或 M 型滑阀机能可以切断封闭缸的两腔,使活塞停止在行程范围内的任何位置,但由于滑阀的泄漏,紧锁度不高会发生微小窜动,因此常采用泄漏小的液控单向阀作为锁紧元件。

　　图 6-32a 所示为采用液控单向阀(液压锁)的卧式缸双向锁紧回路,换向阀处于中位时,液压缸活塞可以在行程的任何位置锁紧而不窜动。如图 6-32b 所示为采用液控单向阀的立式液压缸锁紧回路,一个液控单向阀即可实现单向锁紧防止产生窜动。活塞下降时,回路中的单向节流阀用于防止超速产生的振动和冲击。液控单向阀作用的锁紧回路中,换向阀应采用 Y 型或 H 型中位机能,这是由于换向阀中位处于时,液控单向阀的控制油路立即失压,单向阀立即关闭,因而保证了锁紧的快速、准确。

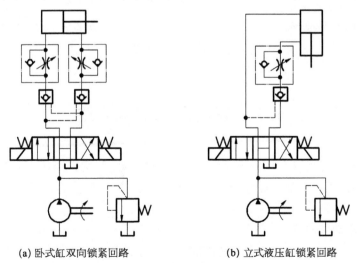

(a) 卧式缸双向锁紧回路　　　　　　(b) 立式液压缸锁紧回路

图 6-32　锁紧回路

6.3.3　制动回路

制动回路的功能在于使执行元件由运动状态转换成静止状态。要求制动过程平稳、时间短,且冲击小。

图6-33a所示为采用溢流阀的液压缸制动回路。换向阀切换时,活塞在溢流阀4或5的调定压力值下实现制动。若换向阀3处于左位,液压缸8活塞向右运动。此时,换向阀3突然切换时,活塞右侧油液压力由于运动部件的惯性突然升高,当压力超过溢流阀5的调定压力时,阀5溢流,减缓回路中的液压冲击,同时,单向阀6向液压缸8补油。同理,活塞向左运动,由溢流阀4缓冲和单向阀7补油。

图6-33b所示为采用溢流阀的液压马达制动回路。换向阀3处于左位时,液压泵1供油马达4旋转,马达排油通过背压阀5回油箱,背压阀调定压力一般为0.3~0.7 MPa。换向阀3处于右位时,切断回油马达4开始制动,由于负载惯性作用马达将持续旋转一段时间,马达4的最大出口压力由溢流阀6限定,减缓管路中的液压冲击。此时泵在阀5的调定压力下低压卸荷,并为制动的马达4补油,防止吸空。溢流阀6的调定压力不宜过高,一般等于液压系统的额定工作压力。溢流阀2为安全阀。

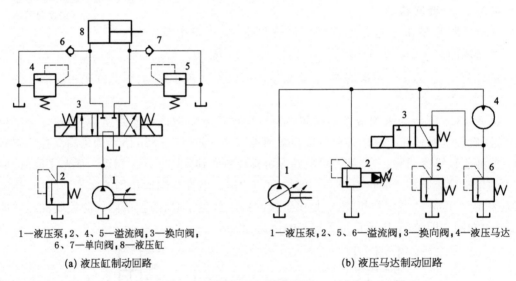

1—液压泵;2、4、5—溢流阀;3—换向阀;
6、7—单向阀;8—液压缸

(a) 液压缸制动回路

1—液压泵;2、5、6—溢流阀;3—换向阀;4—液压马达

(b) 液压马达制动回路

图6-33　制动回路

6.4　多执行元件控制回路

在液压回路中,如果多个执行元件由一个动力源供油,则回路中压力、流量相互影响,使得每个执行元件在动作上受到彼此牵制。因此,必须使用一些特殊的回路来满足预定的动作要求。

6.4.1　顺序动作回路

顺序动作回路的功能是使液压系统中的多个执行元件严格地按规定的顺序动作。根据控制方式不同,分为压力控制和行程控制两种。

1）压力控制顺序动作回路

图 6-34a 所示为采用顺序阀控制的顺序动作回路。换向阀 5 处于左位时，液压泵输出的压力油先进入液压缸 1 的无杆腔，活塞向右运动。当活塞运动到行程终点完成动作①后，回路中油液压力升高至顺序阀 3 的调定压力，顺序阀 3 开启，此时压力油进入液压缸 2 的无杆腔，活塞向右运动，完成动作②。换向阀 5 处于右位时，先后完成动作③和动作④。该回路可以用于钻床液压系统，能完成夹紧-钻进-退回-松开动作。

图 6-34b 所示为采用压力继电器控制的顺序回路。按启动按钮时，电磁铁 1YA 通电，液压缸 1 活塞向右运动到行程终点完成动作①后，回路压力升高，压力继电器 1K 发信号，使电磁铁 3YA 通电，此时压力油进入液压缸 2 无杆腔，活塞向右运动，完成动作②；按返回按钮时，电磁铁 1YA、3YA 断电，4YA 通电，液压缸 2 活塞先回程至终点，完成动作③后，回路中压力升高，压力继电器 2K 发信号，使电磁铁 2YA 通电，液压缸 1 活塞退回，完成顺序动作④。

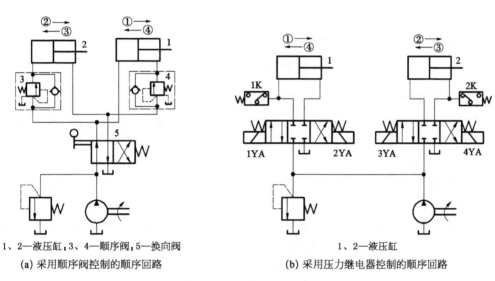

1、2—液压缸；3、4—顺序阀；5—换向阀
(a) 采用顺序阀控制的顺序回路

1、2—液压缸
(b) 采用压力继电器控制的顺序回路

图 6-34 压力控制的顺序动作回路

在压力控制的顺序动作回路中，用压力继电器发信号，控制电磁换向阀实现顺序动作，顺序阀或压力继电器的调定压力必须大于前一动作液压缸的最高工作压力，一般高出 0.8～1 MPa；否则，在管路中的压力冲击或波动下会造成错误动作，导致设备发生故障、引起事故。这种回路只适用于系统中执行元件数量少、负载变化小的场合。

2）行程控制顺序动作回路

图 6-35a 所示为采用行程阀控制的顺序动作回路。当电磁换向阀 3 通电处于左位时，液压缸 1 活塞向右运动，当活塞杆上挡块触动行程阀 4 后，完成动作①，此时液压缸 2 活塞才向右运动，完成动作②；当电磁换向阀 3 断电处于右位时，液压缸 1 活塞先退回，其挡块离开行程阀 4，完成动作③，接着液压缸 2 活塞退回至终点，完成动作④。

图 6-35b 所示为采用行程开关控制的顺序动作回路。按启动按钮，电磁铁 1YA 通电，液压缸 1 活塞向右运动，活塞杆上挡块触动行程开关 2S，完成动作①，此时电磁铁 2YA 通电，液压缸 2 活塞向右运动触动 3S，完成动作②，使 1YA 断电，液压缸 1 活塞先退回，而后触

动 1S,完成动作③,使 2YA 断电,液压缸 2 活塞退回,完成动作④。由于调整挡块的位置可调整液压缸的行程,改变电控顺序可以改变执行元件动作顺序,因此采用程开关控制电磁阀的顺序回路在液压系统中被广泛应用。

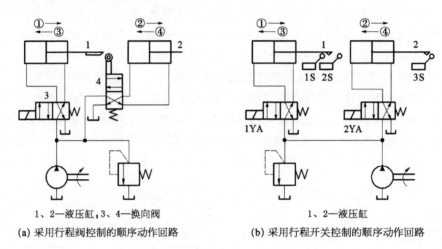

1、2—液压缸;3、4—换向阀

(a) 采用行程阀控制的顺序动作回路

1、2—液压缸

(b) 采用行程开关控制的顺序动作回路

图 6-35　行程阀控制的顺序动作回路

6.4.2　同步动作回路

同步回路的功能是确保液压回路中多个执行元件运动、停止的同步。同步动作包括速度同步和位置同步。速度同步是指各个执行元件运动速度相等,位置同步是指各个执行元件在运动、停止时保持相同的位移。影响多个执行元件同步精度的因素很多,如泄漏、摩擦和制造精度等,同步回路应尽量克服客观影响因素。

1) 采用流量阀控制的同步动作回路

图 6-36 所示为采用并联调速阀的同步动作回路。液压泵向回路供油,液压缸 4 和 5 并联,当换向阀 1 处于左位时,通过调节调速阀 2 和 3 的流量,控制液压缸 4 和 5 的伸出运动速度同步,当换向阀 1 处于右位时,液压缸 4 和 5 回程运动同步。这种同步回路结构简单,但由于两个调速阀的性能差异,同步精度不高,因此不宜用于偏载或负载频繁变化的场合。

2) 采用分流集流阀的同步动作回路

图 6-37 所示采用分流集流阀的双缸同步动作回路。分流集流阀将输入或输出的流量等分,控制液压缸同步运动。

液压泵向回路供油,当换向阀 1 处于左位时,压力油经单向节流阀 2、分流集流阀 3(分流)、液控单向阀 4 和 5,液压缸 6 和 7 实现双缸伸出运动同步;当换向阀 1 处于右位时,压力油反向导通液控单向阀 4 和 5,液压缸无杆腔油液经阀 4 和 5、分流集流阀 3(集流)、经单向节流阀 2、换向阀 1 回油箱,液压缸 6 和 7 回程运动同步。单向节流阀 2 控制活塞运动速度,而液压缸活塞停止运动时,液控单向阀 4 和 5 防止两缸负载不同而通过分流阀 3 的内部节流孔窜油。分流集流阀的同步回路使用方便,但效率低压力损失大,不宜用于低压系统。

3) 采用比例阀或伺服阀的同步回路

图 6-38 所示为采用电-液伺服阀的同步回路,如图(a)所示,电-液伺服阀 2 接收位移传

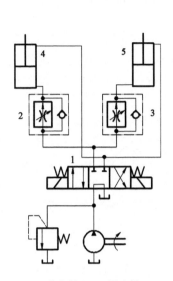
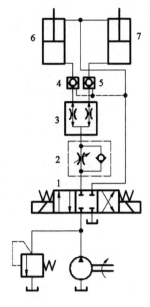

1—换向阀;2、3—调速阀;
4、5—液压缸

图 6-36 采用流量阀控制的
同步动作回路

1—换向阀;2—单向节流阀;3—分流集流阀;
4、5—液控单向阀;6、7—液压缸

图 6-37 采用分流集流阀的
同步动作回路

感器 3 和 4 反馈的信号,从而调节阀 2 输出流量与换向阀 1 相同,实现两液压缸的同步运动。图 6-38b 所示为采用分流集流式的电-液伺服阀的回路,位移传感器 3 和 4 的信号进行比较,反馈控制两液压缸的同步运动。伺服阀价格昂贵,同步精度高,也可以使用价格较低的比例阀代替,但精度会下降。

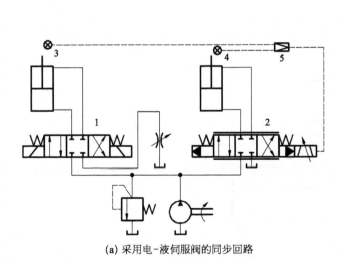
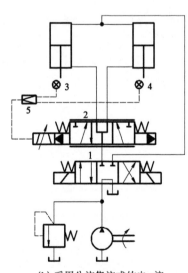

(a) 采用电-液伺服阀的同步回路

(b) 采用分流集流式的电-液
伺服阀的同步回路

1—换向阀;2—电液伺服阀;3、4—位移传感器;5—伺服放大器

图 6-38 采用比例阀或伺服阀的同步回路

6.4.3 多缸动作互不干扰回路

多缸动作互不干扰回路的功能是使多个执行元件在完成各自工作循环时,液压回路彼此互不干扰。

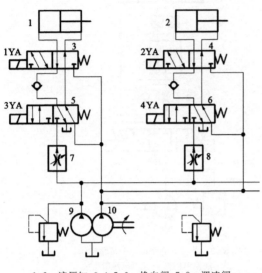

1、2—液压缸;3、4、5、6—换向阀;7、8—调速阀;
9、10—液压泵

图 6-39　多缸动作互不干扰回路

图 6-39 所示为多缸动作互不干扰回路,液压缸 1、2 分别要完成的工作循环"快进→工进→快退"。当开始工作时,电磁铁 1YA、2YA 同时得电,液压缸 1、2 由大流量泵 10 供油,因差动连接实现快进。如果缸 1 先完成快进动作,挡块和行程开关使电磁铁 3YA 得电,1YA 失电,大流量泵 10 进入缸 1 的油路被切断,改为由小流量泵 9 供油,经调速阀 7 获得慢速工进,不受缸 2 快进的影响。当两液压缸均转为工进状态,都由小流量泵 9 供油后,若缸 1 先完成了工进,挡块和行程开关使电磁铁 IYA、3YA 都得电,缸 1 改由大流量泵 10 供油,使缸 1 活塞快速回程,此时缸 2 仍由小流量泵 9 供油继续完成工进,不受缸 1 回程的影响。当所有电磁铁都失电时,两液压缸都停止运动。该回路快速运动由大流量泵供油,慢速运动由小流量泵供油,并结合相应的电磁阀控制的方案,从而保证两缸运动互不干扰。

 ## 习题与思考题

1. 试分析如图 6-40 所示调压回路中各溢流阀的调整压力应如何设置,能实现几级调压。

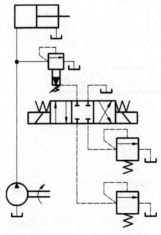

图 6-40　第 1 题图

2. 如图 6-41 所示回路中,溢流阀的调定压力分别为 $p_{Y1}=3$ MPa, $p_{Y2}=2$ MPa, $p_{Y3}=4$ MPa,试分析外负载无穷大时,泵的出口压力分别为多少。

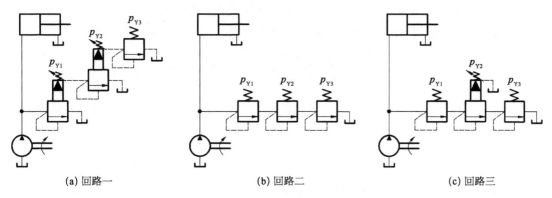

(a) 回路一　　　　　　(b) 回路二　　　　　　(c) 回路三

图 6-41　第 2 题图

3. 如图 6-42 所示回路,溢流阀的调整压力为 5 MPa,顺序阀的调整压力为 3 MPa。分析下列情况时 A、B 点的压力各为多少:(1) 液压缸活塞杆伸出时,负载压力 $p_L=4$ MPa 时;(2) 液压缸活塞杆伸出时,负载压力 $p_L=1$ MPa 时;(3) 活塞运动到终点时。

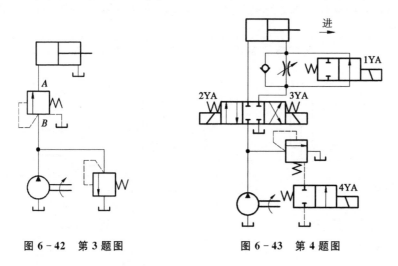

图 6-42　第 3 题图　　　　　　图 6-43　第 4 题图

4. 如图 6-43 所示回路,完成如下动作循环:"快进—工进—快退—停止、卸荷"。试写出电磁铁动作循环表,并分析该液压回路有何特点。

5. 如图 6-28b 所示两个调速阀串联回路中,为什么前一个调速阀的开口面积必须大于后一个调速阀的开口面积?如果要求该回路在不增加调速阀的条件下实现三种进给速度换接,回路应进行什么改进?

6. 如图 6-32 所示锁紧回路中,为什么要求换向阀的中位机能为 H 型或者 Y 型?若采用 M 型会出现什么问题?

7. 如图 6-44 所示,液压泵输出流量 $q_p=10$ L/min。缸的无杆腔面积 $A_1=50$ cm^2,有杆腔面积 $A_2=25$ cm^2,溢流阀的调定压力 $p_Y=2.4$ MPa,负载 $F=10$ kN。节流阀口视为薄壁孔,流量系数 $C_q=0.62$,油液密度 $\rho=900$ kg/m^3。(1) 节流阀口通流面积 A_T 为

$0.01\ cm^2$ 和 $0.02\ cm^2$ 时,试求缸速度 v、泵压 p_p、溢流功率损失 ΔP_Y 和回路效率 η。(2)当 $A_T=0.01\ cm^2$ 和 $0.02\ cm^2$ 时,若负载 $F=0$,则泵压和缸的两腔压力 p_1 和 p_2 多大?(3)当 $F=10\ kN$ 时,若节流阀最小稳定流量为 $50\times10^{-3}\ L/min$,对应的 A_T 和缸速 v_{min} 多大?若将回路改为进口节流调速回路,则 A_T 和 v_{min} 多大?两者比较说明什么问题?

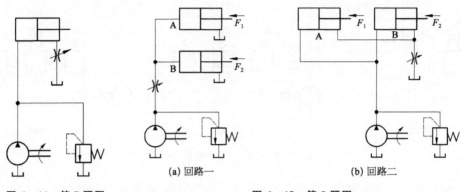

图 6-44　第 7 题图　　　　　　　　　　　(a) 回路一　　　　　　　(b) 回路二

图 6-45　第 8 题图

8. 如图 6-45 所示两个回路,A、B 为完全相同的两个液压缸,负载 $F_1>F_2$,已知节流阀能调节缸速并不计压力损失。试判断图 6-45a、b 中哪个液压缸先动,哪个液压缸速度快?并说明原因。

9. 如图 6-46 所示平衡回路是怎样工作的?回路中的节流阀能否省去,为什么?

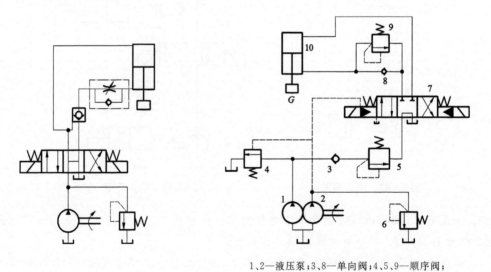

1、2—液压泵;3、8—单向阀;4、5、9—顺序阀;
6—溢流阀;7—换向阀;10—液压缸

图 6-46　第 9 题图　　　　　　　　　图 6-47　第 10 题图

10. 如图 6-47 所示液压系统,已知运动部件重量为 G,液压泵 1 最大工作压力 P_1,液压泵 2 最大工作压力 P_2。若不计管路的压力损失,试分析:(1)阀 4、5、6、9 各是什么阀?各有什么作用?(2)阀 4、5、6、9 的调定压力如何?(3)系统中包含哪些回路?

第7章　典型液压系统

本章学习目标
(1) 知识目标：了解典型液压系统，能对一般复杂的液压系统进行分析。
(2) 能力目标：掌握液压系统原理图的读图步骤与方法。

一个机器设备的液压系统无论多复杂，都是由若干个基本回路组成的，基本回路的特性也就决定了整个系统性能。学习了基本回路，应该能正确、快速地分析与阅读液压系统图。

本章首先介绍液压系统的读图方法，然后通过几种典型的液压系统，介绍液压系统在各行各业中的应用，进而掌握液压系统原理图的读图步骤与方法。

7.1　液压系统读图方法

正确、快速地分析与阅读液压系统图，对于液压设备的设计、分析、研究、使用维护及故障排除均有重要的指导作用。要想真正读懂一个液压系统，就必须按照如下读图方法和步骤进行：

(1) 认真分析该液压主机的工作原理、性能特点，研究清楚这台主机对其液压系统的工作要求。

(2) 根据主机对液压系统执行元件动作循环具体要求，从油源到执行元件按油路的走向初步阅读液压系统原理图，寻找它们的连接关系，读图时按照先控制油路后主油路的读图顺序进行。

(3) 按系统中组成的基本回路来分解系统的功能，并根据系统各执行元件间的同步、互锁、顺序动作和防干扰等逻辑关系的要求，全面读懂液压系统原理图。

(4) 分析液压系统各功能要求的实现方法和系统性能优劣，总结归纳出系统的特点。

7.2　动力滑台液压系统

7.2.1　概述

组合机床是一种在制造领域中用途广泛的半自动专用机床。组合机床由通用部件(如

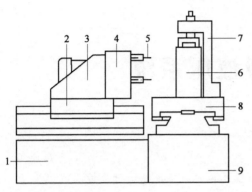

1—床身；2—动力滑台；3—动力头；4—主轴箱；
5—刀具；6—工件；7—夹具；8—工作台；9—底座

图 7-1 卧式组合机床

动力头、动力滑台、床身和立柱等)和专用部件(如专用动力箱、专用夹具等)两大类部件组成,有卧式、立式、倾斜式和多面组合式等多种结构形式。卧式组合机床的结构原理如图 7-1 所示。

组合机床的进给运动由动力滑台的运动实现。动力滑台按驱动方式不同分为液压滑台和机械滑台两种形式,它们各有优缺点,分别应用于不同运动与控制要求的加工场合。由于动力滑台在驱动动力头进行机械加工的过程中有多种运动和负载变化要求,因此,控制动力滑台运动的液压系统必须具备换向、速度换接、调速、压力控制、自动循环和功率自动匹配等多种功能。

7.2.2 YT4543 型动力滑台液压系统工作原理

YT4543 型动力滑台是一种应用广泛的通用液压动力滑台,该滑台由液压缸驱动,在电气和机械装置的配合下可以实现多种自动加工工作循环。该动力滑台液压系统最高工作压力可达 6.3 MPa,属于中低压系统。

YT4543 型动力滑台的液压系统图、系统的动作循环表分别如图 7-2 和表 7-1 所示。

由图 7-2 可见,该液压系统能够实现"快进—工进—停留—快退—停止"的自动工作循环,其工作情况如下:

(1) 快进。人工按下自动循环起动按钮,液压缸 7 处于差动连接状态,实现液压缸 7 快速运动。此时,系统中油液流动的情况为:

进油路:泵 14→单向阀 13→换向阀 12(左位)→行程阀 8(右位)→缸 7(左腔)。

回油路:缸 7(右腔)→换向阀 12(左位)→单向阀 3→行程阀 8(右位)→缸 7(左腔)。

(2) 一工进。滑台快进到预定位置时行程挡块压下行程阀 8,系统进入容积节流调速工作方式,使系统第一次工作进给开始。由于压力的反馈作用,叶片泵 14 输出流量与调速阀 4 的流量

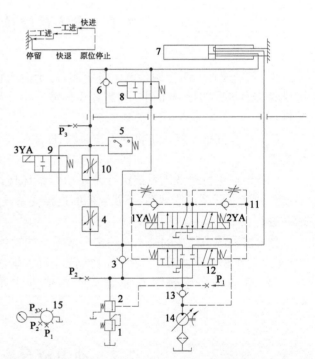

1—背压阀；2—顺序阀；3、6、13—单向阀；4—调速阀(一工进)；5—压力继电器；7—液压缸；8—行程阀；9—电磁阀；10—调速阀(二工进)；11—先导阀；12—换向阀；14—变量液压泵；15—压力表开关；P₁、P₂、P₃—调速阀(二工进)

图 7-2 YT4543 型动力滑台液压系统原理图

自动匹配。此时,系统中油液流动情况为:

进油路:泵 14→单向阀 13→换向阀 12(左位)→调速阀 4→电磁阀 9(右位)→缸 7(左腔)。

回油路:缸 7 右腔→换向阀 12(左位)→顺序阀 2→背压阀 1→油箱。

(3) 二工进。滑台第一次工作进给结束时,装在滑台前侧面的另一个行程挡块压下一行程开关,系统仍然处于容积节流调速状态,第二次工作进给开始。此时,系统中油液流动情况为:

进油路:泵 14→单向阀 13→换向阀 12(左位)→调速阀 4→调速阀 10→缸 7 左腔。

回油路:缸 7 右腔→换向阀 12(左位)→顺序阀 2→背压阀 1→油箱。

(4) 进给终点停留。

(5) 快退。系统中油液的流动情况为:

进油路:泵 14→单向阀 13→换向阀 12(右位)→缸 7 右腔。

回油路:缸 7 左腔→单向阀 6→换向阀 12(右位)→油箱。

(6) 停止。此时,系统中油液的流动情况为:卸荷油路,泵 14→单向阀 13→换向阀 12(中位)→油箱。

表 7 - 1 YT4543 型动力滑台液压系统动作循环

动作名称	信号来源	电磁铁动作状态			液压元件工作状态						备 注
		1YA	2YA	3YA	顺序阀 2	先导阀 11	换向阀 12	电磁阀 9	行程阀 8	继电器 5	
快进	人工按下启动按钮	+	−	−	关闭	左位	左位	右位	右位	−	差动快进
一工进	行程挡块压下阀 8	+	−	−	打开	左位	左位	右位	左位	−	容积节流
二工进	挡铁压下行程开关	+	−	−	打开	左位	左位	右位	左位	−	容积节流
停止	滑台靠上死挡块	+	−	+	打开	左位	左位	右位	左位	−→+	继电器发信
快退	压力继电器发信	−	+	−	关闭	右位	右位	右位		+→−	缸 7 小腔工作
原位停	挡铁压下行程开关	−	−	−	关闭	中位	中位	右位		−	系统卸荷

注:"+"表示电磁铁通电;"−"表示电磁铁断电。

7.2.3 YT4543 型动力滑台液压系统性能

(1) 系统采用"限压式变量液压泵—调速阀—背压阀"调速回路。

(2) 系统采用限压式变量液压泵和液压缸差动连接实现快进,得到较大快进速度,能量利用也比较合理。

(3) 系统采用行程阀和外控顺序阀实现快进与工进的换接,不仅简化了油路和电路,而且使动作可靠,换位精度较高。

(4) 系统采用换向时间可调的电液换向阀来切换主油路,使滑台的换向平稳,冲击和噪声小。

(5) 系统回路中三个单向阀 13、3 和 6 的用途完全不同。阀 13 实现系统在卸荷状态换向;阀 3 实现快进时差动连接,工进时压力油与回油相隔离;阀 6 实现快进与两次工进时的反向截至与快退时的正向导通,使滑台快退时的回油通过管路和换向阀 12 直接回油箱。

7.3　压力机液压系统

7.3.1　概述

　　压力机是锻压、冲压、冷挤、校直、弯曲、粉末冶金、成形和打包等加工工艺中广泛应用的压力加工机械设备,可实现对工件进行挤压、校直、冷弯等加工。四柱式液压机结构原理图如图 7-3 所示。液压机的上滑块机构通过四个导柱导向、主缸驱动,实现上滑块机构"快速下行→慢速加压→保压延时→快速回程→原位停止"的动作循环。下缸布置在工作台中间孔内,驱动下滑快顶出机构实现"向上顶出→向下退回"或"浮动压边下行→停止→顶出"两种动作循环,如图 7-4 所示。液压机液压系统以压力控制为主,系统具有高压、大流量、大功率的特点。

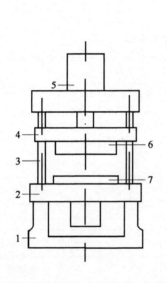

1—床身;2—工作平台;3—导柱;4—上滑块;
5—上缸;6—上滑块模具;7—下滑块模具

图 7-3　四柱液压机结构原理图

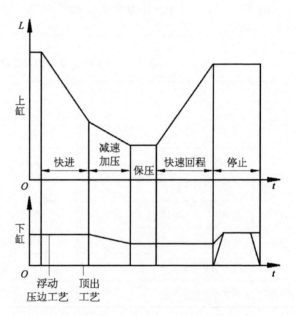

图 7-4　液压机工作循环

7.3.2　3 150 kN 通用液压机液压系统工作原理

　　图 7-5 为 3 150 kN 通用液压机液压系统图,表 7-2 为该机的液压系统动作循环表,该系统的工作原理如下。

　　(1) 启动。按下启动按钮,电磁铁全部处于失电状态,主泵 1 输出的油液经三位四通电液换向阀 6 中位流回油箱,实现空载启动。

　　(2) 上液压缸快速下行。此时电磁铁 1YA、5YA 得电,电液换向阀 6 处于右位,油液流经电磁换向阀 8 右位后,使得液控单向阀 9 打开,系统油液流动情况为:

　　进油路:主泵 1→换向阀 6 右位→单向阀 13→上缸 16 上腔。

　　回油路:上缸 16 下腔→液控单向阀 9→换向阀 6 右位→换向阀 21 中位→油箱。

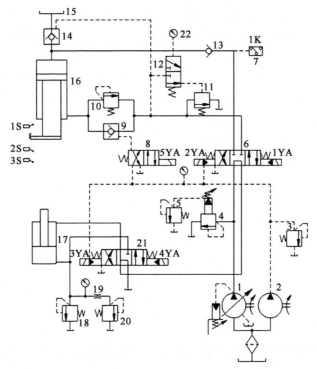

1—主泵;2—辅助泵;3、4、18—溢流阀;5—远程调压阀;6、21—电液换向阀;7—压力继电器;
8—电磁换向阀;9—液控单向阀;10、20—背压阀;11—顺序阀;12—液控滑阀;13—单向阀;
14—充液阀;15—油箱;16—上缸;17—下缸;19—节流;22—压力表

图 7－5　3 150 KN 通用液压机液压系统原理图

表 7－2　3150 通用液压机液压系统动作循环表

动 作 程 序		1YA	2YA	3YA	4YA	5YA
上缸	快速下行	+	－	－	－	+
	慢速加压	+	－	－	－	－
	保　压	－	－	－	－	－
	泄压回程	－	+	－	－	－
	停　止	－	－	－	－	－
下缸	顶　出	－	－	+	－	－
	退　回	－	－	－	+	－
	压　边	+	－	－	－	－
	停　止	－	－	－	－	－

注:"＋"表示电磁铁通电;"－"表示电磁铁断电。

　　上缸滑块在自重作用下快速下降,泵 1 虽处于最大流量,但仍不能满足流量需求,上腔形成负压,上部油箱 15 的油液经充液阀 14 进入上缸上腔。

(3) 上缸慢速接近工件并加压。上滑块降至一定位置触动行程开关 2S 后,电磁铁 5YA 失电,电磁换向阀 8 归回原位,液控单向阀 9 关闭。系统油液流动情况为:

进油路:主泵 1→换向阀 6 右位→单向阀 13→上缸 16 上腔。

回油路:上缸 16 下腔→背压阀 10→换向阀 6 右位→换向阀 21 中位→油箱。

(4) 保压。当上缸上腔压力达到预定值时,压力继电器 7 发出信号,使电磁铁 1YA 失电,阀 6 回中位,上缸上、下腔封闭,由于阀 14 和 13 具有良好密封性能,使上缸上腔实现保压,其保压时间由压力继电器 7 控制的时间继电器调整实现。在上腔保压期间,主泵 1 经由阀 6 和 21 的中位后卸荷。

(5) 上缸上腔泄压、回程。保压过程结束,时间继电器发出信号,电磁铁 2YA 得电,电液换向阀 6 换至左位,此时上缸上腔压力很高,液控滑阀 12 处于上位,系统油液流动情况为:

进油路:泵 1→阀 6 左位→阀 9→上缸下腔。

回油路:上缸上腔→阀 14→上部油箱 15。

(6) 上缸原位停止。当上缸滑块组件上升至行程挡块压下行程开关 1S,使电磁铁 2YA 失电,阀 6 中位接入系统,液控单向阀 9 将主缸下腔封闭,上缸在起点原位停止不动。泵 1 输出油液经阀 6、21 中位回油箱,泵 1 卸荷。

(7) 下液压缸顶出及退回。电磁铁 3YA 得电,电液换向阀 21 左位接入回路,系统油液流动情况为:

进油路:泵 1→换向阀 6 中位→换向阀 21 左位→下缸 17 下腔。

回油路:下缸 17 上腔→换向阀 21 左位→油箱。

下缸 17 活塞上升,顶出压好的工件。当电磁铁 3YA 失电,4YA 得电,换向阀 21 右位接入系统,下缸活塞下行,使下滑块组件退回到原位。

(8) 浮动压边。有些模具工作时需要对工件进行压紧拉伸,当在压力机上用模具作薄板拉伸压边时,要求下滑块组件上升到一定位置实现上下模具合模,使合模后模具既保持一定的压力将工件夹紧,又能使模具随上滑块组件的下压而下降(浮动压边)。

7.3.3　3 150 kN 通用液压机系统性能

(1) 如图 7-5 所示,系统采用高压、大流量、恒功率(压力补偿)柱塞变量泵供油,通过电液换向阀 6、21 的中位机能使主泵 1 空载起动,在主、辅液压缸原位停止时主泵 1 卸荷,利用系统工作过程中工作压力的变化来自动调节主泵 1 的输出流量与上缸的运动状态相适应,这样既符合液压机的工艺要求,又节省能量。

(2) 系统利用上滑块组件的自重实现主液压缸(上缸)快速下行,并使用充液阀 14 补油,从而使快速运动回路的结构简单、补油充分,且使用的元件少。

(3) 系统采用带缓冲装置的充液阀 14、液动换向阀 12 和外控顺序阀 11 组成的泄压回路,其结构简单,减小了上缸由保压转换为快速回程时的液压冲击。

(4) 系统采用单向阀 13、14 保压,并使系统卸荷的保压回路,在上缸上腔实现保压的同时实现系统卸荷,因此系统既节能又效率高。

(5) 系统采用液控单向阀 9 和内控顺序阀组成的平衡锁紧回路,使上缸组件可在任何位置能够停止,且能够长时间保持在锁定的位置上。

7.4　汽车起重机液压系统

7.4.1　概述

汽车起重机是一种应用广泛的工程机械,其是用相配套的载重汽车为基本部分,在其上添加相应的起重功能部件,组成完整汽车起重机,并且利用汽车自备的动力作为起重机的液压系统动力。起重机工作时,汽车的轮胎不受力,依靠四条液压支撑腿将整个汽车抬起来,并将起重机的各个部分展开,进行起重作业。一般的汽车起重机在功能上有以下要求:

(1) 整机能方便地随汽车转移,满足其野外作业机动、灵活、不需要配备电源的要求。

(2) 当进行起重作业时支腿机构能将整车抬起,使汽车所有轮胎离地,免受起重载荷的直接作用,且液压支腿的支撑状态能长时间保持位置不变,防止起吊重物时出现软腿现象。

(3) 在一定范围内能任意调整、平衡锁定起重臂长度和俯角,以满足不同起重作业要求。

(4) 使起重臂在 360°以内能任意转动与锁定。

(5) 使起吊重物在一定速度范围内任意升降,并在任意位置能够负重停止,负重启动时不出现溜车现象。

图 7-6 所示为汽车起重机结构原理图,主要由如下几部分组成:① 支腿装置;② 吊臂回转机构;③ 吊臂伸缩机构;④ 吊臂变幅机构;⑤ 吊钩起降机构。

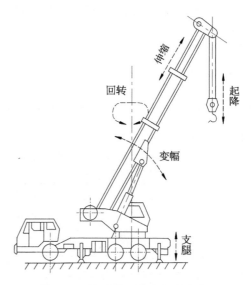

图 7-6　汽车起重机结构原理图

7.4.2　Q2-8 型汽车起重机液压系统工作原理

图 7-7 所示为 Q2-8 型汽车起重机液压系统原理图,汽车起重机液压系统中液压泵的动力,都是由汽车发动机通过装在底盘变速箱上的取力箱提供。接下来介绍液压系统各部分工作的具体情况。

1) 支腿缸收放回路

系统中油液的流动情况为:

(1) 前支腿。

① 进油路,取力箱→液压泵→多路换向阀 1 中的阀 A→两个前支腿缸进油腔。

② 回油路,两个前支腿缸回油腔→多路换向阀 1 中的阀 A→阀 B 中位→旋转接头 9→多路换向阀 2 中阀 C、D、E、F 的中位→旋转接头 9→油箱。

(2) 后支腿。

① 进油路,取力箱→液压泵→多路换向阀 1 中阀 A 的中位→阀 B→两个后支腿缸进油腔。

② 回油路,两个后支腿缸回油腔→多路换向阀 1 中阀 A 的中位→阀 B→旋转接头 9→

多路换向阀 2 中阀 C、D、E、F 的中位→旋转接头 9→油箱。

2）吊臂回转回路

系统中油液的流动情况为：

（1）进油路，取力箱→液压泵→多路换向阀 1 中的阀 A、阀 B 中位→旋转接头 9→多路换向阀 2 中的阀 C→回转液压马达进油腔。

（2）回油路，回转液压马达回油腔→多路换向阀 2 中的阀 C→多路换向阀 2 中的阀 D、E、F 的中位→旋转接头 9→油箱。

3）伸缩回路

系统中油液的流动情况为：

（1）进油路，取力箱→液压泵→多路换向阀 1 中的阀 A、阀 B 中位→旋转接头 9→多路换向阀 2 中的阀 C 中位→换向阀 D→伸缩缸进油腔。

（2）回油路，伸缩缸回油腔→多路换向阀 2 中的阀 D→多路换向阀 2 中的阀 E、F 的中位→旋转接头 9→油箱。

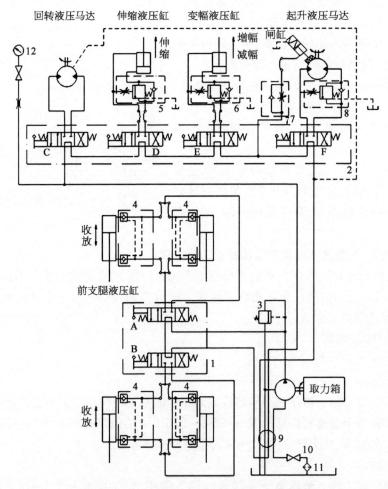

1、2—多路阀；3—安全阀；4—双向液压锁；5、6、8—平衡阀；7—单向节流阀；9—中心回转接头；
10—开关；11—过滤器；12—压力表；A、B、C、D、E、F—手动换向阀

图 7 - 7　汽车起重机液压系统原理图

4）变幅回路

系统中油液的流动情况为：

（1）进油路，取力箱→液压泵→阀 A 中位→阀 B 中位→旋转接头 9→阀 C 中位→阀 D 中位→阀 E→变幅缸进油腔。

（2）回油路，变幅缸回油腔→阀 E→阀 F 中位→旋转接头 9→油箱。

5）起降回路

系统中油液的流动情况为：

（1）进油路，取力箱→液压泵→阀 A 中位→阀 B 中位→旋转接头 9→阀 C 中位→阀 D 中位→阀 E 中位→阀 F→起降液压马达进油腔。

（2）回油路，起降液压马达回油腔→阀 F→旋转接头 9→油箱。

7.4.3　Q2-8 型汽车起重机系统性能

从图 7-7 可以看出，该液压系统由调压、调速、换向、锁紧、平衡、制动、多缸卸荷等基本回路组成，其性能特点是：

（1）在调压回路中，采用安全阀来限制系统最高工作压力，防止系统过载，对起重机实现超重起吊安全保护作用。

（2）在调速回路中，采用手动调节换向阀的开度大小来调整工件机构（起降机构除外）的速度，方便灵活。

（3）在锁紧回路中，采用由液控单向阀构成的双向液压锁将前后支腿锁定在一定位置上，工作可靠、安全，确保整个起吊过程中，每条支腿都不会出现软腿的现象，即使出现发动机死火或液压管道破裂的情况，双向液压锁仍能正常工作，且有效时间长。

（4）在平衡回路中，采用经过改进的单向液控顺序阀作平衡阀，以防止在起升、吊臂伸缩和变幅作业过程中因重物自重而下降，且工作稳定、可靠，但在一个方向有背压，会对系统造成一定的功率损耗。

（5）在多缸卸荷回路中，采用多路换向阀结构。

（6）在制动回路中，采用由单向节流阀和单作用闸缸构成的制动器，利用调整好的弹簧力进行制动，制动可靠、动作快。

 习题与思考题

1. 如图 7-8 所示，液压系统能够实现"差动快进→工进 1→工进 2→背压回程→泵卸荷"工作循环。根据题意填写表 7-3 中所示电磁铁动作顺序。

表 7-3　液压系统电磁铁动作顺序

电磁动作	1YA	2YA	3YA	4YA	5YA	6YA	7YA
差动快进							
一工进							

（续表）

电磁动作	1YA	2YA	3YA	4YA	5YA	6YA	7YA
二工进							
背压回程							
泵卸荷							

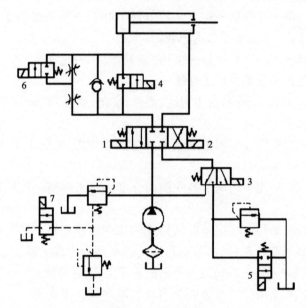

图 7 - 8　第 1 题图

2. 图 7 - 9 所示为某组合机床动力滑台上使用的一种液压系统原理图,试写出其动作循环并说明桥式油路结构的作用。

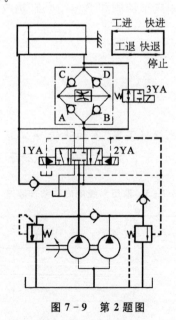

图 7 - 9　第 2 题图

3. 在图 7-10 所示平面磨床液压系统中,已知工作台方面的手摇机构液压缸 1、开停节流阀 2、换向阀 3、先导阀 4、工作台液压缸 11 和砂轮架方面的进给选择阀 6、手摇机构液压缸 7、互通阀 8、先导阀 9、换向阀 10、砂轮架液压缸 12,由进给阀 5 关联起来,试读懂此系统图,并分别说明开停节流阀、进给选择阀和进给阀的用途。

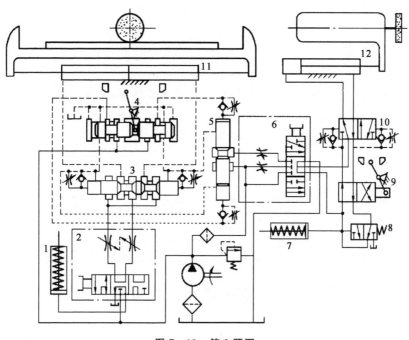

图 7-10　第 3 题图

第8章　液压系统设计计算

液压传动系统设计是整个机器设计的重要组成部分，液压系统合理设计是液压技术成功应用的关键环节，与所有产品设计相同，液压系统设计也遵循一定的设计步骤。本章在概述液压系统设计步骤的基础上，通过一个实例详述液压系统设计过程。

8.1　液压系统设计步骤

液压系统设计的内容和步骤主要包括如下环节：① 明确系统设计要求，进行负载特性分析；② 确定系统设计方案，确定主要参数；③ 拟定液压系统原理图；④ 液压元件的计算与选择；⑤ 液压系统主要性能验算；⑥ 进行结构设计，编写技术文件，如图 8 - 1 所示。

8.1.1　液压系统设计要求及速度负载分析

1) 设计要求

在液压系统具体设计之前须明确以下如下内容：

（1）液压系统用于完成哪些动作。

（2）液压系统动作与运动要求。根据主机设计要求，确定执行元件数量、运动方式、工作循环、行程范围以及多执行元件间动作要求。

（3）液压执行元件负载、运动速度大小及变化范围。

（4）液压系统性能要求，如调速性能、运动平稳性、转换位置精度、效率、温升、运维方便性等。

（5）液压系统工作条件和工作环境。

（6）经济性与成本等方面要求。

2) 速度负载分析

对各执行元件运动速度及负载变化规律进行分析，主要包括如下方面：

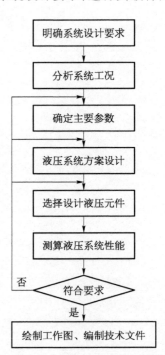

图 8 - 1　液压系统设计一般流程

（1）速度分析。依据工艺要求，确定各执行元件在一个完整的工作循环内各阶段速度：无负载运动最大速度(快进、快退速度)、带负载工况下的工进速度范围及变化规律，并绘制速度循环图。

（2）负载分析。依据工艺要求，求出各执行元件在整个工作循环内各阶段各需克服的外负载：各执行元件的负载是单向负载还是双向负载、恒定负载还是变负载、负载作用位置等，并绘制负载循环图。

8.1.2　液压系统方案设计

1）确定回路方式

一般选用开式回路，执行元件出来的油液直接回油箱，油液经沉淀、冷却后再进入液压泵入口；对于行走机械和航空航天液压装置，为减小体积与质量，可选择闭式回路，执行元件出来的油液直接进入液压泵入口。

2）选用液压油

普通液压系统选用矿油型液压油作为工作介质，其中，室内设备多采用汽轮机油或普通液压油，室外设备则选用抗磨液压油或低凝液压油。航空液压系统则多选用航空液压油。对于某些高温设备或井下液压系统，则选用难燃介质，如磷酸酯液、水-乙二醇、乳化液。液压油液选定后，液压元件选择时需要考虑其相溶性。

3）初定系统压力

执行元件的工作压力，可以根据负载图中的最大负载来选取，见表 8-1；也可以根据主机的类型来选取，见表 8-2。

表 8-1　按负载选择执行元件工作压力

负载 $F/(\times 10^3\ N)$	<5	5～10	10～20	20～30	30～50	>50
工作压力 p/MPa	<0.8～1	1.5～2	2.5～3	3～4	4～5	>5～7

表 8-2　按主机类型选择执行元件工作压力

主机类型	机　床				农业机械 小型工程机械 工程机械辅助机构	塑料机械	液压机 中、大型工程机械 起重运输机械
	磨床	组合机床	龙门刨床	拉床			
工作压力 p/MPa	≤2	3～5	≤8	8～10	10～16	6～25	20～32

4）选择执行元件

（1）连续回转运动选用液压马达，转速高于 500 r/min 时选择高速液压马达，如齿轮马达、双作用叶片马达或轴向柱塞马达；转速低于 500 r/min 时选择低速马达或高速液压马达配机械减速装置，低速马达可选择单作用连杆型径向柱塞马达或多作用径向柱塞马达。

（2）往复摆动选用摆动液压缸或齿条活塞缸。

（3）直线往复运动选用活塞缸或柱塞缸。双向工作进给选用双活塞杆缸；单向工作、反向退回选用单活塞杆；负载力作用线与活塞杆轴线不重合或缸径大、行程长，选用柱塞缸，退回用其他方式。

5) 确定液压泵类型

(1) 系统压力 $p \leqslant 21$ MPa 时,选用齿轮泵或双作用叶片泵;$p > 21$ MPa 时,选用柱塞泵。

(2) 系统采用节流调速,选用定量泵;系统要求高效节能,选用变量泵。

(3) 系统有多个执行元件,且各自工作循环速度差别很大时,选用多泵供油,进行分级调速。

6) 选择调速方式

(1) 中小型液压设备特别是机床,一般选用定量泵节流调速;对速度稳定性要求高时选用调速阀节流调速回路。

(2) 原动机是内燃机时,可采用定量泵变转速调速,同时用多路换向阀阀口实现微调。

(3) 采用变量泵调速,可以选用手动变量调速,也可以选用压力自适应变量调速。

7) 选择调压方式

(1) 溢流阀旁接在液压泵出口,进油、回油节流调速系统中为定压阀,保持系统工作压力恒定,其他场合为安全阀,限制系统最高工作压力;系统工作循环不同阶段工作压力差别很大时,采用多级调压以减少能量消耗。

(2) 中、低压系统为获得低于系统压力的二次压力可选用减压阀;大型高压系统选用单控油源。

(3) 为使执行元件不工作时液压泵在低输出功率下工作,采用卸载回路。

(4) 液压缸垂直布置时应采用平衡回路;为保证重物平稳下降,垂直变负载时应采用限速锁。

8) 选择换向回路

(1) 设备自动化程度要求高时选用电动换向,各执行元件的互锁、顺序动作、联动等要求均可由电气控制系统实现。

(2) 为使行走机械可靠工作,一般选用手动换向;多执行元件回路选用多路换向阀。

9) 绘制液压系统原理图

拟定液压系统原理图是整个设计工作中最主要的步骤,它对系统的性能以及设计方案的经济性、合理性具有决定性的影响。其一般方法是,根据动作和性能的要求先分别选择和拟定基本回路,然后将各个回路组合成一个完整的系统。

组合回路时,尽可能去掉相同的多余元件,力求系统简单,元件数量和品种规格少。综合后的系统要能实现主机要求的所有功能,且操作方便、工作可靠、动作平衡、运维方便。对于重要回路中的压力阀,应设置压力监测点,以便将压力阀调整到要求的压力,并由监测点压力观察系统工作正常与否。

8.1.3 液压系统主要参数计算

液压系统主要参数即工作压力和流量是选择液压元件的主要依据,系统工作压力与流量分别取决于液压执行元件工作压力、回路压力损失和执行元件所需流量、回路泄漏,因此液压系统参数计算主要是计算执行元件的主要参数。

1) 液压系统主要参数初选

液压系统工作压力的选定关系到系统设计的合理程度,主要涉及液压系统的重量与经济性间的平衡,在系统功率已确定的情况下,工作压力选得低,对系统工作可靠性、平稳性及降低噪声均有利,但液压系统元件体积、重量相应增大;工作压力选得高,结构紧凑,但制造精度、密封要求和制造成本均提高,因此执行元件工作压力一般依据负载图中最大负载选取,具体参照表 8－1 和表－2。

2) 执行元件主要结构尺寸计算

(1) 液压缸主要尺寸计算。依据初定系统压力 p_s,液压缸最高工作压力 $p_{max} \approx 0.9 p_s$,设液压缸回油背压为 0,可得液压缸活塞作用面积

$$A = F_1 / p_{max} \tag{8-1}$$

对于双杆活塞缸, $A = \dfrac{\pi(D^2 - d^2)}{4}$,一般取 $d = 0.5D$;

对于单杆活塞杆, $A_1 = \dfrac{\pi D^2}{4}$,按往返速比要求一般取 $d = (0.5 \sim 0.7)D$;

对于柱塞缸, $A = \dfrac{\pi d_1^2}{4}$。

计算中需要考虑背压时,可依据表 8－3 初定参考背压值,待回路确定后修正。

表 8－3　液压缸背压参考值

系 统 类 型	参考背压 p_2/($\times 10^5$ Pa)
回油口节流阀调速	2～5
回油口调速阀调速	5～8
回油路装背压阀	5～15
带补油泵闭式回路	8～15

液压缸有低速要求时,有效作用面积还须满足最低稳定速度要求:

$$A \geqslant \frac{q_{min}}{v_{min}} \tag{8-2}$$

式中, q_{min} 为流量控制阀或变量泵最小稳定流量; v_{min} 为液压缸最低运动速度。

若不满足式(8-2),则需加工液压缸有效工作面积,进而复算液压缸相应参数。

(2) 液压马达主要尺寸计算。由马达最大负载转矩 T_{max}、初选工作压力 p 及预估机械效率 η_{Mm},计算马达排量

$$V_M = \frac{2\pi T_{max}}{p \eta_{Mm}} \tag{8-3}$$

为使马达可达最低稳定转速 n_{min},其排量 V_M 应满足

$$V_M \geqslant \frac{q_{min}}{n_{min}} \tag{8-4}$$

由求得的排量 V_M、工作压力 p、最高转速 n_{max} 等参数,可选择合适的液压马达,进而由选择的马达排量 V_M、机械效率 η_{Mm}、回路背压 p_b 复算液压马达工作压力。

3）绘制执行元件工况图

执行元件主要参数确定后，根据设计任务要求，由负载循环图和速度循环图绘制执行元件工况图，系统中包含多个执行元件时，其工况图是各执行元件工况图的综合。

执行元件工况图是选择液压元件、液压基本回路及为均衡功率分布而调整设计参数的依据。

8.1.4　液压系统原理图拟订

拟订液压系统原理图是从油路原理及结构组成上具体体现设计任务中提出的各项性能要求，通过选择液压基本回路及由基本回路组成液压系统两个步骤完成。

8.1.4.1　选择液压基本回路

依据设计要求是前边做出的工况图确定组成液压系统的基本回路，一般可从参考书或设计手册的成熟方案中选择，在满足主机各项性能要求的前提下，还要考虑符合节约能源、减少发热、减少冲击等。

1）调速回路

依据工况图的压力、流量与功率及系统对温升、工作平稳性等要求选择调速回路。

（1）压力较小、功率较小（≤2～3 kW）、工作稳定性要求不高时可采用节流阀式调速回路；负载变化大、速度稳定性要求高时可采用调速阀式调速回路。

（2）功率中等（3～5 kW）的场合可采用节流阀式调速回路或容积式调速回路，也可采用容积-节流式调速回路。

（3）功率较大（≥5 kW）、要求温升小、稳定性要求不高的场合可采用容积调速回路。

调速方式确定后油路循环方式也基本确定，节流调速、容积-节流调速回路通常选用开式回路；容积调速回路选用闭式回路。多执行元件回路中，若工况图中流量变化大时，可搭配蓄能器，选用小规格液压泵。

2）快速运动回路与速度换接回路

快速运动回路与调速回路密切相关，调速回路一旦确定，快速回路也基本上确定了。速度换接回路结构形式上由系统中调速回路和快速运动回路形式决定，只需选择换接方式即可，其中机械控制式换接方式换接精度高、换接平稳、工作可靠；电气控制换接方式结构简单、调整方便、控制灵活。

3）压力控制回路

在液压系统工作过程中，要求系统保持一定工作压力或压力在一定范围内变化，有时还需要压力能够多级或无级连续调节，选用相应功能压力控制回路即可，同时选择各种压力控制回路时，还需要考虑选用此回路的特点与应用场合。

4）多执行元件回路

多执行元件控制回路，需考虑多执行元件间相互关系问题，主要为以下几类关系：同时动作时的同步问题与互不干扰问题、先后动作时的先后顺序问题和不动作时卸荷问题。

8.1.4.2　液压回路组成液压系统

选好的各个液压基本回路再搭配一些辅助元件就可以组合成液压系统了，但还需注意以下几点：

（1）整理合并，去掉作用相同或相近的元件和回路，以尽可能简化结构。

（2）检查系统是否满足所有要求，系统循环中每一个动作都安全可靠，相互间无干扰。

(3) 为便于液压系统的维护和监测,在系统关键部位还要装设必要的检测元件,如压力计、温度计和流量计等。

(4) 各元件安放位置应正确合理,在充分发挥其功能的前提下,使得各种损失尽可能少。

8.1.5　液压元件选择

1) 液压泵的选择

先依据设计要求与系统工况确定液压泵类型,再依据最高工作压力和系统最大流量选择液压泵规格。

2) 控制元件的选择

控制元件的选择主要是依据阀的最高工作压力和流经阀的最大流量来选择阀的规格,即选用的各类阀的额定压力和额定流量要大于系统的最高工作压力和实际流经阀的最大流量。

3) 辅助元件的选择

油箱、过滤器、蓄能器、管路、管接头、热交换器等辅助元件根据第 5 章介绍的相关原则选用。

8.1.6　液压系统性能验算

1) 液压系统压力损失验算

液压系统压力损失发生在多处,主要包括沿程压力损失 Δp_λ、局部压力损失 Δp_ξ 和液流流过阀类元件的局部压力损失 Δp_v,须验算下管路系统的总压力损失:

$$\sum \Delta p = \Delta p_\lambda + \Delta p_\xi + \Delta p_v \tag{8-5}$$

2) 液压系统发热温升验算

液压系统工作时存在着各种各样的机械损失、压力损失和流量损失,损失的所有能量都将转变为热量,使油温升高、泄漏增加,甚至运动部件动作失灵等。

8.2　液压系统设计计算举例

设计一台卧式单面钻、镗两用组合机床液压系统,其工作循环:快进→工进→快退→停止。液压系统主要参数与性能要求如下:工作时最大轴向力 30 kN,运动部件重 19.6 kN;快进、快退速度 6 m/min,工进速度 0.02～0.12 m/min;快进行程 0.2 m,工进行程 0.2 m;起动换向时间 $\Delta t = 0.2$ s,导轨动摩擦系数 $f_d = 0.1$。

8.2.1　负载分析

在负载分析中,先不考虑回油背压,因工作部件水平放置,重力水平分力 $F_G = 0$。

惯性力　　　　$F_m = m \dfrac{\Delta v}{\Delta t} = \dfrac{G}{g} \dfrac{\Delta v}{\Delta t} = \dfrac{19.6 \times 10^3 \times \dfrac{6}{60}}{9.8 \times 0.2} = 1\,000$ (N)

摩擦阻力　　　　$F_f = Gf = 19.6 \times 10^3 \times 0.1 = 1\,960$ (N)

设计中不考虑切削加工引起的倾覆力矩作用,并设液压缸机械效率 $\eta_m = 0.9$,则液压缸在各工作阶段的总负载见表 8-4。

表 8-4　液压缸在各工作阶段负载值

运　动　阶　段	计　算　公　式	负载值 F/N
起动加速	$F = (F_f + F_m)/\eta_m$	3 289
快进	$F = F_f/\eta_m$	2 178
工进	$F = (F_f + F_w)/\eta_m$	35 511
快退	$F = F_f/\eta_m$	2 178

8.2.2　速度分析

快进、快退速度为 6 m/min,工进速度 0.02～0.12 m/min。

依据负载计算结果和已知的各阶段速度,绘制如图 8-2 所示负载图 $(F-l)$ 和速度图 $(v-l)$。图中横坐标以上为液压缸进给时的曲线,以下则为液压缸退回时的曲线。

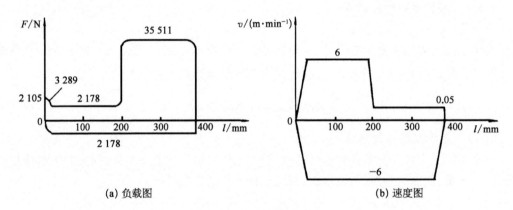

(a) 负载图　　　　　　　　　　　　　　(b) 速度图

图 8-2　负载速度图

8.2.3　液压缸主要参数确定

1) 液压缸工作压力初选

由表 8-2 可知,组合机床系统在最大负载 35 511 N 时宜取液压缸工作压力为 4 MPa。

2) 液压缸结构参数计算

为使液压缸快进与快退速度相等,选用单杆活塞缸,并在快进时采用差动连接,设液压缸两腔有效作用面积分别为 A_1 和 A_2,且 $A_1 = 2A_2$,即 $d = 0.707D$。

钻孔时,液压缸回油路上必须有背压 p_2,以防止孔被钻通时滑台突然前冲,液压缸回油背压 0.6 MPa,快进时液压缸虽然差动连接,但由于管路压降 Δp 存在,有杆腔压力大于无杆腔压力,估算时取 $\Delta p \approx 0.5$ MPa;快退时回油腔中有背压,这时取 0.5 MPa 估算。

由工进时液压缸活塞受力平衡方式 $F/\eta_m = p_1 A_1 - p_2 A_2 = p_1 A_1 - p_2 (A_1/2)$ 可得

$$A_1 = \frac{F}{\eta_m}/(p_1 - 0.5p_2) = \frac{35\,511}{0.9 \times (4 \times 10^6 - 0.5 \times 0.6 \times 10^6)} = 0.010\,66 \ (\text{m}^2)$$

$$D = \sqrt{\frac{4A_1}{\pi}} = 116.5 \ \text{mm}, \quad d = 0.707D = 82.4 \ \text{mm}$$

由 GB/T 2348—2018,将这些直径圆整成就近标准值 $D = 110 \ \text{mm}$, $d = 80 \ \text{mm}$。由此可计算出液压缸有效作用面积分别为

$$A_1 = \frac{\pi D^2}{4} = 95.03 \times 10^{-4} \ \text{m}^2$$

$$A_2 = \frac{\pi(D^2 - d^2)}{4} = 44.77 \times 10^{-4} \ \text{m}^2$$

工进时采用调速阀调速,其最小稳定流量 $q_{\min} = 0.05 \ \text{L/min}$,设计要求最低工进速度 $v_{\min} = 0.02 \ \text{m/min}$,经验算满足式(8-2)。

3) 液压缸工作循环各阶段压力、流量和功率计算

依据上述 D 和 d 的值,可估算出液压缸在各阶段中的压力、流量和功率,具体见表 8-5。

表 8-5　液压缸不同工作阶段压力、流量和功率

工 况		计 算 公 式	负载 F/N	回油背压 p_2/MPa	进油压力 p_1/MPa	输入流量 $q_1/(\times 10^{-3} \ \text{m}^3/\text{s})$	输入功率 P/kW
快进	起动加速	$p_1 = \dfrac{F + A_2(p_2 - p_1)}{A_1 - A_2}$ $q_1 = (A_1 - A_2)v_1$	3 289	$p_2 = p_1 + 0.5$	1.1	—	—
	恒速	$P = p_1 q_1$	2 178		0.88	0.5	0.44
工进		$p_1 = \dfrac{F + A_2 p_2}{A_2}$ $q_1 = A_1 v_1$ $P = p_1 q_1$	35 511	0.6	4.02	0.003 1~ 0.019	0.012~ 0.076
快退	起动加速	$p_1 = \dfrac{F + A_1 p_2}{A_2}$ $q_1 = A_2 v_1$	3 289	0.5	1.79	—	—
	恒速	$P = p_1 q_1$	2 178		1.55	0.448	0.69

8.2.4　液压系统原理图拟定

1) 液压基本回路选择

(1) 调速回路。由于此机床功率小,钻床工作运动速度低,工作负载变化小,采用进口节流调速回路;为获得较好的低速平稳性与速度负载特性,选用调速阀调速;为解决进口节流调速回路孔钻通时突然前冲,回油路上设置背压阀。

(2) 泵供油回路。由工况图,液压系统工作循环内,液压缸要求油源交替提供低压大流量和高压小流量油液,最大流量与最小流量之比为156,快进、快退所需时间 t_1 与工进所需时间 t_2 分别为

$$t_1 = l_1/v_1 + l_3/v_3 = \frac{0.2 \times 60}{6} + \frac{0.4 \times 60}{6} = 6(\text{s})$$

$$t_2 = l_2 / v_2 = \frac{0.2 \times 60}{0.02} = 600(s)$$

可得 $t_2 / t_1 = 100$，因此从提高系统效率、节能角度考虑，采用单个定量泵供油显然不合适，宜选用双泵供油方案。

(3) 速度换接回路和快速回路。快进、快退速度与工进速度相比变化大，为确保换向平稳，选用行程阀控制的速度换接回路，快速运动采用差动连接回路实现。

(4) 换向回路。为换向便捷可靠，采用电液换向阀；为实现液压缸中位停止与差动连接，采用三位五通电液换向阀实现换向。

(5) 压力控制回路。系统的调压问题与卸荷问题已在油源中解决，不再需要专用的元件或油路。

2) 液压回路组成系统

将选定的液压回路组成液压系统，并依据要求作必要的修改、归并和补充。具体修改如下(修改后的液压系统如图 8 - 3 所示)：

(1) 为解决工进时进油路、回油路相通，系统无法建立压力的问题，需串联一个单向阀 7，将工进的进、回油路隔开。

(2) 为实现差动快进，须在回油路上串联液控顺序阀 9，以阻止油液快进时流回油箱。

(3) 为解决机床停止工作时系统中油液流回油箱，导致空气进入系统，影响运动平稳性，须在电液换向阀出口处增设单向阀 11。

(4) 为便于系统自动发出快退信号，在调速阀出口增加压力继电器 12。

(5) 增设压力表及其开关。

8.2.5　液压元件选择

1) 液压泵

(1) 液压泵工作压力。已知液压缸最大工作压力为

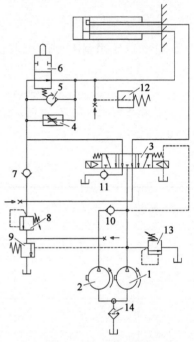

1、2—双联液压泵；3—电液换向阀；
4—调速阀；5、7、10、11—单向阀；
6—换向阀；8、13—溢流阀；9—液控顺序阀；
12—压力继电器；14—过滤器

图 8 - 3　修改后的液压系统原理图

4.02 MPa，取进油路上压力损失为 1 MPa(表 8 - 6)，则小流量泵最高工作压力为 5.02 MPa，选取泵额定压力 $p_n = 5.02 + 5.02 \times 25\% = 6.27$ (MPa)；大流量泵快速运动时才向液压缸供油，快退时工作压力较快进时大，取快退时压力损失 0.4 MPa，则大流量泵工作时的最高工作压力为 $1.79 + 0.4 = 2.19$ MPa，卸荷阀的调定压力应高于此压力值。

表 8 - 6　进油路总压力损失经验值

系 统 结 构 情 况	总压力损失 Δp / MPa
一般节流阀调速及旁路简单系统	0.2~0.5
进油路有调速阀及旁路复杂系统	0.5~1.5

（2）液压泵流量。两个泵应向系统提供的最大流量为 0.5×10^{-3} m³/s（30 L/min），若回路中的泄漏按液压缸输入流量 10%，则两个泵的总供油量：$q_p = 1.1 \times 30 = 33$ L/min。

由于溢流阀最小稳定溢流量为 3 L/min，工进时输入液压缸的最大流量为 1.14 L/min，由小流量泵单独供油，故小流量泵的流量规格最少应为（3 L/min＋1.14 L/min＝4.14 L/min）。

（3）液压泵规格。依据以上压力和流量数值，查阅产品样本，拟选取 YB1-40/6.3 双联叶片泵，两泵的排量分别为 40 ml/r 和 6.3 ml/r，额定转速为 960 r/min，容积效率为 0.9，两泵的额定流量分别为 34.56 L/min 和 5.43 L/min，满足以上要求。

（4）泵驱动功率。液压缸快退时输入功率最大，这时液压缸进油路上压力损失 0.4 MPa，泵输出压力为 2.19 MPa，取泵总效率 $\eta_p = 0.8$，泵总流量为 40 L/min，则液压泵所需驱动功率

$$P = \frac{p_p q_p}{\eta_p} = \frac{2.19 \times 10^6 \times 40 \times 10^{-3}}{60 \times 0.8} = 1\,825 (\text{W})$$

故选用 Y112M-6-B5 立式电动机，其额定功率为 2.2 kW，额定转速 940 r/min，大流量泵与小流量泵输出流量分别为 33.84 L/min、5.33 L/min，均能满足要求。

2）阀类元件及辅助元件

依据阀类及辅助元件所在油路最大工作压力及通过该元件的最大实际流量，可选出相应的阀类元件和辅助元件（略）。

各元件间连接管路、管接头规格按元件接口处尺寸确定。

油箱容积可按液压泵流量的 7 倍，求得其容积 $V = \zeta q_p = 7 \times 40 = 280$（L），按 JB/T 7938—2010《液压泵站、油箱、公称容积系列》中规定，可选取标准值 $V = 315$ L。

8.2.6　系统性能验算

以油液温升验算为例：

工进在整个工作循环中所占的时间比例达 99%（见前），所以系统发热和油液温升可用工进情况计算。

小流量泵工进时工作压力为 5.02 MPa，流量为 5.33 L/min，其输入功率

$$P_{i小} = \frac{p_{p小} q_{p小}}{\eta} = \frac{5.02 \times 10^6 \times 5.33 \times 10^{-3}}{60 \times 0.8} = 557.4 (\text{W})$$

工进时小液压缸最低有效功率（系统输出功率）

$$P_{o min} = Fv = \frac{(30\,000 + 1\,960) \times 0.02}{60} = 10.7 (\text{W})$$

此时大流量泵通过顺序阀卸荷，其工作压力等到阀上的局部压力损失 Δp，额定流量为 63 L/min，额定压力损失为 0.3 MPa，大流量泵流量为 33.84 L/min，则其局部压力损失

$$\Delta p_v = 0.3 \times 10^6 \times \frac{33.84 + 44.77 \times 5.33/95}{63} = 0.1 \times 10^6 (\text{Pa})$$

大流量泵的输入功率

$$P_{i大} = \frac{\Delta p_v q_{p大}}{\eta} = \frac{0.1 \times 10^6 \times 33.84 \times 10^{-3}}{60 \times 0.8} = 70.5 (\text{W})$$

小流量泵输入流量

$$P_{i\text{小}} = \frac{p_{\text{p小}} \, q_{\text{p小}}}{\eta} = \frac{5.02 \times 10^6 \times 5.33 \times 10^{-3}}{60 \times 0.8} = 557.4(\text{W})$$

单位时间内发热量

$$H_i = P_i - P_o = (557.4 + 70.5) - 10.7 = 617.2(\text{W})$$

由

$$\Delta T = \frac{H_i}{\sqrt[3]{V^2}} \times 10^3 = \frac{617.2}{\sqrt[3]{315^2}} = 13.33(℃)$$

温升在许可范围内,本液压系统无须增设冷凝器。

 习题与思考题

1. 设计一个相对完整的液压传动系统一般需要经过哪些步骤,明确哪些具体要求?

2. 试设计一台小型液压机液压传动系统,要求可实现如下工作循环:快速下行→慢速加压→保压→快速回程→原位停止,快速往返速度为 7 m/min,加压速度为 0.04～0.5 m/min,压紧力为 300 kN,运动部件总重力为 20 kN。

3. 试观察周围哪些工程机械中有使用到液压传动系统,通过液压传动系统实现了怎样的工作循环。试设计其中你感兴趣的一种工程机械的液压传动系统。

第9章 气压传动

本章学习目标

(1) 知识目标：了解常见的气源装置和气动辅助元件；理解并掌握常见气动元件和气动回路的工作原理、特点及应用。

(2) 能力目标：能读懂气压系统原理图，并进行相应分析。

气压传动工作原理在本书绪论中已做介绍，在此不再赘述。本章将在简单介绍气压传动基础知识的基础上，重点介绍气动元件、气动基本回路及气压系统。考虑到液压传动相关内容已有详细讲述及限于学时问题，气压传动部分仅简述。

9.1 气压传动基础知识

要了解和掌握气压传动技术，首先要了解其工作介质（空气）的性质及其在工作过程中所依据的一些基础知识。

9.1.1 空气的物理性质

气压传动的介质是压缩空气，自然界中的空气是由若干种气体混合而成的，表 9-1 为地表附近干空气的组成，空气中含有水蒸气的空气为湿空气，水蒸气含量为零的空气为干空气，空气中还会有因污染而产生的二氧化硫、碳氢化合物等气体。

表 9-1　干空气组成

项　目	成　分/%				
	氮	氧	氩	二氧化碳	其他气体
体积分数	78.03	20.93	0.932	0.03	0.078
质量分数	75.5	23.1	1.28	0.045	0.075

1) 密度

单位体积气体质量为密度，一般用字母 ρ 表示，国际单位 kg/m^3。

2) 黏性

空气质点相对运动时产生阻力的性质称为空气的黏性。实际气体都具有黏性，因此流动时均有能量损失。

3）湿度

空气中或多或少都含有水蒸气,所含水分的程度可用相对湿度或者绝对湿度表示。

(1) 绝对湿度。指每立方米湿空气中含有水蒸气的质量。

(2) 饱和绝对湿度。其含义是,若湿空气中水蒸气的分压力达到该湿度下水蒸气的饱和压力,此时的绝对湿度为饱和绝对湿度。

(3) 相对湿度。指在确定的压力与温度下,其绝对湿度与饱和绝对湿度之比,用 φ 表示。

对于干空气,$\varphi=0$;对于饱和湿空气,$\varphi=1$。φ 可表示湿空气吸收水蒸气的能力,φ 值越大吸湿能力越弱。气动技术中规定各阀内空气的 φ 值应小于 90%（质量分数）,且越小越好。人体感觉舒适的 φ 值为 $60\%\sim70\%$（质量分数）。

4）露点

未饱和湿空气保持绝对湿度不变而降温达到饱和状态的温度为露点,湿空气在温度降至露点以下时会有水滴析出,降温除湿就是利用此原理完成的。

9.1.2　气体静力学基础

气体平衡规律与液体相同,液体静力学方程完全适用于气体。

1）理想气体状态方程

不考虑黏性的气体为理想气体,一定质量的理想气体在状态变化的某一稳定瞬时,其状态方程为

$$pV = RT \tag{9-1}$$

$$\frac{pV}{T} = 常数 \tag{9-2}$$

$$p = \rho RT = \frac{m}{V}RT \tag{9-3}$$

式中,p 为绝对压力(Pa);V 为质量体积(比体积)($\mathrm{m^3/kg}$);R 为气体常数,对干空气,$R = 487\ \mathrm{J/(kg \cdot K)}$;$T$ 为热力学温度(K);ρ 为密度($\mathrm{kg/m^3}$);m 为质量(kg);V 为体积($\mathrm{m^3}$)。

2）静止气体状态变化过程

(1) 等压过程。一定质量的气体,在压力不变的条件下进行状态变化为等压过程。由式(9-3)可得

$$\frac{V_1}{V_2} = \frac{T_1}{T_2} = 常数 \tag{9-4}$$

在等压过程中,气体热力学能发生变化;气体温度升高,体积膨胀,对外做功。密闭在气罐中的气体,由于外界环境温度的变化,使气罐内气体状态发生变化的过程近似为等容过程。

(2) 等温过程。一定质量的气体,在温度不变的条件下进行的状态变化为等温过程。由式(9-3)可得

$$p_1 V_1 = p_2 V_2 = 常数 \tag{9-5}$$

将容量足够大的气罐中的气体经小孔较长时间向外释放的过程可视为等温过程。

（3）等容过程。一定质量的气体,在体积不变的条件下进行的状态变化为等容过程,由式(9-3)可得

$$\frac{p_1}{T_1} = \frac{p_2}{T_2} = 常数 \tag{9-6}$$

等容过程中,气体对外不做功,随着温度的升高,气体的压力和内能增加。

（4）绝热过程。一定质量的气体,在与外界无热量交换的条件下进行的状态变化为绝热过程,其过程方程如下：

$$pV^k = 常数 \tag{9-7}$$

$$\frac{p}{\rho^k} = 常数 \tag{9-8}$$

$$\frac{p}{T^{\frac{1}{k-1}}} = 常数 \tag{9-9}$$

式中,k 为绝热指数,对于空气,$k=1.4$;对于饱和水蒸气,$k=1.3$。

绝热过程中,气体靠消耗自身热能对外做功,其温度、压力和体积三个参数均为变量。空气压缩机压缩空气、高速气流流过阀口过程均可视为绝热过程。

（5）多变过程。在无任何制约条件下,一定质量气体所进行的状态变化过程为多变过程,其过程方程为

$$pV^n = 常数 \tag{9-10}$$

式中,n 为多变指数。

当 $n=0$ 时,$pV^n=$常数,为等压过程;当 $n=1$ 时,$pV=$常数,为等温过程;当 $n=k$ 时,$pV^k=$常数,为可逆绝热过程;当 $n=\pm\infty$ 时,$p^{1/n}V=$常数,即 $V=C$,为等容过程。

9.1.3　气体动力学基础

1）气体流动的连续性方程

气体在管道中做稳定流动时,根据质量守恒定律,在单位时间内流过管道内每一通流截面的质量流量相等,即气体的连续性方程可用下式表示为

$$\rho_1 V_1 A_1 = \rho_2 V_2 A_2 = q_m \tag{9-11}$$

式中,ρ_1、ρ_2 分别为通流截面 1 和截面 2 上的流体密度;A_1、A_2 分别为通流截面 1 和截面 2 的截面积;v_1、v_2 分别为通流截面 1 和截面 2 上的流体运动速度;q_m 为质量流量。

气体运动速度很低时,可将其流动视为不可压缩流动,则 ρ 为常数,式(9-11)变为

$$V_1 A_1 = V_2 A_2 = q_v \tag{9-12}$$

式中,q_v 为体积流量。

2）气体流动的伯努利方程

伯努利方程是能量守恒定律在流体力学中的具体表面形式,当气体稳定流动时,由能量守恒定律可得如下几种能量方程：

（1）不可压缩气体(流速很低)伯努利方程(忽略位差影响)。其方程形式为

$$p_1 + \frac{1}{2}\rho_1 v_1^2 = p_2 + \frac{1}{2}\rho_2 v_2^2 + \Delta p_f = 常数 \qquad (9-13)$$

式中，p_1、p_2 分别为通流截面 1 和截面 2 上的压力；ρ_1、ρ_2 分别为通流截面 1 和截面 2 上的气体密度；v_1、v_2 分别为通流截面 1 和截面 2 上的气体运动速度；Δp_f 为通流截面 1、2 间的压力损失。

（2）可压缩气体（实际气体）绝热流动伯努利方程（忽略位差影响）。其方程形式为

$$\frac{k}{k-1}p_1 + \frac{1}{2}\rho_1 v_1^2 = \frac{k}{k-1}p_2 + \frac{1}{2}\rho_2 v_2^2 + \Delta p_f = 常数 \qquad (9-14)$$

式中，k 为绝热指数，对于空气，$k=1.4$。

（3）有机械功的可压缩气体绝热流动能量方程（忽略位差影响）。其方程形式为

$$\frac{k}{k-1}p_1 + \frac{1}{2}\rho_1 v_1^2 + W = \frac{k}{k-1}p_2 + \frac{1}{2}\rho_2 v_2^2 + \Delta p_f = 常数 \qquad (9-15)$$

此式可变形得

$$W = \frac{k}{k-1}(p_2 - p_1) + \frac{1}{2}(\rho_2 v_2^2 - \rho_1 v_1^2) \qquad (9-16)$$

式中，W 为通流截面 1、2 间气体机械（风机、压气机等）对单位质量气体所做的全功（J/kg）。式（9-16）一般用来计算理论压气功或气缸缓冲装置。

3）压力损失的计算

气体流动的压力损失按液体流动时的压力损失计算。

9.1.4　气体在管道内的流动特性

气体在拓扑图中以亚声速流动（气体流动速度低于声速）时，随管道通流截面面积减小，流速增大、压力降低；反之，随通流截面面积增大，流速减小、压力升高。当超声速时情况恰好相反，随通流截面面积减小，流速减小、压力升高；随管道通流截面面积增加，流速增大、压力降低。当声速流动时，流动处于临界状态，管道通流截面面积不变时，此处速度为声速。由此可知，由亚声速流动变成超声速流动，管道截面面积必须先收缩，使流速在最小截面处达到声速，再扩大才可能获得超声速流动，且须注意的是获得超声速流动的必要几何条件，要达到超声速流动管道两端还必须有足够压差。

对空气来说，当进出口压力比（绝对压力）为 1.893 时可达声速，即当存在一个收缩-扩张流道时，才可能达到超声速流动，此为达到超声速流动的两个必备条件。

9.2　气源装置及气动辅助元件

气源装置是气压传动系统的动力部分，其性能好坏直接关系到气动系统能否正常工作。气动辅助元件是气动系统正常工作不可缺少的组成部分。

9.2.1　气源装置

向气动系统提供压缩空气（具有一定压力和流量，并具有一定净化程度）的装置称为气

源装置。为保证气压传动系统正常工作,对气源装置产生的压缩空气,必须经过降温、净化、减压、稳压等一系列处理后才能输入管路中。气源装置一般由以下四部分组成:

(1) 气压发生装置。目前常用的气源发生装置有空气压缩机和压缩空气站两种:若排气量低于 6 m³/min 时,一般采用空气压缩机供气;若排气量大于或等于 6~12 m³/min 时,通常需要单独设置压缩空气站。

(2) 压缩空气的净化装置和设备。

(3) 管道系统。

(4) 气动三大件。

9.2.1.1　气压发生装置

1) 压缩空气站

作为工厂或车间统一气源的压缩空气站组成如图 9-1 所示。其中,空气压缩机 1 由电动机带动用以产生压缩空气,其前端装有空气过滤器用以去除灰尘、固体杂质等;后冷却器 2 用以降温冷却压缩空气,当温度下降到 40~50 ℃时油气与水汽分别凝结成油滴和水滴;油水分离器 3 用以分离并排出降温冷却凝结的水滴、油滴、杂质等;气罐 4 和 7 用以储存压缩空气,稳定压缩空气的压力,并除去部分油分和水分;干燥器 5 用以进一步吸收或排除压缩空气中的水分及油分,使之成为干燥空气;过滤器 6 用以进一步过滤压缩空气中的灰尘、杂质颗粒。

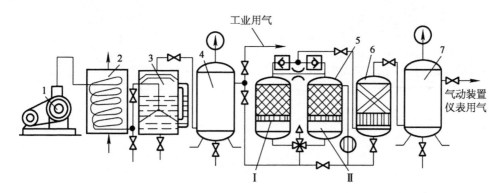

1—空气压缩机;2—后冷却器;3—油水分离器;4、7—储气罐;5—干燥器;6—过滤器

图 9-1　气源系统组成示意图

2) 空气压缩机

空气压缩机是一种气源装置,它是将机械能转变成压力能的转换装置。

空气压缩机的种类很多,按工作原理可分为容积式和速度式(叶片式)两类,容积式空气压缩机原理是压缩气体的容积,使单位体积内气体分子密度增加以提高压缩空气的压力。速度式空气压缩机的工作原理是提高气体分子的运动速度,然后使气体分子的动能转化为压力能以提高压缩空气的压力。

空气压缩机的选择依据是气动系统工作压力和流量两个主要参数。

一般空气压缩机为中压空气压缩机,额定排气压力为 1 MPa,另外还有:低压空气压缩机,排气压力为 0.2 MPa;高压空气压缩机,排气压力为 10 MPa;超高压空气压缩机,排气压力可达 100 MPa。

9.2.1.2 压缩空气净化装置

1）空气过滤器

为了防止空气中所含的杂质和灰尘进入机体和系统后加剧相对运动部件间的磨损,加速润滑油老化,降低密封性能,提高排气温度,增加功率损耗,在空气进入压缩机前需先经过空气过滤器,过滤掉其中的灰尘和杂质。

2）后冷却器

后冷却器安装在空压机输出管路上,其作用是使空压机排出的气体由 140～170 ℃降到 40～50 ℃,使压缩空气中的油雾和水汽迅速达到饱和,大部分析出并凝结成油滴和水滴,然后送至油水分离器分离排出。其常见结构形式有:蛇管式、列管式、散热片式、套管式等,冷却方式有水冷和空冷两种,蛇管式和列管式冷却器的结构分别如图 9-2 a、b 所示,安装时应注意压缩空气和水的流动方向。

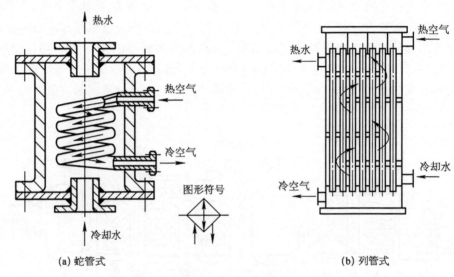

(a) 蛇管式   (b) 列管式

图 9-2 后冷却器

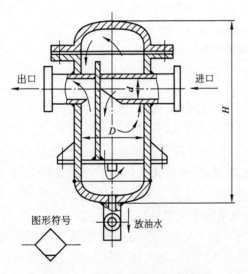

图 9-3 撞击挡板式油水分离器

3）油水分离器

油水分离器安装在后冷却器后的管道上,其作用是将经后冷却器降温析出的油滴和水滴等杂质从压缩空气中分离出来,其结构形式有:环形回转式、撞击挡板式、离心旋转式和水浴式等。撞击挡板式油水分离器如图 9-3 所示,压缩空气自进口进入分离器壳体,气流受隔板阻挡撞击折向下方,然后产生环形回转上升,油滴、水滴等杂质由于惯性力和离心力作用析出并沉降于壳体底部,由放油水阀定期排出。

4）气罐

气罐的作用是储存一定数量的压缩空气;消除压力波动,保证供气的连续性、稳定性;进一步分离压缩空气中的水分和杂质等,图 9 - 4 所示为气罐。

5) 干燥器

干燥器的作用是进一步除去压缩空气中的水分、油分、颗粒杂质等,使压缩空气干燥,提供可满足气动装置、气动仪表需求的压缩空气。压缩空气的干燥主要采用吸附、离心、机械除水及冷冻等方法。不加热再生式干燥器如图 9 - 5 所示,它有两个填满干燥剂的相同容器,空气从一个容器的下部流到上部,水分被干燥剂吸收而得到干燥,一部分干燥后的空气又从另一个容器的上部流到下部,从饱和的干燥剂中把水分带走并放入大气,即实现了不需要外加热源而使吸附剂再生,Ⅰ、Ⅱ两容器定期地交换工作(5～10 min)使吸附剂产生吸附和再生,这样可得到连续输出的干燥压缩空气。

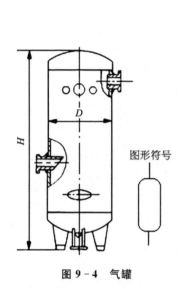

图 9 - 4 气罐

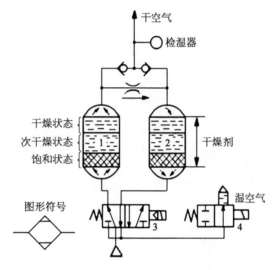

图 9 - 5 不加热再生式干燥器

9.2.1.3 气动三大件

分水滤气器、减压阀、油雾器合称气动三大件,三大件依次无管化连接而成的组件称为三联件,是多数气动设备中必不可少的气源处理装置,并且尤其注意的是其安装顺序,从进气方向依次为分水滤气器、减压阀、油雾器(图 9 - 6),通常气动三大件应安装在用气设备附近。

1) 分水滤气器

分水滤气器又称二次过滤器,其主要作用是分离水分,过滤杂质,滤灰效率可达

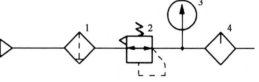

1—分水滤气器;2—减压阀;3—压力表;4—油雾器
图 9 - 6 气动三大件

70%～99%。QSL 型分水滤气器在气动系统中应用广泛(图 9 - 7),其滤灰效率可达 95% 以上,分水效率在 75% 以上,压缩空气经输入口进入后被旋风叶子 1 导向,沿水杯 3 的四周产生强烈旋转,空气中夹杂的较大水滴、油滴等在离心力作用下从空气中分离出来,沉降至杯底;当气流通过滤芯 2 时,气流中的灰尘及部分雾状水分被滤芯拦截滤去,较洁净干燥的气体从出口输出,滤芯下方的挡水板 4 用于防止气流漩涡卷走水杯中的积水,排水阀 5 可以放

掉水杯中的积水。

2) 减压阀

减压阀的功能是将气源压力减至用气设备所需压力,并保证减压后压力值稳定。

QTY 型减压阀如图 9-8 所示,压力为 p_1 的压缩空气由左端进入,经减压阀降为 p_2 输出,p_2 压力可由调压弹簧 2、3 调节。

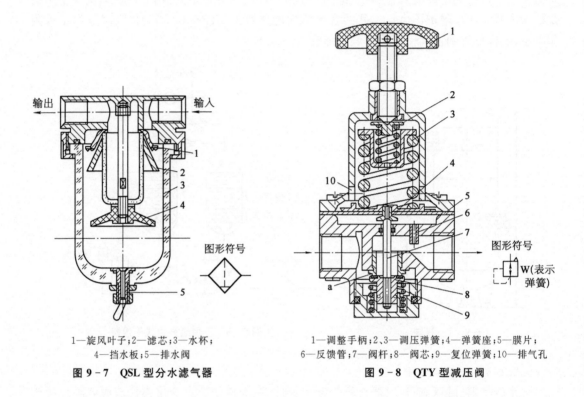

1—旋风叶子;2—滤芯;3—水杯;
4—挡水板;5—排水阀

图 9-7　QSL 型分水滤气器

1—调整手柄;2、3—调压弹簧;4—弹簧座;5—膜片;
6—反馈管;7—阀杆;8—阀芯;9—复位弹簧;10—排气孔

图 9-8　QTY 型减压阀

3) 油雾器

油雾器的作用是将润滑油喷射成雾状随压缩空气进入需要润滑的运动部件,以达到润滑的目的,油雾器润滑具有润滑均匀、稳定和耗油量少的优点。

油雾器如图 9-9 所示,压缩空气自入口进入后,通过喷嘴 1 下端的小孔进入阀座 4 的腔室内,在截止阀的钢球 2 上下表面形成压差,在泄漏和弹簧 3 的作用下,钢球处于中间位置;压缩空气进入存油杯 5 上腔,油面受压,压力油经吸油管 6 将单向阀 7 的钢球顶起,钢球上部管道有一方形小孔,钢球不能将上部管道封死,压力油不断流入视油器 9 内,再滴入喷嘴 1 中,被主管气流从上面小孔引射出来,雾化后从输出口输出,节流阀 8 可以调节油量在每分钟 0~120 滴内变化。

9.2.2　气动辅助元件

气动辅助元件的作用是转换信号、传递信号、保护元件、连接元件及改善系统工况等;其种类很多,主要包括转换器、传感器、放大器、缓冲器、消声器、真空发生器和吸盘及气路管件等。

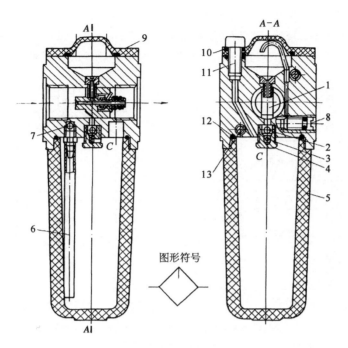

1—喷嘴；2—钢球；3—弹簧；4—阀座；5—存油桥杯；6—吸油管；7—单向阀；
8—节流阀；9—视油器；10、12—密封垫；11—油塞；13—螺母、螺钉

图9-9 油雾器

1) 消声器

消声器的作用是减小和消除压缩气体高速通过气动元件排入大气时产生的刺耳噪声污染，通常安装在气缸或阀的排气口，常用的消声器有吸收型消声器（图9-10）、膨胀干涉型消声器和膨胀干涉吸收型消声器。

2) 管道连接件

管道连接件包括管子和各种管接头。管子可分为硬管和软管两种，气动系统中使用的管接头的结构与原理与液压管接头基本相似，分为卡套式、扩口螺纹式、卡箍式和插入快换式等。

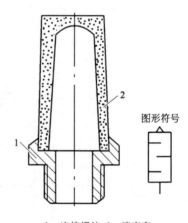

1—连接螺纹；2—消声套

图9-10 吸收型消声器

9.3 气动执行元件

气动执行元件的作用是将压缩空气的压力能转换为机械能，驱动工作部件工作，有气缸和气动马达两种，气缸和气动马达在结构和工作原理上分别与液压缸和液压马达相似。

9.3.1 气缸

普通气缸的分类、工作原理及用途类似于液压缸，本节不再赘述，下面仅介绍几种特殊气缸。

1) 膜片式气缸

膜片式气缸由缸体、膜片、膜盘和活塞杆等主要零件组成。可以是单作用式,也可以是双作用式,其结构分别如图 9-11a、b 所示,膜片多为夹织物橡胶质材料。

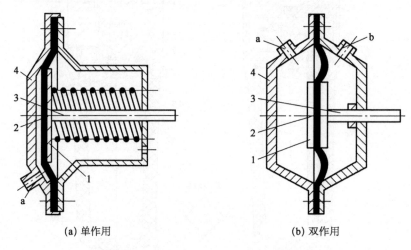

(a) 单作用　　　　　　　　　　　　　　　(b) 双作用

1—膜盘;2—膜片;3—活塞杆;4—缸体;a、b—进/出气口

图 9-11　膜片式气缸

膜片式气缸与活塞式气缸相比,具有结构紧凑、简单、制造容易、成本低、维修方便、寿命长、泄漏少和效率高等优点,但膜片变形量有限,其行程短,多用于气动夹具、自动调节阀及短行程工作场合。

2) 气液阻尼缸

气液阻尼缸由气缸和液压缸组合而成,它以压缩空气为动力源,以液压油为阻力,利用油液的可压缩性小和流量容易控制的特点,可使得运动平稳、速度可调。

图 9-12 所示为气液阻尼缸,气缸活塞左行速度由节流阀调节,补油箱起补油作用,液压缸通常采用双活塞杆液压缸,这样可使液压缸两腔的排油量相等,以尽量减小补油箱容积。

3) 冲击气缸

冲击气缸是将压缩空气的压力能瞬间转化为活塞高速运动能量的一种气缸,活塞速度可达每秒十几米,以适应冲击性

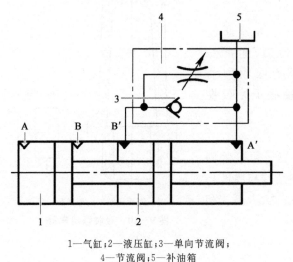

1—气缸;2—液压缸;3—单向节流阀;
4—节流阀;5—补油箱

图 9-12　气-液阻尼气缸

工作场合。冲击气缸整个工作过程可简单分为图 9-13 所示的三个阶段:复位段、储能段和冲击段。

当活塞杆腔 A 进气时,蓄能腔 C3 排气,活塞 2 上移,直至活塞上的密封垫封住喷嘴口 D,无杆腔 B 经泄气口 E 与大气相通,最后活塞杆腔压力升至气源压力,蓄能腔压力降至大气压力;当压缩空气进入蓄能腔时,其压力只能通过喷嘴口的小面积作用在活塞上,还不能

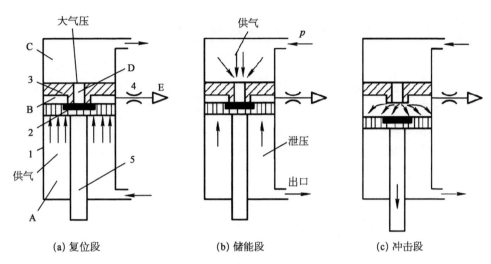

(a) 复位段   (b) 储能段   (c) 冲击段

1—缸筒;2—活塞;3—中盖;4—控制阀;5—活塞杆;
A—活塞杆腔;B—无杆腔;C—蓄能腔;D—喷嘴口;E—泄气口

图 9-13　冲击气缸

克服活塞杆腔排气压力所产生的向上作用力及活塞和缸体间的摩擦阻力,喷嘴口仍处于关闭状态,此为储能阶段;随着压缩空气不断进入,蓄能腔压力逐渐升高,当作用在喷嘴口面积上的总推力足以克服活塞向下所受到的阻力时,活塞开始向下运动,喷嘴口打开,聚集在蓄能腔中的压缩空气通过喷嘴口突然作用在活塞的全面积上,活塞在此推力作用下迅速加速,在很短时间内以极高的速度向下冲击,从而获得很大的动能,此为冲击段。

冲击气缸用途广泛,可用于锻造、冲压、铆接、下料、压配和破碎等多种作业。

9.3.2　气马达

气马达是将压缩空气的压力能转换成回转机械能的能量转换装置,其作用及工作原理与液压马达类似,气压传动中应用最广泛的是叶片式和活塞式气马达。叶片式气马达一般包含 3~10 个叶片嵌在转子,转子偏心安装在定子内,叶片可在转子径向槽内活动,如图 9-14 所示,压缩空气由孔 A 输入后分为两部分,小部分经定子两端密封盖的槽进入叶片底部,将叶片推出使叶片紧紧贴在定子内壁上;大部分压缩空气进入相应的密封空间作用在两个叶片上,由于两叶片伸出长度不等,就转生了转矩差,使叶片带动转子按逆时针方向旋转,做功后的气体由定子上的孔 C 和孔 B 排出。

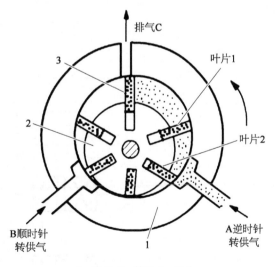

1—定子;2—转子;3—叶片

图 9-14　叶片气马达

9.4　气动控制元件

气动控制元件是指在气压传动系统中,控制调节压缩空气的压力、流量和方向等的控制元件,其按功能可分为压力控制阀、流量控制阀、方向控制阀及能实现一定逻辑功能的气动逻辑元件。

9.4.1　气动控制阀

气动控制阀的功能、工作原理均与液压阀相似,仅在结构上有所不同,表 9 - 2 为这三大类气动控制元件及其特点

表 9 - 2　气动控制阀

类　别	名　称		图形符号	特　点
压力控制阀	减压阀			调整或控制气压的变化,保持压缩空气减压后稳定在需要值,又称调压阀。一般与分水过滤器、油雾器共同组成气动三大件。对低压系统则需要更高精度的减压阀一定值器
	溢流阀			为保证气动回路或储气罐的安全,当压力超过某一调定值时,实现自动向外排气,使压力回到某一调定值范围内,起过压保护作用,也称为安全阀
	顺序阀			依靠气路中压力的作用、按调定的压力控制执行元件顺序动作或输出压力信号,与单向阀并联可组成单向顺序阀
流量控制阀	节流阀			通过改变阀的流通面积来实现流量调节。与单向阀并联组成单向节流阀,常用于气缸的调速和延时回路中
	排气消声节流阀			装在执行元件主控阀的排气口处,调节排入大气中气体的流量。用于调整执行元件的运动速度并降低排气噪声
方向控制阀	换向型控制阀	气压控制换向阀	 (a) (b)	以气压为动力切换主阀,使气流改变流向操作安全可靠。适用于易燃、易爆、潮湿和粉尘多的场合 图(a)为加压或泄压控制换向 图(b)为差压控制换向

（续表）

类 别	名 称		图 形 符 号	特 点
方向控制阀	换向型控制阀	电磁控制换向阀	(a) (b) (c)	用电磁力的作用来实现阀的切换以控制气流的流动方向。分为直动式和先导式两种通径较大时采用先导式结构，由微型电磁铁控制气路产生先导压力，再由先导压力气压推动主阀阀芯实现换向，即电磁、气压复合控制 图(a)为直动式电磁阀 图(b)、图(c)为先导式电磁阀 其中，图(b)为气压加压控制，图(c)为气压泄压控制
		机械控制换向阀	(a) (b) (c)	依靠凸轮、撞块或其他机械外力推动阀芯使其换向；多用于行程程序控制系统，作为信号阀使用，也称行程阀 图(a)为直动式机控阀 图(b)为滚轮式机控阀 图(c)为可通过式机控阀
		人力控制换向阀	(a) (b) (c)	分为按钮、手动和脚踏三种操作方式 图(a)为按钮式 图(b)为手柄式 图(c)为脚踏式

（续表）

类　别	名　称	图形符号	特　点
方向控制阀	单向型控制阀	单向阀	气流只能一个方向流动而不能反向流动
		梭阀	两个单向阀的组合,其作用相当于"或门"
		双压阀	两个单向阀的组合结构形式,作用相当于"与门"
		快速排气阀	常装在换向阀与气缸之间,它使气缸不通过换向阀而快速排出气体,从而加快气缸的往复运动速度,缩短工作周期

9.4.2　气动逻辑元件

气动逻辑元件是指在控制回路中可实现一定逻辑功能的器件,它属于开关元件,与微压气动逻辑元件相比,具有通径较大,抗污染能力强,对气源净化要求低等特点。

气动逻辑元件各类很多,按工作压力可分为高压元件(工作压力:0.2～0.8 MPa)、低压元件(工作压力:0.02～0.2 MPa)和微压元件(工作压力:0.02 MPa 以下);按逻辑功能可分为"或门"元件、"与门"元件、"非门"元件、"是门"元件、"禁门"元件和"双稳"元件等;按结构形式可分为截止式元件、滑阀式元件、膜片式元件和其他逻辑元件。

9.5　气动基本回路

气动系统一般是由简单基本回路组成,相同的基本回路经过不同的组合可得到性能各异的系统,熟悉和掌握基本回路是分析和设计气动系统的必要基础。

气动基本回路按其功能可分为:压力和力控制回路、换向控制回路、速度控制回路、位置控制回路及基本逻辑回路。

9.5.1　压力和力控制回路

调节、控制系统压力须采用压力控制回路;增大气缸活塞杆输出力须采用力控制回路。

1) 压力控制回路

(1) 一次压力控制回路。图 9-15 为用于控制压缩空气站的贮气罐输出压力的一次压力控制回路,使贮气罐输出压力 p_s 稳定在一定压力范围,以保证用户对压缩空气压力需求;电接点压力表或压力继电器控制空气压缩机的转、停;回路中的安全阀可在电机控制系统失灵、压缩机不能停止运转时,将贮气罐压力稳定在溢流阀调定压力值范围内。

(2)二次压力控制回路。指把空压机输送出来的压缩空气,经一次压力控制后作为减压阀的输入压力,再经减压阀稳压后所得到的输出压力(称为二次压力),如图 9 - 16a 所示;如回路中需要多种不同压力,可采用图 9 - 16b 所示回路。

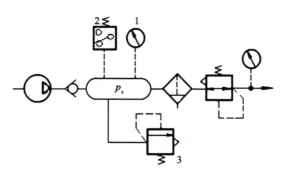

图 9 - 15　一次压力控制回路

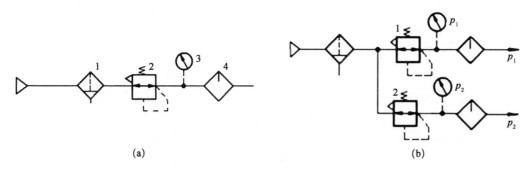

(a)　　　　　　　　　　　　　　　　　　(b)

图 9 - 16　二次压力控制回路

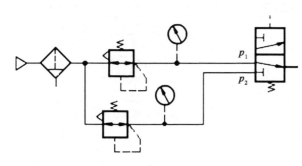

图 9 - 17　高低压切换回路

(3)高低压切换回路。图 9 - 17 所示为通过减压阀和换向阀实现的高低压切换输出回路。

(4)差压回路。图 9 - 18a、b 为两种差压回路,其中图 9 - 18a 为利用一个两位五通换向阀与一个减压阀来实现活塞杆伸出时为高压,返回时通过减压阀减压后低压退回,此回路主要用于慢速工况;图 9 - 18b 所示为减压阀与换向阀组成的差压回路,减压阀安装在换向阀之前,减压阀工作要求较高,但省去了单向节流阀。

采用差压回路,在减少空气消耗量的同时还可减少冲击。

2)力控制回路

气动系统工作压力一般较低,通过改变执行元件的作用面积或利用气液增压器来增加输出力的回路为力控制回路。

图 9 - 19a 所示为串联气缸增力回路,回路中三段活塞缸串联,工作行程(杆推出)时,操纵电磁换向阀,A、B、C 进气使活塞杆增力推出;复位时,电磁阀断电,气缸右端口 D 进气,把

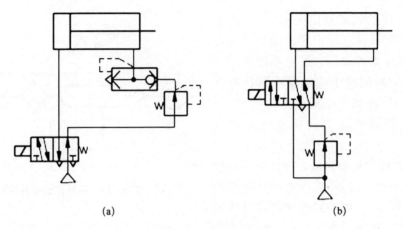

(a)   (b)

图 9-18 差压回路

杆推回,增力倍数与串联缸段数成正比。图 9-19b 所示为气液增压缸增力回路,该回路中利用气液增压缸 1,把较低气压变为压力较高的液压以提高气液缸 2 的输出力,应用时需注意活塞与缸筒间密封,以防止空气混入油中。

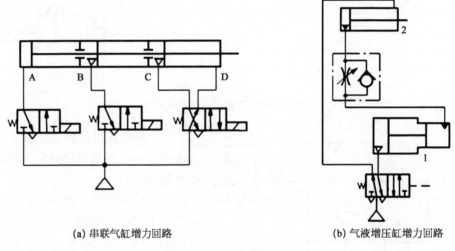

(a) 串联气缸增力回路   (b) 气液增压缸增力回路

图 9-19 力控制回路

9.5.2 速度控制回路

气动系统输出功率较小,执行元件以节流调速为主,即在气缸与方向阀间安装节流阀或单向节流阀,调节节流阀可实现其行程范围内速度基本稳定。

1) 单作用气缸速度控制回路

图 9-20 所示为单作用气缸速度控制回路:图 9-20a 为单作用气缸双向速度控制回路,由二位三通换向阀和两个单向节流阀组成,分别实现进气节流和排气节流;图 9-20b 为单作用气缸单向速度控制回路,上升时可以调速,下降时则通过快速排气阀排气,使气缸快速返回。

2) 双作用气缸速度控制回路

图 9-21 所示为双作用气缸双向调速回路。其中,图 9-21a 为使用单向节流阀的调速

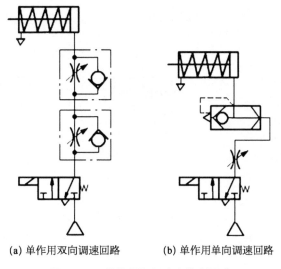

(a) 单作用双向调速回路　　(b) 单作用单向调速回路

图 9 - 20　单作用气缸速度控制回路

回路;图 9 - 21b 为使用排气节流阀的调速回路。两种调整回路均为排气节流调速回路,使用排气节流阀(图 9 - 21b)在成本上更经济些。

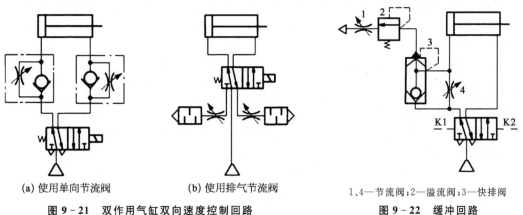

(a) 使用单向节流阀　　　　(b) 使用排气节流阀　　　1、4—节流阀;2—溢流阀;3—快排阀

图 9 - 21　双作用气缸双向速度控制回路　　　**图 9 - 22　缓冲回路**

3) 缓冲回路

当执行元件运动速度较快,活塞惯性力较大时,未采用带缓冲气缸时,通常需要采用缓冲回路来满足执行元件运动速度的要求,图 9 - 22 所示为一缓冲回路,当活塞回到行程末端时,气缸左腔的压力已下降到不能打开各种阀的程度,余气只能经快排阀 3、溢流阀 2 和节流阀 1(节流阀 1 开口度比节流阀 4 大)排入大气,因此活塞得到缓冲,适用于行程长、速度快的场合。

4) 气液联动控制回路

气液联动是以气压为动力,利用气液转换器把气压传动变为液压传动(图 9 - 23),以期得到平稳运动速度的常用方式,图 9 - 23 中气液转换器 1、2 将气压转换为液压,利用液压油驱动液压缸 3,从而得到平稳且易控制的活塞运动速度,通过改变节流阀开度大小调节活塞运动速度,这种回路充分发挥了气动供气方便和液压速度易调节的特点,但要求气、液间密封性好,以防空气混入油中降低运动速度的稳定性。

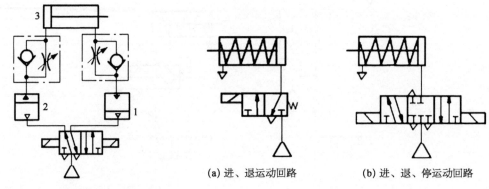

图 9 - 23　气液联动控制回路　　　　　　图 9 - 24　单作用气缸换向回路

(a) 进、退运动回路　　　　　　(b) 进、退、停运动回路

9.5.3　方向控制回路

气动系统中,通过控制进入执行元件压缩空气的通、断或方向的改变,实现对执行元件的启、停或改变方向的控制。

1) 单作用气缸换向回路

图 9 - 24a 为两位三通电磁阀控制的单作用气缸换向回路,电磁铁通电,活塞在空气压力作用下外伸;电磁铁断电时,活塞在弹簧作用下缩回,该回路结构简单,但要求确保活塞在弹簧作用下可靠退回。

图 9 - 24b 为三位五通电磁阀控制单作用气缸进、退和停止,该回路在两电磁铁均断电时自动对中,使气缸可停靠在任意位置,但因泄漏会出现定位精度不高的缺点。

2) 双作用气缸换向回路

图 9 - 25 所示为双作用气缸换向回路,可通过采用不同的换向阀实现气缸的进、退和停止等动作。

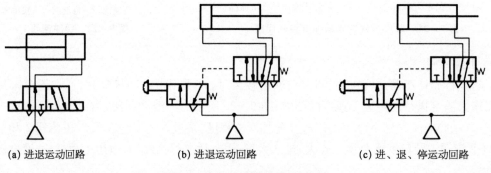

(a) 进退运动回路　　　　　(b) 进退运动回路　　　　　(c) 进、退、停运动回路

图 9 - 25　双作用气缸换向回路

9.5.4　气动逻辑回路

气动逻辑回路是气动方向阀按照基本逻辑关系组成的气动回路,以实现执行元件受工艺过程、工作顺序等控制的动作。常用气动逻辑基本回路见表 9 - 3。

表 9-3 常用气动逻辑基本回路

名 称	逻辑符号及表示式	气动元件回路	真值表	说 明
是回路	$s=a$		a s 0 0 1 1	有信号 a 则 s 有输出；无 a 则 s 无输出
非回路	$s=\bar{a}$		a s 0 1 1 0	有 a 则 s 无输出；无 a 则 s 有输出
与回路	$s=a\cdot b$	(a) 无源　　(b) 有源	a b s 0 0 0 1 0 0 0 1 0 1 1 1	只有当信号 a 和 b 同时存在时，s 才有输出
或回路	$s=a+b$	(a) 无源　　(b) 有源	a b s 0 0 0 0 1 1 1 0 1 1 1 1	有 a 或 b 任一个信号 s 就有输出
禁回路	$s=\bar{a}\cdot b$	(a) 无源　　(b) 有源	a b s 0 0 0 0 1 1 1 0 0 1 1 0	有信号 a 时，s 无输出（a 禁止了 s 有）；当无信号 a，有信号 b 时，s 才有输出
记忆回路	(a)　　(b)	(a) 双稳　　(b) 单记忆	a b s_1 s_2 1 0 1 0 0 0 1 0 0 1 0 1 0 0 0 1	有信号 a 时，s_1 有输出；a 消失，s_1 仍有输出，直到有 b 信号时，s_1 才无输出[图(b)为单记忆]。要求 a、b 不能同时加信号
脉冲回路				回路可把长信号 a 变为一脉冲信号 s 输出，脉冲宽度可由气阻 R、气容 C 调节。回路要求 a 的持续时间大于脉冲宽度 t
延时回路				当有信号 a 时，须延时 t 时间后 s 才有输出，调节气阻 R、气容 C 可调 t。回路要求 a 持续时间大于 t

9.5.5　其他常用回路

1）过载保护回路

图 9－26 为过载保护回路,正常工作时,阀 1 得电,使阀 3 换向,气缸活塞杆外伸,如果活塞杆受压方向过载,则顺序阀动作,阀 2 切换,阀 3 的气体排出,在弹簧力作用下换至图 9－26 所示位置,使活塞杆缩回。

2）互锁回路

图 9－27 所示为互锁回路,主要用于多缸运动回路中防止各气缸活塞同时动作,保证只有一个活塞动作,以保护设备安全、可靠。该回路主要采用主控阀 1、2、3 及逻辑"与"门元件梭阀 S_1、S_2、S_3 互锁。

信号阀 X_1 切换,主控阀 1 换向,气缸 A 活塞杆伸出;此时气缸 A 进气管路的气压使梭阀 S_1、S_2 动作,S_1、S_2 输出信号将主控阀 2、3 锁定于图示新动态,使得信号阀 X_2、X_3 产生控制信号,主控阀 2、3 不能换向,气缸 B、C 的活塞不能伸出;若要改变气缸动作,必须使前一动作气缸的主控阀复位。

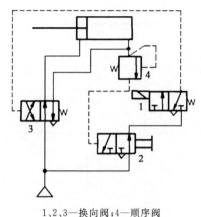

1、2、3—换向阀;4—顺序阀

图 9－26　过载保护回路

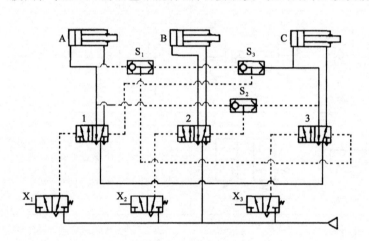

1、2、3—主控阀;S_1、S_2、S_3—梭阀;X_1、X_2、X_3—信号阀

图 9－27　互锁回路

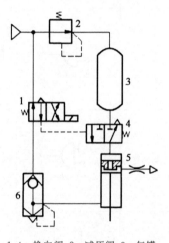

1、4—换向阀;2—减压阀;3—气罐;
5—冲击气缸;6—快速排气阀

图 9－28　冲击气缸动作回路

3）冲击气缸回路

图 9－28 所示为冲击气缸回路,利用气缸高速运动给工件以冲击,此回路由压缩空气的储气罐 3、快速排气阀 6 及操纵气缸的换向阀组成,二位四通电磁换向阀 1 通电后,二位三通换向阀 4 换向,气罐内的压缩空气快速注入冲击气缸,气缸启动,使活塞给出很大的冲击力。

4）真空吸附回路

图 9－29 所示为采用三位三通换向阀控制的真空吸附回路,当三位三通电磁换向阀 4 的 A 端电磁铁得电,换向阀处于上位,真空发生器 1 与真空吸盘 7 联通,吸盘 7 可将工件吸起,真空开关 6 检测真空度发出信号后进行后续动作;当换向阀 4 不通电处于当前位置时,真空吸附状态可保持一段时间;当换向阀 4 的 B 端电磁铁通电换向阀处于下位,压缩

空气进入真空吸盘,真空被破坏,吹力使得吸盘与工件脱离,吹力大小由减压阀 2 确定,分离速度由节流阀 3 设定。回路中过滤器 5 可防止在抽吸过程中将异物与粉尘吸入发生器。

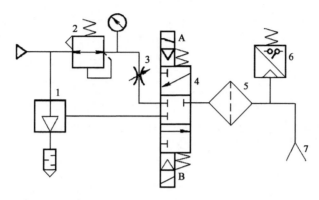

1—真空发生器;2—减压阀;3—节流阀;4—换向阀;5—过滤器;6—真空开关;7—真空吸盘

图 9 - 29 真空吸附回路

5）同步回路

为了实现两个及以上执行元件的同步动作,需要采用同步回路,如图 9 - 30 所示。其中,图 9 - 30a 所示回路采用刚性联接部件 C 联接两气缸 A 和 B,使得两者保持同步;图 9 - 30b 所示为气液串联同步回路,利用液体的不可压缩性来保证同步,为此在气液缸 1 下腔和气液缸 2 上腔注满液压油,两腔串联,且两缸尺寸完全相同,可保证两缸同步动作。

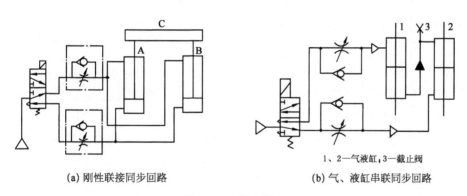

1、2—气液缸;3—截止阀

(a) 刚性联接同步回路   (b) 气、液缸串联同步回路

图 9 - 30 同步回路

9.6 气动系统实例

作为自动生产设备和生产线上的重要装置之一,气动系统在加工、包装、机器人控制和喷漆等过程应用广泛,可提高质量、改善环境、增进效率。气动系统具有结构简单、动作迅速、可靠、无污染等优势,下面选择两个典型气动系统进行分析。

9.6.1 气控机械手气动系统

机械手是自动化生产设备和生产线上的重要装置之一,它可以根据各种自动化设备的工作需要,模拟人手的部分动作,按照预定的控制程序、轨迹和工艺要求实现自动抓取、搬运,完成工件的上料、卸料和自动换刀。因此,在机械加工、冲压、锻造、铸造、装配和热处理等生产过程中被广泛应用,以减轻工人的劳动强度。气动机械手是机械手的一种,它具有结构简单,重量轻,动作迅速、平稳、可靠,节能和不污染环境等优点。

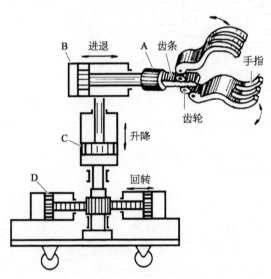

图 9 - 31　气控机械手结构示意图

某设备上的气控机械手结构如图 9 - 31 所示,其重要组成部分包括手指、水平缸 B (可实现伸臂和缩臂动作)、立柱升降缸 C、立柱回转缸 D(该气缸有两个活塞,分别装在带齿的活塞杆两头,齿条往复运动带动主柱上的齿轮旋转,从而实现立柱回转)及小车等,可按预先给定的程序、运动轨迹和工艺要求实现自动抓取、搬运,完成对工件的上、下料等动作,其基本工作循环是:立柱升降缸 C 上升→水平缸 B 伸出→立柱回转缸 D 置位→立柱回转缸 D 复位→水平缸 B 退回→立柱升降缸 C 下降。

图 9 - 32 所示为气控机械手气动系统原理图,该气动系统工作过程为:立柱升降缸 C 上升,按下启动按钮,4YA 通电,换向阀 7 处于上位。其气路为:气源→换向阀 7 上位→立柱升降缸 C 下腔;立柱垂直缸上腔→单向节流阀 5 节流口→换向阀 7 上位→大气。

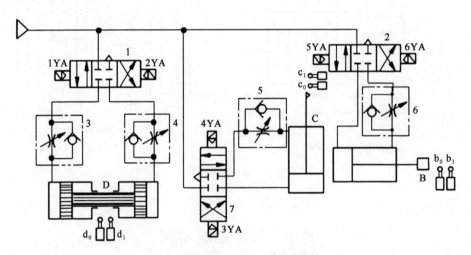

1、2、7—换向阀;3、4、5、6—单向节流阀

图 9 - 32　气控机械手气动系统原理图

立柱垂直缸活塞在其挡块碰到行程开关 c_0 时,4YA 断电而停止。

水平缸 B 伸出:当行程开关 c_0 被垂直缸上的挡块所碰发的信号使 4YA 断电、5YA 通电,换向阀 2 处于左位。其气路为：

气源→换向阀 2 左位→水平缸 B 左腔→水平缸 B 右腔→单向节流阀 5 节流口→换向阀 2 左位→大气。

当水平缸 B 伸至预定位置挡块碰到行程开关 b_0 时，5YA 断电，手指夹取工件。

立柱回转缸 D 置位：当行程开关 b_0 发出信号使 5YA 断电，1YA 通电，于是换向阀 1 处于左位。其气路为：

气源→换向阀 1 左位→单向阀→立柱回转缸 D 左腔→立柱回转缸 D 右腔→单向节流阀 4 节流口→换向阀 1 左位→大气。

当齿条活塞到位时，机械手工件在下料点下料，挡块碰到开关 d_0，使 1YA 断电、2YA 通电，立柱回转缸 D 停止后又向相反方向复位。

从立柱回转缸 D 复位动作→水平缸 B 退回→立柱升降缸下降回归原位，全部动作均由行程开关发出的信号引发相应的电磁铁使换向阀换向后得到，其气路与上述正好相反，到立柱升降缸复位，触碰行程开关 c_1，使 3YA 断电，结束整个工作循环，完成整个工作循环电磁铁动作顺序见表 9-4。

表 9-4 机械手气动系统电磁铁动作顺序

	1YA	2YA	3YA	4YA	5YA	6YA	信号来源
立柱升降缸 C 上升	−	−	−	+	−	−	按钮
水平缸 B 伸出	−	−	−	−	+	−	行程开关 a
立柱回转缸 D 置位	+	−	−	−	−	−	行程开关 b
立柱回转缸 D 复位	−	+	−	−	−	−	行程开关 c
水平缸 B 退回	−	−	−	−	−	+	行程开关 c
立柱升降缸 C 下降	−	−	+	−	−	−	行程开关 b
原位停止	−	−	−	−	−	−	行程开关 a

注："+"表示电磁铁通电；"−"表示电磁铁断电。

9.6.2 气液动力滑台气动系统

气液动力滑台是将气-液阻尼缸作为执行元件，以此带动安装在其上的单轴头、动力箱或工件，实现所需要进给运动，图 9-33 所示为气液动力滑台气动系统原理图，气-液阻尼缸是执行元件，缸筒固定，活塞杆与滑台相连，该系统可实现如下两种工作循环：① 快进→慢进→快退→停止；② 快进→慢进→慢退→快退→停止。

1) 快进→慢进→快退→停止

图 9-33 中二位二通手动换向阀 4 处于图示位置时，可实现此工作循环。

手动换向阀 3 换至下位时，在气压作用下气缸中活塞向左运动，液压缸中活塞左腔油液经行程阀 6 上位和单向阀 7 进入液压缸右腔，实现快进；当快进至活塞杆左侧挡块 B 切换行程阀 6(阀芯处于下位)时，油液只经节流阀 5 进入活塞右腔，调整节流阀 5 开度，即可调整气-液阻尼缸运动速度，活塞由快进转为慢进；当慢进至挡块 C 行程阀 2 复位后输出信号使换向阀 3 下位接至回路中，气缸活塞开始向右运动，液压缸活塞右腔油液经阀 8 上位和手动

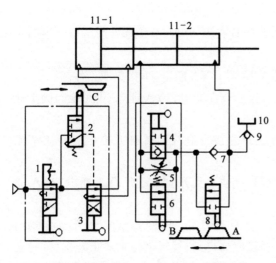

1—二位三通手动换向阀；2—二位三通行程阀；
3—二位三通手动换向阀；4—二位二通手动换向阀；
5—节流阀；6、8—二位二通行程阀；7、9—单向阀；
10—补油箱；11—气-液阻尼缸

图 9 - 33　气液动力滑台气动系统

换向阀 4 中单向阀进入液压缸左腔，实现了快退，当快退至挡块 A 切换行程阀 8，使其下位接入回路中时，液压油被切断，活塞运动停止，调整挡块 A 位置，可改变"停止"位置。

2）快进→慢进→慢退→快退→停止

关闭图 9 - 33 中手动换向阀 4（上位接入回路）时，可实现快进→慢进→慢退→快退→停止的工作循环，前两步动作"快进→慢进"与上述相同，当慢进至挡块 C 切换行程阀 2 至上位时，输出信号使换向阀 3 上位接至回路中，气缸活塞开始向右运动，此时液压缸活塞右腔油液经行程阀上位和节流阀 5 进入液压缸下腔，实现慢退，慢退至挡块 B 不再抵压行程阀 6，使阀 6 上位接至回路，液压缸活塞右腔的油液经阀 6 上位进入液压缸左腔，实现快退，但快退至挡块 A 切换行程阀 8 使油液的通路被切断（行程阀 8 下位接入回路），活塞运动停止。

 习题与思考题

1. 气源装置由哪些元件组成，各元件分别起什么作用？
2. 简述气动三大件的组成，并说明其在使用上有何要求。
3. 如何对气动执行元件进行速度控制？
4. 设计一个压力控制气动回路，可使气缸完成单次循环动作。
5. 图 9 - 34 所示为某机床气动夹紧系统原理图，请分析其具体控制过程。

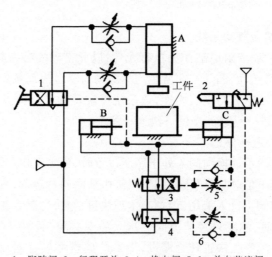

1—脚踏阀；2—行程开关；3、4—换向阀；5、6—单向节流阀

图 9 - 34　第 5 题图

6. 图 9 - 35 所示为某数控中心气动换刀系统原理图,通过该系统可实现主轴定位、主轴松刀、拔刀、向主轴锥孔吹气和插刀动作,试分析其具体控制过程。

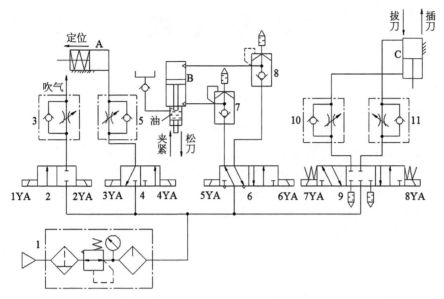

1—气动三大件;2、4、6、9—换向阀;3、5、10、11—单向节流阀;7、8—快速排气阀

图 9 - 35　第 6 题图

参 考 文 献

[1] 王积伟.液压传动[M].3版.北京：机械工业出版社,2018.

[2] 刘银水,许福玲.液压与气压传动[M].4版.北京：机械工业出版社,2016.

[3] 刘延俊.液压与气压传动[M].2版.北京：清华大学出版社,2018.

[4] 冀宏.液压气压传动与控制[M].2版.武汉：华中科技大学出版社,2013.

[5] 杨曙东,何存兴.液压传动与气压传动[M].3版.武汉：华中科技大学出版社,2008.

[6] 陈清奎,刘延俊,成红梅.液压与气压传动[M].北京：机械工业出版社,2017.

[7] 许福玲,陈尧明.液压与气压传动[M].3版.北京：机械工业出版社,2007.